Déforestation et systèmes agraires à Madagascar

Les dynamiques des *tavy* sur la côte orientale

Repères

Déforestation et systèmes agraires à Madagascar

Les dynamiques des *tavy* sur la côte orientale

Sigrid Aubert, Serge Razafiarison et Alain Bertrand
Editeurs scientifiques

Cirad Cite Fofifa

Remerciements

Les éditeurs tiennent à remercier :

Hubert Charpentier, chercheur au département des cultures annuelles du Cirad, pour l'encadré « Semis direct : une solution rentable et écologique pour fixer l'agriculture ».

Nirina Ravaorinivo, étudiante à l'université d'Antananarivo, pour l'encadré « Les conséquences du passage du feu sur le milieu physique ».

Rolland Razafindraibe, chercheur socio-économiste et spécialiste du foncier au Fofifa, pour l'encadré « Pâturages coutumiers et conflits dans la vallée de Beparasy ».

Daniel Andriambolanoro, chercheur au Fofifa et spécialiste des systèmes d'information géographique, Haja Rafidinarivo, géographe diplômé de l'Ecole normale supérieure d'Antananarivo, et Darsot Rasolofomampianina, chercheur et enseignant de l'université d'Antananarivo, pour leur contribution à la réalisation des cartes et des figures.

ISSN 1251-7224
ISBN 2-87614-495-6 (Cirad)
ISBN 2-915064-01-6 (Cite)

Sommaire

Abstract

Deforestation and agrarian systems in Madagascar

Burning and deforestation lie at the very heart of Madagascan society. For over a century, they have been the subject of scientific study and political rhetoric. *Tavy*-traditionally upland rice growing after slashing and burning dense natural rainforest-, which relies on both these elements, is the most obvious proof of this, and is therefore highly controversial. It has been accused of being the root cause of deforestation, but is widely practised by Madagascan farmers, who see it as a good compromise with respect to climatic hazards, labour availability and food security. In this very sensitive context, how can we assess a century of research and State intervention and draw up new proposals aimed at managing the island's natural resources as efficiently as possible?

Deforestation and agrarian systems in Madagascar: Tavy dynamics on the East coast relates the results of a historical, agronomic and socio-economic study of *tavy* systems, the results of which concern an area much larger than just the island. The study prompted a new look at deforestation, burning and managing burning operations, clearing, and slash-and-burn agriculture and its evolution. *Tavy* reflects the relations between society and nature and between social groups with respect to nature, demonstrates the dynamics of agrarian systems and evolves and diversifies according to the degree of building and social representations of the forest.

Les auteurs

Sigrid Aubert est anthropologue du droit au département territoires, environnement et acteurs du Cirad. Affectée à la Réunion depuis 2001, elle poursuit ses travaux sur l'accès au droit et l'articulation des outils juridiques pour la gestion de la biodiversité. Les recherches qu'elle a menées à Madagascar entre 1995 et 1998 ont fait l'objet d'une thèse de droit, soutenue en 1999 à l'université Paris I. Elles ont conduit, dans le cadre d'un postdoctorat au département des forêts du Cirad, à l'élaboration d'un outil de formation.

Serge Razafiarison est doctorant en anthropologie sociale au département d'histoire de l'université d'Antananarivo sur le thème de la gestion concertée des ressources naturelles et renouvelables en périphérie d'aires protégées. Il est également consultant auprès de bureaux d'études intervenant dans le domaine de l'environnement et secrétaire de l'association Fombandrazana sy Fivoarana affiliée à l'académie malgache Tsimbazaza.

Alain Bertrand est socio-économiste, chercheur au département des forêts du Cirad. Il a travaillé au Fofifa, à Madagascar, de 1994 à 1998. Il y a encadré, avec Désiré Randrianaivo, l'ensemble des étudiants dont les travaux constituent la matière de cet ouvrage.

Désiré Randrianaivo, chercheur agroéconomiste au Fofifa, a été directeur du département de recherche-développement du Fofifa jusqu'en 1999.

Jean-Luc Lemalade est diplômé de l'Ecole supérieure des sciences agronomiques de l'université d'Antananarivo. Il prépare actuellement une thèse sur les méthodes scientifiques de gestion, à l'université Paris-Nord.

Tavy et déforestation

Alain Bertrand, Désiré Randrianaivo

Le feu et la déforestation sont au cœur de l'imaginaire de la société malgache depuis plus d'un siècle. A l'époque de la domination merina sur les hautes terres, près d'un siècle avant la colonisation française, Andriampoinimerina traitait déjà largement de ces deux aspects, mais aussi de la pratique du *tavy*[1] — traditionnellement, une culture de riz pluvial sur défriche-brûlis de forêt dense humide naturelle — qui les combine. Ranavalona II a ensuite inscrit ces préoccupations dans le code des 305 articles. Aujourd'hui, le feu et la déforestation alimentent toujours les réflexions scientifiques et les discours politiques.

Mais au-delà des discours simplistes sur la « diabolisation » des feux et des propos catastrophistes sur la déforestation de Madagascar, comment dresser le bilan d'un siècle de recherches et d'interventions publiques et comment élaborer de nouvelles propositions pour gérer au mieux les ressources naturelles de l'île ?

Deux actions ont apporté, presque parallèlement, des éléments de réponse à ces questions. Elles ont été menées dans le cadre de la coopération entre le Fofifa (Centre national de la recherche appliquée au développement rural) et le Cirad (Centre de coopération internationale en recherche agronomique pour le développement).

La première, réalisée dès 1994 sous la direction de l'One (Office national pour l'environnement), consistait à élaborer des propositions pour une politique qui visait à la fois la gestion des feux de végétation et la décentralisation de la gestion des ressources renouvelables. Ces propositions ont abouti à la loi 96-025

1. Tous les termes malgaches en italique figurent dans le lexique, p. 189.

de septembre 1996 sur la gestion communautaire locale des ressources renouvelables et à la politique de transfert contractuel de la gestion des ressources aux communautés rurales grâce aux contrats de gestion locale sécurisée (Gelose).

La seconde, réalisée de 1994 à 1998, portait sur l'analyse de la pratique du *tavy* dans la région de l'Ankay. Les résultats de ces travaux font l'objet de cet ouvrage.

Une opération de recherche et de formation pluridisciplinaire

Un partenariat pour la recherche

En 1994, le Fofifa et le Cirad ont élaboré un projet de recherche intitulé « La dynamique séculaire des plantations forestières paysannes sur les hautes terres malgaches : analyse des conditions d'extension en zone de *tavy* et de régression rapide de la forêt naturelle d'altitude ». Ce projet rassemblait, en un partenariat déjà éprouvé par la mise en œuvre commune entre 1990 et 1994 d'une étude sur l'économie de la production forestière sur les hautes terres malgaches, outre le Fofifa et le Cirad, l'Ecole normale supérieure d'Antananarivo et l'université Paris I.

Ce projet devait être complété par une étude à la fois géographique, sociologique, écologique et économique, engagée par le ministère français de l'environnement dans le cadre du programme sols et forêts tropicaux. Elle aurait dû aborder plusieurs thèmes : les dynamiques agricoles de *tavy* en forêt naturelle et la réintroduction de l'arbre dans le paysage après le défrichement ; le *tavy,* la conversion agricole des espaces communs de forêt naturelle et l'évolution du foncier domanial vers le foncier des collectivités et le foncier individuel ; la diversité biologique des zones de forêt naturelle et son évolution en fonction des usages et des prélèvements actuels ; l'économie des ménages ruraux de la zone d'étude et la place de l'économie forestière par rapport aux autres activités rurales ; l'économie forestière en forêt naturelle et la dynamique du *tavy ;* les revenus paysans du bois d'œuvre, du bois-énergie et des produits forestiers non ligneux dans l'économie rurale locale.

Une formation à la recherche par la recherche

Le projet a été conçu dès l'origine comme un lieu de formation à la recherche par la recherche. De nombreux stages de terrain ont été organisés pour des étudiants de diverses disciplines : neuf étudiants, répartis en trois équipes, se sont relayés dans la région de l'Ankay entre 1995 et 1998. La première équipe, composée de Haja Joël Rafidinarivo (Ens d'Antananarivo), Serge Aimé Razafiarison (université d'Antananarivo) et Sigrid Aubert (université Paris I), a travaillé d'octobre 1995 à juin 1996. Après avoir parcouru la région, elle s'est plus particulièrement intéressée aux pratiques du *tavy* mises en œuvre dans les villages de Tsaramiafara et de Manakana (AUBERT *et al.*, 1996). La deuxième équipe, constituée de Nirinasoamalala Hantaniaina Ravaoarinivo (université d'Antananarivo), Daniel Andriambolanoro (Fofifa), Rolland Razafindraibe (Fofifa) et Mariannick Jegat (Istom), a pris le relais de juillet 1996 à janvier 1997 pour étudier la vallée de Beparasy-Andapa (ANDRIAMBOLANORO, 1996 ; RAZAFINDRAIBE, 1996 ; JEGAT, 1997 ; RAVOARINIVO, 1998). La dernière équipe, de juillet 1997 à février 1998, regroupait Fanorenantsoa Manitra Razafindrazaka (Essa) et Manandraitsiory Fortunat Rakotoarivony (Essa). Elle s'est penchée sur la dynamique du *tavy* en œuvre dans le village de Tsaramiafara (MANITRA RAZAFINDRAZAKA, 1998 ; RAKOTOARIVONY, 1998). Serge Razafiarison et Sigrid Aubert ont réalisé, en 1997-1998, une synthèse de ces travaux en vue de la publication du présent ouvrage.

Des équipes pluridisciplinaires

Les travaux ont été réalisés avec un parti pris pluridisciplinaire. Il s'agissait de faire dialoguer sur un même objet de recherche des étudiants et des chercheurs de disciplines différentes de façon que chacun se familiarise avec les formulations des disciplines qui lui étaient étrangères et travaille en équipe pour élaborer un produit commun interdisciplinaire.

Méthodologie

Dés le début du projet, il a été décidé de tirer le profit maximal du travail de l'équipe interdisciplinaire franco-malgache, en confrontant quotidiennement les idées de ses membres et leurs résultats, en discutant dans le détail des stratégies que leur dictaient leurs diverses formations et en organisant le travail selon des paramètres qui étaient remis constamment en question au fur et à mesure de l'accumulation des informations. L'objectif était de souder l'équipe et d'aboutir à un travail de synthèse qui puisse satisfaire les aspirations de chacun de ses membres, mais aussi de combler les lacunes qui auraient pu nuire au cheminement de la réflexion. Les membres de l'équipe se sont présentés aux populations comme des étudiants novices, désireux de comprendre la réalité de la vie rurale. Ils ont, dans un premier temps, exposé les motivations et le contexte de l'étude aux autorités administratives et villageoises, puis répété inlassablement ce discours à chacun des paysans abordés, jusqu'à ce que les gens saisissent leur démarche. Les paysans ont rapidement compris combien les étrangers et les citadins pouvaient méconnaître les us et coutumes de la campagne. Lors de cette phase introductive, aucune enquête n'a été menée, mais beaucoup d'échanges ont eu lieu entre l'équipe et les populations sur leurs vies respectives. Une fois leurs craintes dissipées, les paysans se sont montrés tout à fait disposés à aider l'équipe et ouverts à l'échange des connaissances. La patience, la confiance, le temps et l'intérêt qu'ils ont accordés à l'équipe constituent les fondements de cette étude.

> L'équipe a recueilli les informations de terrain essentiellement grâce à ses observations et aux entretiens semi-directifs que les paysans et les autres acteurs lui ont accordés. Elle a aussi bénéficié de l'intervention directe des paysans sollicités, par exemple pour élaborer des cartes ou lors de la restitution des travaux. Elle a de plus travaillé sur les enregistrements audio et vidéo que les habitants lui ont proposé de réaliser et à partir d'entretiens avec les représentants des administrations liées à la gestion des ressources humaines et physiques de la région. Elle a longuement discuté de l'avancement de l'étude avec des chercheurs plus expérimentés, ce qui a parfois abouti à la réorientation des travaux. (SR, SA)

Enfin, cette opération a rencontré de multiples problèmes de financement, qui ont entraîné une réduction sensible de ses objectifs. Avec la disparition des deux principaux financements prévus, l'opération a dû être amputée des travaux à caractère écologique, qui se sont limités à l'analyse de l'impact des feux sur la forêt (RAVAOARINIVO, 1998).

Une remise en perspective de la problématique de recherche

Pour mieux apprécier l'importance des résultats qui seront présentés, il convient d'élargir le champ de vision et de replacer l'étude dans un contexte plus vaste sur une échelle de temps historique.

La longue histoire des feux à Madagascar

Au début du XXe siècle, au moment de la colonisation française, Alfred Grandidier, marcheur infatigable, à la suite d'une longue randonnée dans l'est et le nord de Madagascar, estimait que 200 000 hectares de la Grande Ile étaient déboisés chaque année du fait des feux et des défrichements. Un siècle plus tard, l'incertitude demeure quant à l'impact réel des feux et des défrichements. Mais ce chiffre, devenu une sorte de dogme, est repris chaque année au début de la saison des feux, sous des formes variées (plutôt en le majorant qu'en le minorant), tant par les politiques que par les scientifiques sur fond de discours catastrophistes.

Pourtant cette évaluation ne résiste pas à un examen sommaire : 200 000 hectares défrichés chaque année, cela correspond au bout d'un siècle à 20 millions d'hectares, c'est-à-dire autant, voire plus, que la superficie totale qui devait être couverte par les forêts au début du siècle. Si ce chiffre était exact, il ne devrait plus rester de forêts à Madagascar, ce que démentent l'observation directe et les résultats provisoires du récent inventaire écologique réalisé avec l'appui de la Coopération allemande et de la Banque mondiale. A moins d'admettre qu'à un moment donné, pendant une période de quelques décennies, le rythme de la déforestation a chuté, ce qu'aucun observateur n'a relevé.

Mais quelle était au juste la surface couverte par la forêt au début du siècle ? Est-il raisonnable d'avancer un chiffre quelconque sans une étude historique détaillée ? Si la réalité des dégradations forestières, des feux et des défrichements n'est pas contestable, le problème relève manifestement d'une analyse complexe et précise, qui impose de clarifier les concepts utilisés.

Une première analyse de la situation a été réalisée en 1994 dans le cadre de l'élaboration d'une politique de gestion (RAJAONSON *et al.*, 1994). Elle a abouti à un certain nombre de conclusions.

D'une part, la politique coloniale sur les feux a connu des fluctuations entre 1904 et 1913, du laxisme à la réglementation, pour aboutir, en 1937, à l'interdiction des feux, en général, sur l'ensemble du territoire (BERTRAND, 1994). Cette politique autoritaire, qui excluait les populations rurales de la gestion des ressources renouvelables, a été un échec. La dégradation des ressources et la déforestation se sont aggravées.

D'autre part, l'administration, en particulier l'administration forestière, n'a jamais eu les moyens d'assumer cette politique de répression et d'exclusion, et devra renoncer à surveiller et punir, pour déléguer à d'autres groupes sociaux le soin de la gestion locale des ressources renouvelables.

Par ailleurs, il existe plusieurs types de feu : selon les lieux, les moments et les pratiques auxquels ils sont rattachés, les feux peuvent avoir des effets différents, voire opposés. Il est donc nécessaire de les gérer localement et d'adapter les règles de gestion à chaque situation.

Enfin, les mêmes causes produisent des effets distincts selon le contexte local, régional et social. Elles ne peuvent être dissociées les unes des autres car elles forment un système, et doivent être nuancées et combinées.

Cette analyse montre aussi que les dynamiques sociales et économiques en cours conduisent à transformer la pratique des feux et à modifier leurs effets, et cela de façon différente dans chaque région de l'île. Si le feu est une pratique sociale très diversifiée dans ses modes d'utilisation comme dans ses effets en fonction des conditions locales — humaines, physiques et naturelles — et s'il témoigne des stratégies multiples d'utilisation ou de mise en valeur de leur milieu par les populations ou les producteurs ruraux, est-il pertinent de s'intéresser d'abord à la gestion des feux ou faut-il réfléchir, plus globalement, à la gestion locale des ressources renouvelables ?

Le *tavy* est stigmatisée comme la cause majeure de la déforestation de la côte est depuis un siècle. Pour enrichir le débat sur cette pratique, il convient de s'appuyer sur un certain nombre d'études.

GREEN et SUSSMAN (1990), en comparant des documents de télédétection réalisés à des dates différentes, estiment que la déforestation sur la côte est a atteint 111 000 hectares par an de 1950 à 1985, mais admettent qu'ils ne peuvent pas distinguer les forêts secondaires au couvert refermé des forêts primaires. Ils avancent cependant, sans justification, une surface forestière « originelle » (1900, 1800 ou avant l'arrivée de l'homme à Madagascar ?) de 11,2 millions d'hectares. On aboutit là encore à la contradiction dénoncée plus haut : aux taux moyens de 111 000 hectares déboisés chaque année depuis 1950 et de 72 000 hectares par an de 1900 à 1950, il ne devrait presque plus rester de forêts sur la façade orientale de Madagascar !

CECCATO (1994) voit quant à lui actuellement « un processus de déboisement actif qui laisse sur de grands espaces des traces d'abattis ». Mais il est difficile de distinguer à partir de photographies satellitaires si les abattis sont effectués sur des forêts secondaires *(savoka)* ou sur des forêts intactes. Avant lui, DEZ (1963, 1965, 1968) avait le premier abordé le *tavy* comme une pratique sociale, certes illégale, mais reconnue comme légitime par les populations malgré son interdiction par l'administration. Le seul coupable désigné depuis un siècle est la paysannerie betsimisaraka, ce qui permet de détourner l'attention des autres acteurs de la déforestation — charbonniers, exploitants forestiers, etc. — et d'occulter leur rôle réel dans ce processus complexe et long (OXBY, 1985).

Il est pourtant aujourd'hui clair que la destruction du versant ouest de la forêt de Manjakandriana au cours de la première moitié du XXe siècle est le résultat de l'exploitation forestière (c'était entre 1905 et 1950 la plus importante zone de production de bois d'œuvre à Madagascar) et du défrichement agricole pour l'installation de rizières dans les bas-fonds. LE BOURDIEC (1974) et LEMALADE et DEWAELE (1996) ont aussi souligné que la productivité du travail en culture de riz pluvial est plus intéressante et plus sûre par rapport au risque cyclonique que celle en culture de riz irrigué.

Les recherches sur les conditions d'extension des *tavy* et de régression de la forêt naturelle d'altitude dans la zone de l'Ankay, menées à partir de 1994 par le Cirad et le Fofifa, s'inscrivent donc dans ce contexte. Elles visaient à répondre aux questions suivantes.

• Les représentations sociales de la forêt naturelle, du *tavy* et du riz pluvial sont-elles réellement des déterminants anthropologiques qui conditionnent le devenir de la forêt et l'aménagement de l'espace ?

• Quel est le statut social réel de la forêt, bien commun des communautés rurales ou domaine privé de l'Etat ?

• Comment se nouent les rapports sociaux à propos du foncier et de la gestion des ressources et des espaces ?

• Quelles sont les influences des dynamiques sociales ou économiques en cours ?

• Comment s'opèrent les arbitrages sociaux et économiques qui permettent d'expliquer la déforestation due au *tavy* et la reconstruction des paysages qui le suivent ?

• Les paysans ont-ils dès le défrichement d'une parcelle de *tavy* une vision de son devenir et du paysage anthropisé qu'ils vont créer par leurs pratiques culturales ou pastorales successives ?

Feux et déforestation

Que veulent dire les politiques, et même certains scientifiques, lorsqu'ils parlent de 200 000 hectares déboisés chaque année à Madagascar par les feux de végétation ? Que chaque année 200 000 hectares de forêts disparaissent et sont transformés définitivement en savanes ou en steppes ou bien que 200 000 hectares de forêt naturelle « intacte » ou primaire sont dégradés en diverses autres formations végétales graminéennes ou ligneuses, y compris en jachères forestières ou en forêts dégradées ? Que le bilan global des dynamiques de disparition d'espaces forestiers et de régénération de forêts s'établit négativement à 200 000 hectares de forêts disparues chaque année ?

On voit que le simplisme du discours débouche sur une multitude d'interprétations : il est nécessaire de préciser certains concepts, comme ceux de forêt, de déforestation, de dégradation forestière, de forêt naturelle primaire, secondaire, intacte, de jachère forestière, de recrû forestier.

Le dictionnaire forestier multilingue (Metro, 1975) propose quatre définitions de la forêt : « Formation végétale ligneuse ou écosystème à prédominance d'arbres, comportant en général un couvert relativement dense. Formation végétale où prédominent les arbres et autres végétaux ligneux poussant relativement près les uns des autres. Au sens juridique, terrain déclaré forêt par une loi ou un règlement forestier. Zone affectée à la production de bois d'œuvre, et (ou) d'autres produits forestiers, ou que l'on maintient boisée pour en tirer des avantages divers tels que la protection des bassins-versants, bassins de réception, la récréation, etc. »

Ces définitions différencient bien la forêt du boisement : « Création d'un jeune peuplement forestier sur un terrain non antérieurement boisé de mémoire d'homme, avec une essence autre que celles qui font partie du milieu naturel. »

Le même auteur ne définit pas les forêts naturelles et l'on proposera une définition établie par référence à celle des ressources naturelles renouvelables, dont font partie les forêts (Weber et Reveret, 1993) : « Forêts naturelles, faune sauvage aquatique et terrestre, eau, territoires de parcours, constituent les principales ressources renouvelables... Elles ont en commun une double originalité par rapport à toutes les autres ressources renouvelables, telles que les plantes ou les animaux domestiques ou les sols cultivés. La première réside dans leur caractère de " propriété commune " ; il s'agit de ressources sur lesquelles il n'existe pas de droit de propriété, et que l'on ne s'approprie que par prélèvement sur le milieu naturel et par l'usage. Les économistes disent que leur coût se réduit à celui du prélèvement, tandis que les autres ressources renouvelables ont également un coût de production. Ainsi la cueillette a un simple coût de récolte quand la plante cultivée exige de consentir la préparation du sol, le semis et l'entretien, en plus du coût de récolte. La seconde originalité résulte de ce que les groupes humains qui les exploitent ne peuvent que prélever le croît naturel sous peine de les voir se raréfier ou disparaître. Cette surexploitation est de fait à l'origine de la disparition de nombre d'espèces animales et végétales, comme elle explique en partie la mauvaise situation de nombre de pêcheries. »

METRO (1975) ne définit pas non plus le terme de forêt naturelle primaire employé aujourd'hui, il utilise le terme de forêt vierge par opposition à celui de forêt secondaire avec la définition suivante : « Forêt naturelle pratiquement non influencée par les activités humaines (il n'est pas impossible qu'une forêt secondaire soit selon cette définition, parfois une forêt vierge) ». La forêt secondaire est, selon lui, « un peuplement forestier qui s'établit naturellement après quelque intervention importante sur le peuplement forestier existant antérieurement, par exemple, coupe rase, grave incendie, attaque d'insectes (terme souvent utilisé pour la forêt tropicale et subtropicale où le nouveau peuplement est souvent différent, en composition et caractère, de celui qu'il remplace, ou bien pour la forêt qui reprend possession de champs anciennement cultivés) ».

En revanche, il est fondamental de noter que METRO (1975) ne juge pas nécessaire d'inclure dans son dictionnaire forestier le terme maintenant si courant de déforestation. Il utilise défrichement : « suppression de l'état boisé par abattage des arbres et destruction des souches pour donner au sol une autre destination que la forêt ». En 1975, la déforestation était déjà un, sinon le, problème forestier majeur à Madagascar, alors qu'elle n'était pas encore identifiée comme un réel problème à l'échelle internationale : le problème et le concept n'existaient pas encore.

Dans le même sens, le terme de dégradation ne renvoie qu'à l'état du sol, pas à celui de la végétation. La définition donnée par METRO (1975) au terme de défrichement ressemble étrangement à celle, plus récente, que propose le Cifor pour la déforestation : « Dans la plupart des cas, nous utilisons le terme de déforestation pour décrire des situations de suppression complète et à long terme du couvert forestier » (KAIMOWITZ et ANGELSEN, 1998).

Mais des voix s'élèvent aussi, dans d'autres régions du monde, pour affirmer que l'impact de ce phénomène a été largement exagéré. Ainsi, pour la Côte d'Ivoire et toute l'Afrique de l'Ouest, FAIRHEAD et LEACH (1998) remarquent que l'on tend à surestimer l'ampleur de la déforestation au XXe siècle et que « la surface perdue au cours de cette période atteint vraisemblablement le tiers seulement des chiffres qui circulent actuellement dans les études scientifiques internationales ». Ils remettent en cause les estimations de la surface couverte par la forêt au début du siècle — comme nous l'avons fait pour Madagascar —, et même les estimations actuelles : « En effet, la plupart des auteurs se contentent de faire des suppositions quant à la nature et l'étendue du couvert végétal antérieur ou se réfèrent à d'autres études sur le sujet, sans les soumettre à un examen critique. Il est notamment devenu acceptable de déduire la nature et l'étendue du couvert forestier d'antan, et l'échelle de temps de sa disparition, à partir d'observations de la végétation actuelle, associées à plusieurs hypothèses : que partout où la forêt peut exister aujourd'hui (dans des conditions climatiques et édaphiques données), elle existait effectivement à l'origine, à l'état vierge, jusqu'à ce qu'elle ait atteint son degré de dégradation actuel ou ait complètement cédé la place à la savane ; que cette perte s'explique principalement par l'utilisation des terres par les populations ; que les forêts ne sont habitées que depuis une époque récente (généralement depuis les années 1900) et qu'auparavant l'agriculture ou l'aménagement des terres étaient soit insignifiantes soit inoffensives pour la forêt ».

On voit ainsi combien en une vingtaine d'années les préoccupations, les représentations et les concepts ont évolué dans un sens, puis en sens opposé. Cette évolution n'est pas achevée et les concepts d'aujourd'hui sont eux-mêmes remis en question comme en témoigne le texte de ROSSI (1998), présenté lors d'un récent colloque : « [...] Quelques-uns parmi les plus importants fondements scientifiques et conceptuels qui légitiment les politiques actuelles sont remis en question. En particulier, tous ceux qui dérivent d'une conception statique, finie et linéaire de l'évolution des rapports entre hommes et milieux comme la conservation, l'équilibre et ses nombreux dérivés, la dégradation, la biodiversité. Les travaux récents tendent à montrer qu'ils n'ont de sens qu'ici et maintenant, c'est-à-dire dans le cadre d'une dynamique d'interface entre un certain environnement biophysique et son utilisation dans un certain contexte politique, économique, social et technique. [...] Nous savons maintenant que cette histoire n'est pas celle du déroulement temporel à sens unique, continu et uniforme des lois du déterminisme scientifique. Elle est celle de l'entrecroisement et de la matérialisation de multiples hasards, de multiples rationalités, parfois contradictoires. Cette évolution, irréversible, est faite de ruptures et d'accélérations, d'oscillations, d'instabilités et, surtout, d'indéterminations. Les dynamiques fluctuantes et imprévues de l'interface milieux et sociétés que nous constatons sont l'expression de son caractère non déterminé, non linéaire. Les progrès de la recherche fondamentale montrent que la logique floue est bel et bien une caractéristique de l'action humaine et de l'évolution des systèmes vivants. Cela veut dire que l'avenir est ouvert. Aussi la meilleure façon de ménager les évolutions futures ne serait-elle pas de préserver le maximum des possibles c'est-à-dire la diversité ? De ne pas enfermer l'avenir dans un faisceau de contraintes qui auraient pour effet, mondialisation et globalisation aidant, de normer, d'uniformiser, de standardiser, d'acculturer au profit des modèles dominants ? »

Dans ces conditions, une analyse actuelle du phénomène des *tavy* peut être un préalable aux interventions publiques et aux actions de développement pour une gestion viable à long terme des forêts malgaches sur la côte est.

Un siècle d'interdiction des *tavy*

Un siècle après que la colonisation française eut interdit puis limité, sous réserve d'autorisation préalable, la pratique des *tavy* (que la royauté merina avait autorisée là où elle se pratiquait déjà), le même discours se répète pour condamner l'agriculture sur défriche-brûlis de végétation forestière, qui caractérise justement les *tavy* à Madagascar. Ce discours globalisateur leur impute depuis un siècle la déforestation « dramatique » de la Grande Ile.

Depuis le décret de 1900, et sauf sur une courte période entre 1904 et 1913, les feux et particulièrement les *tavy* ont été interdits ou, tout le moins, soumis à un régime d'autorisation administrative préalable. Ce n'est que vers 1950-1955 que l'on voit apparaître la notion de feux de végétation, identifiée et analysée comme une pratique sociale, et que commence à se poser le problème du remplacement de la pratique des *tavy*. DEZ (1963) finira par reformuler le problème : « [...] On ne peut aboutir à la disparition complète des *tavy,* qui demeurent nécessaires à certaines cultures, mais simplement à leur limitation. [...] Considérons donc que, dans les régions intéressées, les conditions de climat rendent la forêt envahissante ; en revanche le développement démographique tend à faire reculer la forêt. Mais, sauf en des points particuliers, il semble bien que le cri d'alarme poussé par les techniciens ne soit pas justifié. Depuis la fin du XVIIIe et le début du XIXe siècle, d'après ce que nous en savons par de vieux récits, les limites de la forêt ne paraissent guère avoir bougé. Il est vrai que l'expansion démographique est très récente, qu'elle date d'une vingtaine d'années environ. On pourrait penser qu'en laissant faire la disparition de la forêt sera susceptible de créer à elle seule une pression suffisante pour que les populations responsables se mettent à faire des rizières. Le problème du *tavy* ne serait alors qu'un faux problème ».

Dès la période coloniale, il était clair que cette politique forestière fondée sur la répression et sur l'exclusion des populations de la gestion des forêts conduisait à une impasse. C'était déjà le constat, dès les années 30, de certains responsables de l'administration forestière (COUDREAU, 1937), dont les moyens humains et matériels, en constante régression, ne permettaient pas de faire respecter une réglementation fondée sur l'autorisation préalable des *tavy*. Les ressources forestières confisquées par l'Etat colonial sont maintenant et depuis la deuxième République de fait (et non de droit) en accès libre et les dynamiques agraires les plus extensives s'y développent sans entrave puisque la terre est le facteur de production le plus abondant et le plus accessible (BERTRAND *et al.,* 1996). Il convient donc de remettre en cause un certain nombre de concepts et de méthodes considérés, souvent de façon implicite, plus ou moins comme des dogmes.

• Les paysans malgaches sont-ils foncièrement inconscients ou mauvais puisqu'ils brûlent et détruisent leur environnement immédiat ? N'y a-t-il pas lieu d'admettre *a priori* la rationalité des pratiques paysannes et de s'interroger sur la manière dont les politiques agraires et forestières prennent en compte les motivations réelles des paysans ?

• Si la répression des *tavy* conduit à un échec, ne faut-il pas s'interroger sur des solutions plus positives, qui permettent de s'appuyer sur les pratiques et les stratégies paysannes plutôt que de chercher à les réprimer ?

• La vision administrative des choses n'est-elle pas une « représentation sociale » comme une autre ? La diversité des représentations sociales de ce qu'est une forêt ne doit-elle pas nous inciter à remettre en question le statut des forêts secondaires ?

Il faut poser, au contraire, comme un postulat méthodologique que « les pratiques ne peuvent s'expliquer par l'irrationalité des acteurs, [que] la rationalité est, comme le pense un prix Nobel d'économie, avant tout un principe de cohérence ; on dira alors qu'est rationnel tout individu ou groupe qui poursuit des fins cohérentes entre elles et met en œuvre des moyens adéquats aux fins poursuivies » (KARSENTY *et al.*, 1996). Cela conduit à réexaminer quelques postulats implicites admis de longue date et qui ne sont peut-être pas aussi indiscutables qu'il y paraît de prime abord.

En premier lieu, il convient de s'interroger sur le bilan social de l'interdiction et de la répression des *tavy*. L'opposition du légal et du légitime[2] (BERTRAND *et al.*, 1997) a résulté de la politique répressive de l'administration depuis la période coloniale. Elle a été aussi renforcée par la persistance dans l'administration d'une vision négative des populations rurales : des acteurs de la dégradation des forêts, analphabètes et inconscients, seulement soucieux de tirer le maximum de profit à court terme. Cette politique n'a pas fait disparaître le pouvoir des communautés rurales, mais en maints endroits elle les a considérablement affaiblies. Cet affaiblissement a parfois abouti à un quasi-accès libre et à une course à l'accaparement des ressources et des terres : ce que je ne prends pas aujourd'hui un autre que moi le prendra demain, autant que ce soit moi qui en profite ! Le déclin du pouvoir des communautés rurales s'est surtout fait sentir par rapport à l'extérieur, en particulier aux migrants, de jour en jour plus nombreux. Les droits coutumiers exclusifs des communautés sur les ressources de leur terroir, rendus illégaux par la domanialité de la plupart des terres, n'ont plus été respectés par les migrants, ce qui a entraîné une course à

2. « La légalité des institutions et des réglementations officielles et légales n'est pas légitimée, tandis que la légitimité des logiques et des pratiques locales n'est pas légalisée. »

la terre, y compris avec les habitants du terroir. Il n'est donc pas étonnant que les dégradations et les défrichements se soient multipliés.

En second lieu, il s'agit de savoir ce que sont les forêts secondaires. Selon que l'on adopte la représentation de l'administration des eaux et forêts ou celle des paysans le problème des *tavy* se pose de manière radicalement différente. Si les forêts secondaires sont, comme l'exprime la doctrine traditionnelle de l'administration forestière, des forêts dégradées et relèvent du domaine forestier, alors il est logique de réprimer les *tavy,* qui dégradent la forêt naturelle et la transforment en forêt secondaire improductive de bois d'œuvre. Si les forêts secondaires sont des jachères forestières — des étendues de végétation forestière secondaire qui se développent, en milieu tropical ou subtropical, entre deux cultures agricoles, comme les voient les paysans betsimisaraka —, alors elles font partie des terroirs cultivés et sont des terres en repos. Elles n'ont alors pas à être incluses dans le domaine forestier. Dans ce dernier cas, le problème qui se pose avec les *tavy* à propos des forêts secondaires est de nature agronomique. Comment faire pour que, dans la situation de croissance démographique locale, la fertilité puisse se reconstituer avec une jachère plus courte ? Le problème des forêts secondaires est un problème d'amélioration des jachères forestières tel qu'il se pose dans nombre de pays tropicaux.

Enfin, on peut aussi se demander si cette opposition entre l'administration et les populations rurales, en générant une course au défrichement et à l'accaparement foncier, ne constitue pas un frein réel à l'intensification agricole ? Les tenants de la politique d'exclusion des populations de la gestion des ressources renouvelables ont fréquemment évoqué les risques de dégradation qui pourraient résulter du laxisme de l'administration. Mais l'alternative ne se résume pas à une opposition exclusive et binaire entre politique répressive et laxisme : c'est là un faux problème. La véritable question est de savoir à quel niveau et par qui faire décider, appliquer et contrôler les règles de gestion des ressources renouvelables (RAJAONSON *et al.,* 1994). C'est dans ce cadre que la nouvelle politique de gestion locale des ressources renouvelables a été élaborée et a conduit à la promulgation de la loi 96-025 sur la gestion communautaire locale.

Le *tavy* ou les *tavy*

Madagascar est un pays en évolution rapide. De nouvelles questions se posent à propos du *tavy* ou plutôt les pratiques de *tavy* incitent à redéfinir le concept de *tavy* et peut-être à mieux l'analyser.

Le *tavy* mythique et la diversification des pratiques

Le *tavy* est défini comme la culture de riz pluvial, sans labour, sur défriche-brûlis de forêt naturelle humide, en général de forêt secondaire ou de recrû forestier, sur la côte est de Madagascar. Sous l'influence des dynamiques sociales et économiques, on assiste aujourd'hui à Madagascar à une diversification des systèmes agraires et donc des pratiques de *tavy*. C'est ce qu'a cherché à analyser l'opération de recherche à travers le choix judicieux des terrains d'étude (figure 1).

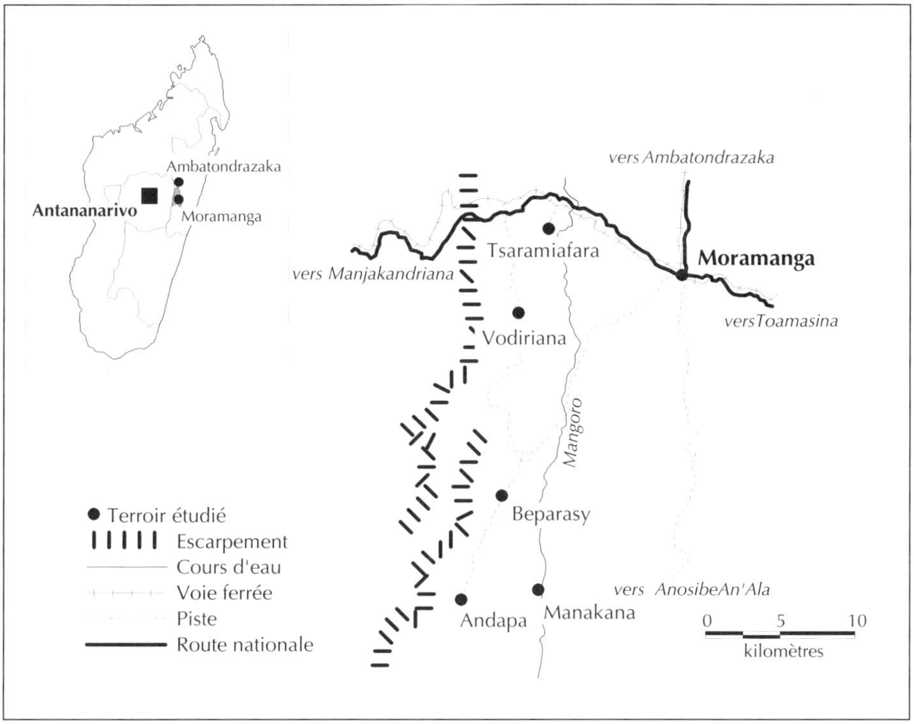

Figure 1. Localisation des zones d'étude.

A Manakana[3], une zone quasi inaccessible, il a été possible de décrire et d'analyser une situation typique de *tavy* traditionnel, système cultural pérenne dans un milieu forestier. Le *tavy* ne concerne que la culture de riz pluvial destiné à l'autoconsommation, avec parfois quelques autres cultures complantées sur des superficies limitées. Les zones de *tavy* sont choisies par les autorités coutumières et concernent presque uniquement des forêts secondaires. Le village a défriché en plus d'un siècle moins de 20 % de la superficie totale du terroir (AUBERT *et al.,* 1996).

3. Il existe un autre village nommé Manakana dans la commune de Beparasy, mais dont il ne sera pas question dans cet ouvrage.

A Tsaramiafara, au contraire, à proximité de la RN2 qui structure économiquement la région, la pratique des *tavy* est beaucoup plus diversifiée. On y trouve des cultures de riz pluvial, mais aussi, et parfois surtout, du haricot et du maïs. On voit apparaître dans certains cas une modification fondamentale des pratiques culturales avec un labour juste après le défrichement d'une forêt secondaire maigre (MANITRA RAZAFINDRAZAKA, 1998) alors que jusqu'à présent le *tavy* était caractérisé comme une culture sans labour. Les cultures ne sont pas réalisées seulement pour assurer l'autoconsommation des ménages ruraux mais sont de véritables cultures de rente destinées à apporter des revenus monétaires.

Dans la vallée de Beparasy-Andapa, qui reste généralement inaccessible par la route mais où certains produits peuvent être évacués à dos d'homme par la falaise de l'Angavo, on constate déjà une modification des *tavy,* certains étant maintenant consacrés à la culture du haricot, principale culture de rente avant le caféier et principale production après le rhum artisanal local, en valeur (ANDRIAMBOLANORO, 1996).

Il y a une nécessaire distinction à faire entre le *tavy* au sens strict et toutes les pratiques de défrichement agricole définitif utilisant le brûlis pour ouvrir l'espace forestier. Par exemple, on observe le long de l'axe Ambodinifody-Beparasy des zones caractérisées par des pratiques agraires différenciées. La première, située à proximité de l'axe de la RN2 entre Manjakandriana et Moramanga, de part et d'autre, est fortement déboisée, très partiellement cultivée, couverte d'une lande composée de graminées et d'éricacées *(bozaka)* sauf sur quelques sommets de collines encore couverts de forêt naturelle. Les feux y sont annuels et semblent plutôt résulter d'une structure foncière caractérisée par des terres « gelées », héritée de la période coloniale : grands domaines agricoles plus ou moins partiellement mis en valeur par des propriétaires parfois absentéistes. La seconde, dans la zone immédiatement plus au sud, est desservie par une mauvaise piste encore carrossable. Elle est le siège d'une véritable dynamique de défrichement agricole, qualifiée très improprement de *tavy*. Les villageois bezanozano sollicitent auprès de l'agent des eaux et forêts des autorisations de pratique du *tavy* sur la forêt naturelle, qui est toujours présente à moins d'un kilomètre. Ils pratiquent alors le brûlis et cultivent le riz pluvial pendant deux ans. Ensuite, ils cultivent quelques années du manioc puis installent sur de grandes surfaces des ananas et des avocatiers. On est donc en présence d'une dynamique de défrichement définitif et d'installation agricole permanente très différente de la pratique temporaire du *tavy* dans un cycle de longue jachère. En témoigne d'ailleurs le défrichement de bas-fonds pour la création, en cours ou récente, de nouvelles rizières irriguées.

Il est clair qu'à Vodiriana cette dynamique devrait aboutir à la disparition totale de la forêt. En effet, tous les villageois ont intérêt à défricher toute la forêt pour constituer leur patrimoine agricole puisque celle-ci est sous le contrôle de l'Etat. Le seul moyen d'espérer préserver une partie de ce patrimoine forestier consisterait à l'attribuer en ressource commune à une collectivité locale de base sous la forme d'une forêt villageoise dans le cadre d'un contrat avec l'administration.

Le même phénomène de diversification des *tavy* a été constaté le long de la RN2 dans la région de Beforona, dans le cadre du projet Terre-Tany, mené par le Fofifa et la Coopération suisse. Il apparaît donc qu'il convient maintenant de parler des *tavy* plutôt que du *tavy*.

Le *tavy* dans la représentation sociale betsimisaraka

En 1997, lors des travaux de terrain et des discussions avec les paysans en vue d'élaborer un accord coutumier *(dina)* type sur la gestion locale des feux, le sociologue Maminiaina Razafindrabe rapportait qu'un paysan de Vavatenana, dans la province de Toamasina, avait déclaré en public lors d'une réunion : « Supprimer les *tavy,* c'est vouloir la mort de l'ethnie betsimisaraka ! ». Cette déclaration ne doit pas être sous-estimée. Elle pose quelques problèmes de fond sur le contenu social des *tavy*.

Si le *tavy* est véritablement représentatif et constitutif de l'identité sociale de l'ethnie betsimisaraka (ALTHABE, 1982), alors il était vain et absurde de vouloir l'interdire. C'est ce que semble montrer l'échec patent d'un siècle d'interdiction des *tavy*. Les anthropologues savent depuis longtemps qu'un groupe social, quel qu'il soit, ne renonce pas sans un combat acharné à quelque chose qu'il considère comme faisant partie de son identité.

Mais qu'est-ce qui dans le *tavy* est véritablement déterminant et constitutif de l'identité sociale betsimisaraka : la défriche-brûlis, la culture de riz pluvial, la culture sans labour, l'ensemble ? Est-ce le sentiment de liberté que procure la période de culture sur les *tavy* où chaque famille vit isolée sur son *tavy* (OXBY, 1985) ?

Jusqu'à présent les anthropologues qui ont étudié les Betsimisaraka ont considéré le *tavy* comme un tout, sans s'intéresser à ses constituants. Il est vrai que le problème ne se pose qu'à partir du moment où l'évolution des pratiques introduit des variantes dans les constituants. Ce point est fondamental dans une perspective d'action impliquée dans le développement car, s'il est vain de vouloir détruire un symbole social, il est peut-être possible de faire évoluer les pratiques au niveau de certains constituants sans toucher au symbole lui-même ?

Les représentations sociales de la forêt, du *tavy,* du riz pluvial ne sont pas équivalentes chez les Betsimisaraka, les Bezanozano, les Sihanaka et les Merina. Ce point avait été clairement identifié lors de l'élaboration du programme des actions de terrain et cette hypothèse a justifié le choix de l'Ankay, situé au carrefour de trois populations : les Bezanozano, les Betsimisaraka et les Merina (figure 2).

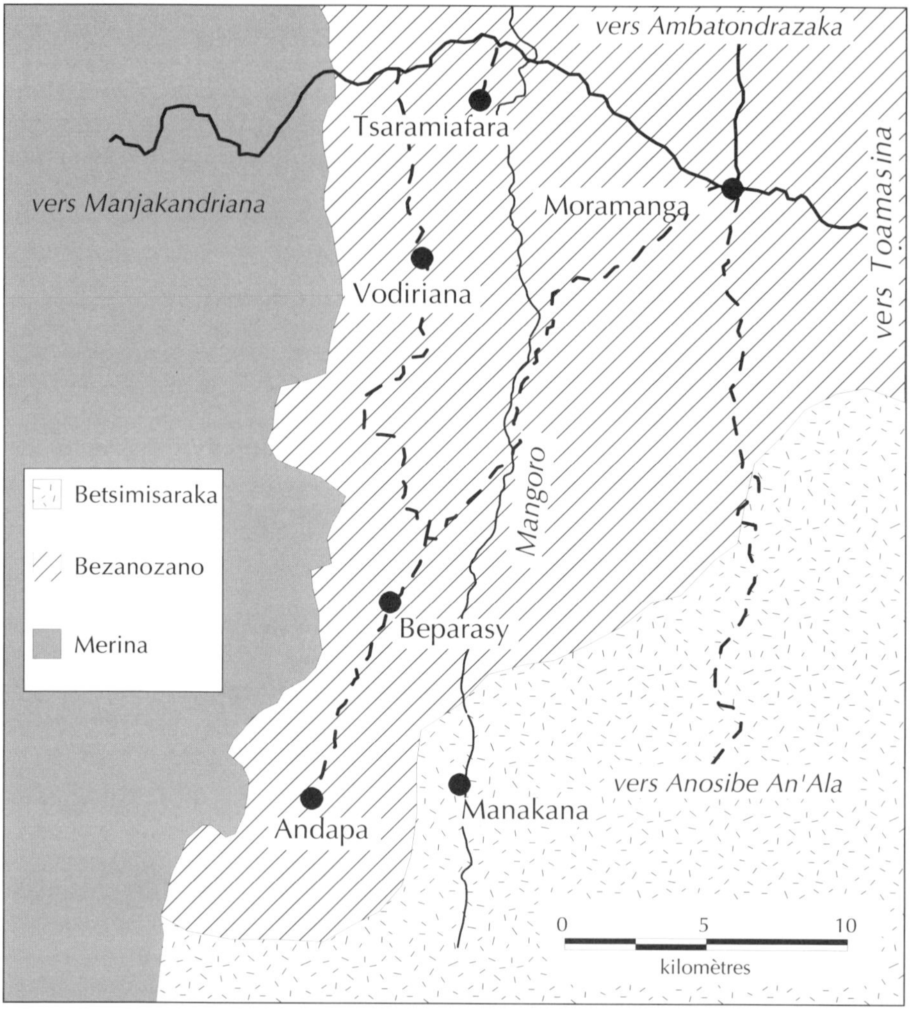

Figure 2. Répartition ethnique dans l'Ankay.

Le feu : outil agricole et pratique sociale

L'étude de 1994 (RAJAONSON *et al.*, 1994) a montré que le feu est dans les mains des paysans malgaches plus qu'un outil. Sur la côte orientale, avec le *tavy,* le feu est le support de relations sociales. La mise à feu des parcelles de *tavy* n'est pas un acte anodin qui peut être exécuté par n'importe qui, sans respecter les règles et les procédures coutumières.

C'est en partant de la constatation que l'utilisation du feu comme outil de gestion des ressources renouvelables obéit partout à des règles locales acceptées et respectées par tous qu'a été engagée, en 1995, l'élaboration d'une proposition de politique de gestion des ressources renouvelables, dont le principe a été validé lors du colloque national d'Antsirabe, en mai 1995.

Le problème de l'extension des défrichements « primaires »[4] de forêt naturelle est d'une autre nature[5]. C'est la question foncière qui ici est posée. Depuis la période coloniale toutes les « terres vacantes et sans maître » sont propriété de l'Etat : c'est la présomption de domanialité (Bertrand et Razafindrabe, 1997). Pourquoi les paysans limiteraient-ils leur défrichement de forêts sur des terres anciennement collectives où ils ont perdu la légitimité d'exercer leurs droits coutumiers, alors que, compte tenu des moyens très limités matériels et humains de l'administration, en particulier de celle des eaux et forêts, ces forêts sont en accès libre de fait, ouvertes, en particulier aux personnes extérieures à la communauté rurale coutumière de base *(fokonolona),* aux migrants ? Les forêts sont donc pillées et dégradées..

Certes, l'autorité légale des agents de l'administration forestière sur la forêt est connue de tous. Un rapport explique d'ailleurs que « les villageois éprouvent véritablement de la peur devant les agents forestiers » (Coefor-Kepem, 1998). Mais généralement, l'administration forestière reste stationnée dans ses cantonnements sans réels moyens de se déplacer et la forêt comporte tant de vallons discrets. Parmi ceux qui pratiquent le *tavy,* il y en a qui peuvent assumer les coûts de transaction avec l'administration forestière et donc agir presque au vu et au su de tous, et d'autres qui n'ont pas cette capacité sociale ou financière et qui sont obligés d'aller plus loin, plus à l'écart.

L'administration forestière est présente dans les esprits mais la plupart du temps absente sur le terrain. Les pratiques paysannes s'inscrivent donc en général dans le cadre des règles coutumières. Dans bien des endroits cependant, l'impact de la délégitimation des pouvoirs coutumiers par l'administration (opposition de légal et du légitime) et l'afflux des migrants, dont un nombre croissant s'affranchit des règles coutumières pour s'installer, entraînent une course aux défrichements et aux ressources. On a à la fois un système légal dominant considéré comme illégitime par les acteurs locaux, un système coutumier local prédominant dont l'autorité est variable et une course à la ressource qui caractérise un accès libre de fait.

---

4. Le sont-ils toujours au regard de l'histoire ? On trouve ainsi à Manakana aujourd'hui, au bord du Mangoro, des *tavy* établis sur forêt naturelle sur d'anciennes terrasses de rizières.

5. Encore que les analyses de terrain exposées plus loin montrent que les défrichements de forêt naturelle intacte (si ce mot a un sens) sont très limités car la terre y est « trop » fertile la première année et ne donne que de faibles rendements de riz pluvial. Ne pratiquent de la sorte que les jeunes qui cherchent l'accès au foncier ou les misanthropes qui veulent s'isoler.

Il ne s'agit pas d'opposer persistance (heureuse) des institutions coutumières et de leur gestion des ressources et accès libre de fait aux ressources. Selon les lieux et les circonstances les deux se combinent de manière variable.

La région de l'Ankay et les autres terrains d'étude

Les recherches ont été menées dans la région de l'Ankay, mais elles n'ont pas été effectuées en vase clos, sans relation avec les travaux plus ou moins analogues réalisés dans d'autres régions de la côte orientale de Madagascar. Le Fofifa et le Cirad ont même participé à la fin de 1997 avec le Cnre (Centre national de recherches environnementales), l'Ird (Institut de recherche pour le développement), le projet Terre-Tany, le Wwf (World Wildlife Fund) et l'Unesco, entre autres, à l'élaboration d'un projet de recherche présenté à l'One dont l'objet était d'établir un bilan de l'ensemble des travaux réalisés à Madagascar sur la défriche-brûlis. Ce projet n'a pas trouvé de financement dans le cadre du plan d'action environnemental.

Le choix de l'Ankay comme terrain d'étude se justifie pour des raisons à la fois scientifiques et pratiques (figure 3).

L'Ankay offre, en premier lieu, une grande diversité dans les conditions d'isolement et d'accessibilité et une composition ethnique complexe, dans une zone où les processus de déforestation semblent actifs et anciens. La diversité des conditions d'accessibilité et l'isolement de secteurs importants de la région résultent de l'existence de la RN2, qui structure économiquement l'espace régional selon un axe est-ouest, alors que le relief le structure selon des lignes nord-sud. L'existence d'un réseau de pistes datant de la période coloniale, en fait inutilisables par des véhicules en dehors de la saison sèche, laissait supposer un accès facile aux zones enclavées.

D'autre part, l'Ankay est une région de contact entre trois ethnies : les Bezanozano, originaires de la région et dont l'extension au XIXe siècle était beaucoup plus importante puisqu'elle s'étendait jusqu'au lac Alaotra et à Didy ; les Merina, dont l'expansion historique vers l'est se poursuit encore aujourd'hui ; les Betsimisaraka, qui sont les occupants traditionnels des espaces de forêt naturelle de l'est et sont installés de longue date sur les bords du Mangoro.

Cette diversité ethnique permettait de comparer l'influence des représentations sociales sur la gestion de l'espace et des ressources forestières. Dès 1902, THIRY (1902-1904) soulignait l'existence de *tavy* pratiqués par les Bezanozano dans la falaise de l'Angavo à l'est de la forêt de Manjakandriana. Des documents attestaient aussi l'importance actuelle des processus de déforestation (CECCATO, 1994).

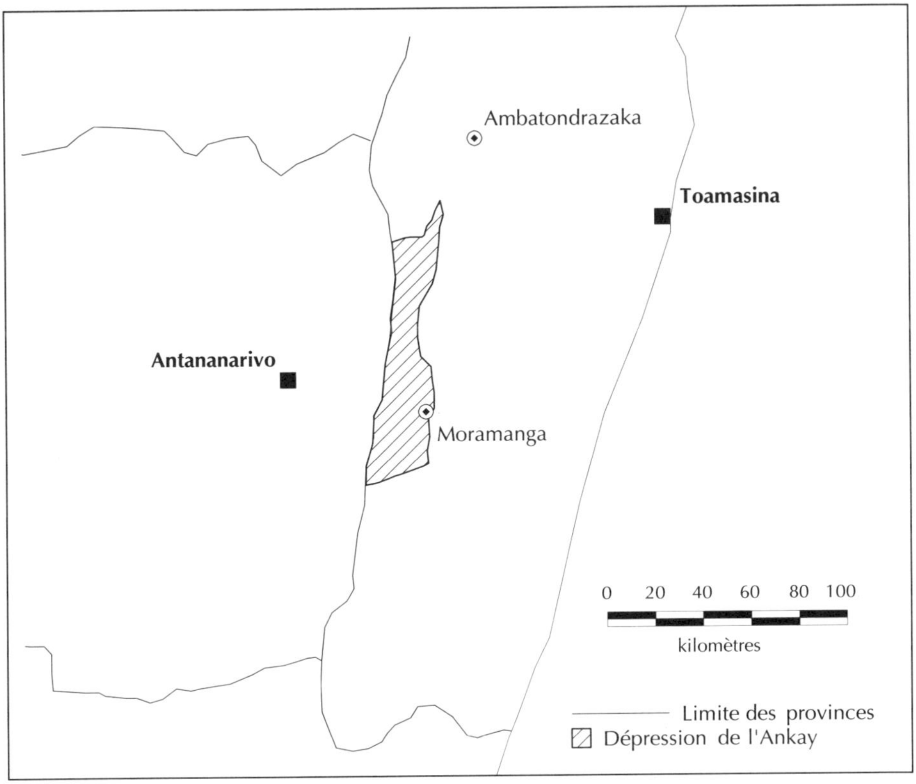

Figure 3. Région de l'Ankay.

Ethnies et coutume

Bien que les divisions ethniques relèvent de critères tout à fait hétérogènes et alimentent de nombreuses discussions quant à leur origine, elles n'en restent pas moins une réalité vivace dans les processus identitaires. La coutume, qui conditionne pour une large part les pratiques paysannes, diffère d'une ethnie à l'autre, mais ses caractéristiques sont loin d'être homogènes au sein d'un même ensemble. Aussi faut-il insister sur le fait que si, tout au long de ce document, on mentionne les Betsimisaraka ou les Bezanozano, la généralisation des résultats issus de cette étude localisée serait une grave erreur. (SA, SR)

Les travaux sur l'économie forestière des hautes terres, réalisés précédemment par le Fofifa et le Cirad avec leurs partenaires, avaient mis en lumière à la fois le processus séculaire des plantations forestières paysannes spontanées d'*Eucalyptus robusta* et le processus antérieur et concomitant de retrait vers l'est de la limite de la forêt de Manjakandriana (RAKOTOVAO, 1995a). Il apparaissait intéressant de pouvoir comparer les processus de déforestation à l'œuvre sur les deux versants de la forêt.

L'Ankay était une région peu étudiée et l'ethnie bezanozano n'avait retenu l'attention que de rares chercheurs. Pourtant, cette région avait connu une histoire mouvementée dès avant la colonisation : la guerre de Radama Ier chassa les Bezanozano à l'est de la forêt de Manjakandriana et ouvrit la voie à l'expansion du peuplement merina vers l'est ; en 1947, la région a été au cœur de l'insurrection contre le pouvoir colonial et cet épisode tragique de l'histoire malgache a laissé des traces encore présentes.

Enfin, le choix de cette zone apparaissait complémentaire, d'une part, des actions lancées dans la région de Beforona par le projet Terre-Tany avec l'appui de la Coopération suisse, d'autre part, des actions envisagées dès 1994 dans la région de Didy sur la dorsale forestière longeant la côte est.

Le choix de l'Ankay s'est trouvé renforcé par la prise en compte d'un certain nombre de raisons pratiques. Tout d'abord, sa proximité avec Antananarivo, malgré les difficultés de déplacement sur les pistes vers les zones enclavées, rendait l'accès aux terrains possible en principe en une journée et à un coût limité. Ensuite, le choix de l'Ankay apparaissait également comme une extension géographique de recherches antérieures sur l'économie forestière sur les hautes terres malgaches, dans les régions de Manjakandriana et de Vinaninony, sur une problématique scientifique renouvelée.

Les travaux réalisés dans l'Ankay ont été complétés par les actions engagées par le Fofifa et le Cirad tant dans la zone de Didy que, plus tardivement à partir de 1997, dans la cuvette d'Andapa. Ces derniers ont été menés avec le Cerg2r (Centre d'études et de recherches sur la gestion des ressources renouvelables) de l'université d'Antananarivo et le Wwf. Une partie des éléments les plus importants du bilan des travaux sur l'économie des *tavy* a été recueillie dans ces deux régions. Les ignorer dans le bilan de cette recherche n'aurait pas eu de sens (figures 4 et 5).

Les recherches dont les résultats sont exposés n'ont apporté qu'une partie des réponses aux questions formulées à l'origine. Les thèmes écologiques ont été peu abordés et les questions qu'ils soulevaient restent actuelles, surtout dans la perspective de l'aménagement des forêts dans le cadre de contrats de gestion locale sécurisée.

D'autre part, les travaux ont conduit à reformuler un certain nombre de questions, pour tenir compte de l'évolution rapide des systèmes agraires sur la façade orientale de Madagascar et dans une optique de recherche impliquée dans le développement : comment faire évoluer les pratiques agraires des paysans pour améliorer les techniques et les rendements et rendre possible et viable à long terme la mise en place de la gestion locale contractuelle des forêts par les communautés rurales.

Enfin, les vicissitudes qu'a connues le financement de ces travaux amènent à poser la question du financement de la recherche en général. Si les bailleurs de fonds ne financent plus la recherche, comment prendront-ils en compte à la fois les résultats des actions antérieures du développement et l'évolution des systèmes agraires et des sociétés rurales. Ne se condamnent-ils pas à refaire indéfiniment, encore mieux et avec plus de moyens des actions de développement fondées sur des problématiques dont on sait qu'elles ne « marchent » pas ?

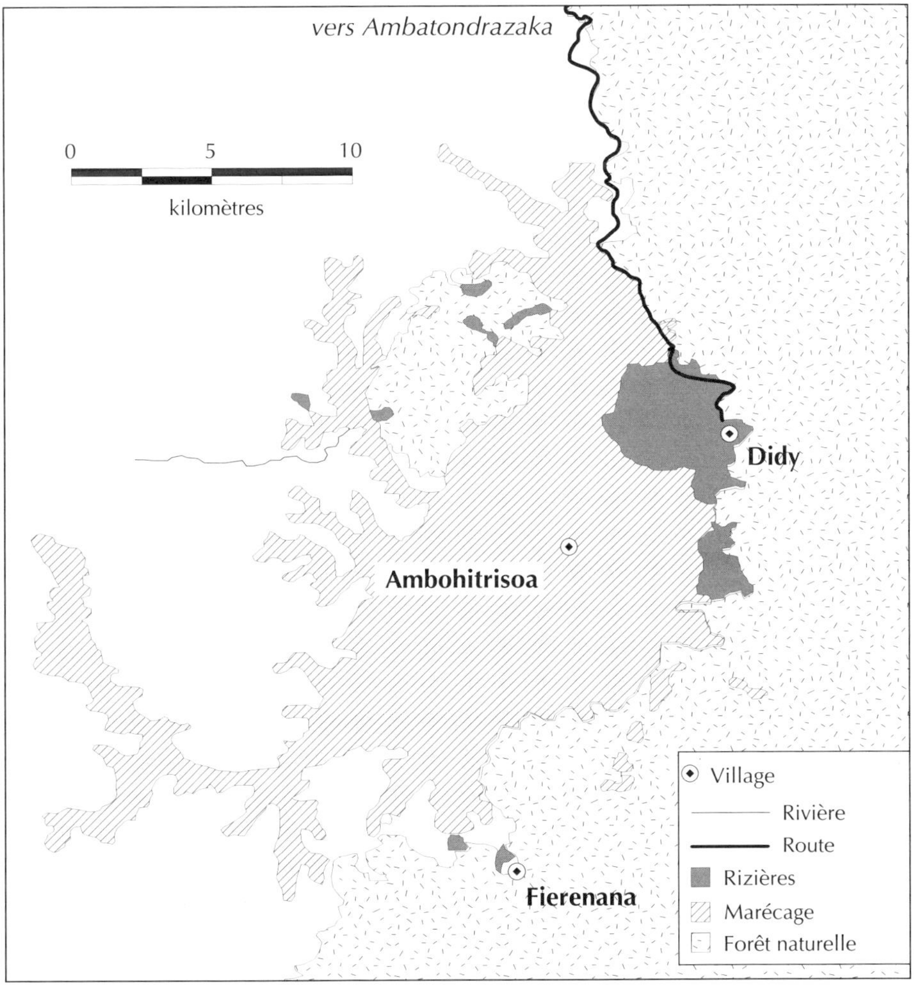

Figure 4. Région de Didy.

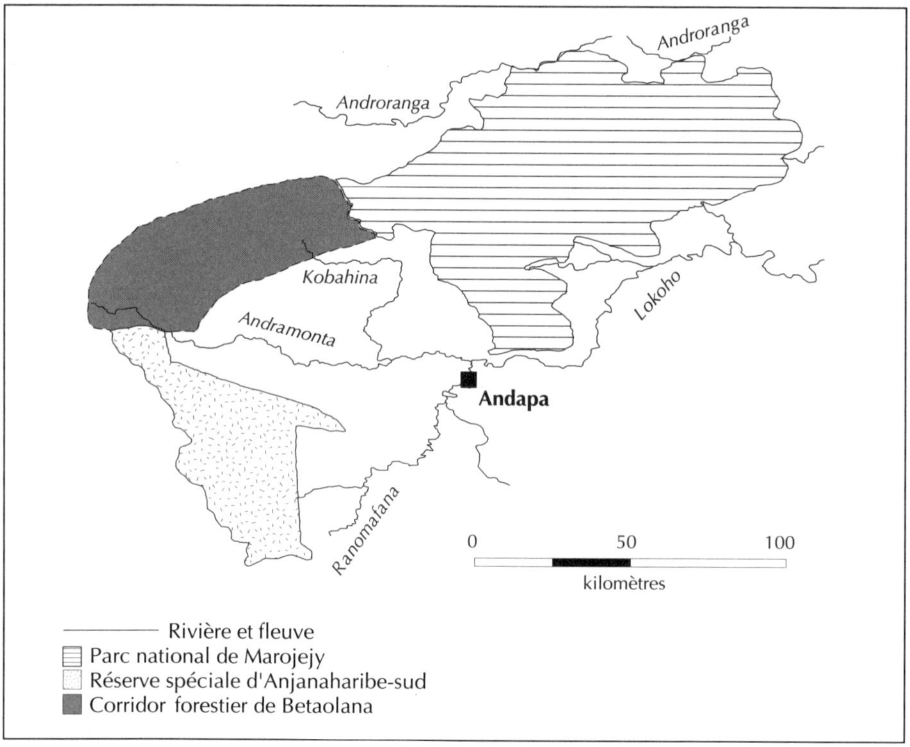

Figure 5. Région de la cuvette d'Andapa.

La place des *tavy* dans les systèmes de production

Le *tavy* est considéré comme l'une des principales causes de la disparition des forêts. Or, malgré son interdiction séculaire, cette technique culturale fait aujourd'hui toujours partie intégrante des systèmes de production des agriculteurs de la côte est de Madagascar. Il est temps de se pencher sur les déterminants qui conduisent les cultivateurs à pratiquer le *tavy* et de s'interroger sur la place qu'il occupe dans les systèmes de culture adoptés par les agriculteurs, mais aussi d'examiner les conséquences de cette pratique sur les systèmes de production mis en œuvre par les communautés rurales.

La dénomination générique de *tavy* apparaît extrêmement réductrice au regard de la diversité des systèmes de culture qu'elle regroupe. Indépendamment de la culture des *tevy* (*tavy* en bezanozano) de colline *(tanety),* pour lesquels même le brûlis forestier ne semble pas être le dénominateur commun, le *tavy* peut renvoyer à l'essartage et à la mise à feu d'un espace boisé, autorisant une phase culturale brève, à laquelle succède une jachère arbustive ou arborée, mais il peut aussi correspondre à un brûlis forestier conduisant à l'établissement d'une succession de cultures, qui comprend éventuellement une jachère de courte durée.

Ainsi, le *tavy* est le reflet de la situation socio-économique de l'agriculteur. Compte tenu du risque cyclonique et de la force de travail disponible, le terrain défriché est consacré soit à la culture du riz pluvial destiné à l'autoconsommation, soit à une culture de rente. Le premier cas se rencontre à la fois en pays betsimisaraka et en pays bezanozano, il est généralisé à Manakana. La culture de rente atteste de la disparité des revenus tant dans la vallée de Beparasy-Andapa qu'à Tsaramiafara, où le tavy est fréquemment cultivé en maïs et haricots.

Sur l'ensemble des terroirs étudiés, le cultivateur s'approprie individuellement le produit du champ qu'il a mis en culture, ce qui permet à certains, grâce aux cultures de rente, d'entrer dans une logique d'économie de marché. Cette logique n'est cependant pas généralisée, ni parmi les individus, ni sur l'ensemble des produits.

La marchandisation de la terre à vocation agricole est imparfaite dans le sens où, lorsqu'elle apparaît, soit sous forme de vente, de prêt ou de location, soit sous forme de fermage ou de métayage, elle se fait dans un contexte qui exclut le respect des lois du marché (transparence, publicité, information, libre concurrence). Les contrats de transaction sont bilatéraux, entre le propriétaire foncier ou son représentant et l'exploitant, et se font *intuitu personae* en fonction des besoins du demandeur. Malgré la tendance certaine qui se dessine, l'économie de marché n'est pas encore implantée dans ces sociétés. Les promoteurs du développement doivent prendre en considération certains facteurs sociologiques et anthropologiques, qui restent prépondérants au regard des pratiques et des comportements des populations.

Culture sur brûlis et régression des surfaces boisées

Sigrid Aubert, Serge Razafiarison

Le phénomène de déforestation s'inscrit à Madagascar dans un contexte national. Mais devant l'hétérogénéité des causes et des conséquences liées au bouleversement du milieu physique, et surtout face aux difficultés rencontrées par tout essai de quantification de la déforestation à partir des documents disponibles à Madagascar, il semble préférable d'appréhender ce phénomène à une échelle plus réduite.

Le contexte national

La forêt

L'île de Madagascar s'étend sur 587 041 kilomètres carrés entre les 16e et 26e parallèles de latitude sud. Elle peut être comparée à une plate-forme continentale autonome : à l'ouest, le canal du Mozambique la sépare de l'Afrique par un fossé qui atteint 4 000 mètres de profondeur et, à l'est, la bathymétrie s'abaisse rapidement à 6 000 mètres. Cet isolement est à l'origine d'un taux d'endémisme considérable parmi les espèces animales et végétales, d'autant plus les écosystèmes sont très diversifiés.

Deux tiers de l'île sont constitués par un socle cristallin et un tiers, par des roches sédimentaires. Sur ces deux types de roche-mère, on trouve principalement trois catégories de sols : les sols ferrallitiques, qui recouvrent 40 % de la superficie de l'île, les sols ferrugineux tropicaux (27,5 %) puis les sols minéraux bruts et les sols peu évolués (26 %) (AUBERT, 1963).

Il est possible de dresser un panorama général de la végétation insulaire. A partir de la ligne de faîte qui s'étend sur toute la longueur de l'île, on distingue à l'ouest, sur une pente régulière, des formations clairsemées de buissons et de forêts décidues, qui doivent leur existence à l'alternance de deux saisons, l'une sèche, l'autre plus humide, et à l'est, une forêt tropicale humide qui, frappée de plein fouet par un vent d'alizé sud - sud-est, prend place sur un relief escarpé composé d'une multitude de petites collines de 500 à 800 mètres d'altitude encadrées par des falaises au dénivelé marqué.

Les données concernant les superficies des différentes formations végétales divergent à tel point qu'il est difficile de les quantifier avec certitude. Une carte des formations végétales de Madagascar a cependant pu être élaborée à partir de l'assemblage des données du satellite Landsat de 1972 à 1979 (RAUNET, 1998 ; carte 1, en annexe).

Les forêts primaires de Madagascar sont des formations bien structurées. Elles présentent plusieurs strates verticales formant chacune des niches écologiques particulières qui abritent une forte diversité biologique aussi bien végétale qu'animale. Ces écosystèmes forestiers sont fragiles car les espèces qui y sont représentées ont évolué en vase clos, à l'abri des fortes concurrences qui se rencontrent généralement sur les terres continentales.

Parmi les forêts primaires, on peut dénombrer, sur le versant oriental de l'île : les forêts denses humides de basse altitude (de 0 à 800 mètres), les forêts denses humides de moyenne altitude (de 800 à 1 800 mètres) et les forêts sclérophylles de montagne (de 1 800 à 2 000 mètres). Le versant occidental de l'île abrite des forêts sclérophylles de moyenne altitude (entre 800 et 1 600 mètres) et des forêts denses sèches caducifoliées (entre 0 et 800 mètres).

Face aux pressions principalement anthropiques, ces formations primaires ont donné naissance à des formations secondaires plus ou moins dégradées qui, dans un premier temps, revêtent l'apparence de formations ligneuses (forêts secondaires) avant de devenir, à force de brûlis successifs, des savanes arborées puis herbeuses. Les formations primaires ont peu de chances de se reconstituer une fois les formations secondaires installées : les modifications des données physiques combinées au processus d'anthropisation ne permettent généralement pas de réunir les conditions de cette reconstitution.

Le reboisement est officiellement un thème incontournable des politiques forestières qui se sont succédé à Madagascar. Il repose principalement sur des essences exotiques à croissance rapide telles que l'eucalyptus et le pin, pour lesquels il existe aujourd'hui des peuplements relativement importants, essentiellement sur les hautes terres. Ces plantations forestières approvisionnent, de façon quasi exclusive, en bois énergie les villes de la dorsale et du versant est — Antananarivo, Fianarantsoa, Toamasina, Antsirabe, Ambalavao, Arivonimamo, Anjozorobe, etc. — et donc la majorité de la population urbaine de Madagascar. Globalement cependant, les surfaces reboisées restent minoritaires au regard de celles qui sont défrichées. La réintroduction ligneuse sur les parcelles exploitées de forêt naturelle ou sur d'autres parcelles de superficie identique est loin de faire l'objet d'interventions systématiques, tant de la part des paysans que de celle des exploitants forestiers.

La déforestation

Le rapport de 1995 sur l'état de l'environnement à Madagascar indique que « selon les estimations basées sur les anciennes photographies aériennes de 1950, les forêts et les bois couvraient 14 à 16 millions d'hectares représentant 24 à 28 % du territoire national [...] La couverture forestière est actuellement estimée à 12 millions d'hectares [et la forêt naturelle] n'occuperait aujourd'hui que 9 à 10 millions d'hectares, soit 16 à 17 % de l'île » (ONE *et al.*, 1995). Il est cependant difficile de quantifier avec précision la diminution des espaces de forêt à Madagascar (tableau 1). Les méthodes et les unités de mesure[6] sont rarement précisées et les chiffres divergent considérablement d'une source à l'autre. Depuis plus d'un siècle, les estimations de Grandidier, qui évaluait à 200 000 hectares la surface de forêt détruite chaque année, sont généralement reprises dans les documents officiels.

Tableau 1. Evolution des surfaces boisées à Madagascar, de 1895 à 1988, d'après PIERRE (1993).

	Surfaces boisées (millions d'hectares)	Source
1895	20	Girod-Genet
1909	12	Girod-Genet
1910	9	Bourdariat
1920	7	Perrier de la Bathie
1920	3	Humbert
1935	1,4	Heim
1965	18,2	Mercier
1974	12	Koechlin
1987	14,68	Mercier
1988	12	Rabetaliana

6. Les estimations varient considérablement si l'on considère comme des forêts les espaces boisés d'un seul tenant d'au moins 100 000 hectares, de 20 000 hectares ou de 1 000 hectares. De même, si l'on considère les conversions d'espaces boisés en espaces agricoles de 1 hectare au sein de la forêt ou des défrichements de plus grande superficie en lisière.

Le cadre physique de la Grande Ile contribue pour une large part à la fragilité des écosystèmes : les sols sont exposés à l'érosion, les catastrophes naturelles, comme les dépressions tropicales, les cyclones, la sécheresse et les invasions de criquets, sont fréquentes, l'évolution en vase clos contribue à la formation d'un équilibre complexe particulièrement sensible à toute forme d'intervention extérieure. Mais ce sont incontestablement les pressions anthropiques qui sont les premières causes de dégradation ou de disparition des forêts. Parmi celles-ci figurent la culture sur brûlis, l'exploitation des produits forestiers, principalement ligneux, et les incendies (tableau 2).

Tableau 2. Prélèvements annuels de bois à Madagascar, d'après ANGAP *et al.* (1997).

	Estimation basse (millions de m^3)	Estimation haute (millions de m^3)
Tavy	12	30
Combustibles ligneux	11,4	13,7
Bois de service	1,1	1,4
Bois d'œuvre	1,1	1,1
Feux de brousse	4,5	9
Total	30,1	55,3

LA CULTURE SUR BRÛLIS

La population malgache se compose de 15,8 millions d'individus (son taux de croissance est estimé à 3,1 % ; FNUAP, 1997), dont les trois quarts vivent en dessous du seuil de pauvreté (le produit national brut par habitant est de 230 dollars). Le secteur primaire regroupe la majorité de la population, puisque 70 % des Malgaches se consacrent essentiellement à l'agriculture. Mais, avec seulement 20 % du territoire national exploité[7] et une production principalement destinée à l'autosubsistance, l'agriculture ne parvient pas à satisfaire la demande, et certaines denrées comme le riz doivent être importées.

Dans ce contexte, la riziculture sur brûlis forestier, généralement présentée sous le nom générique de *tavy,* est considérée comme une pratique agricole traditionnelle qui n'est adaptée ni aux nouveaux faciès modelés par l'érosion, ni à la chute de fertilité des sols, ni à l'accroissement constant de la population. Dévastateur et peu productif, le *tavy* couvrirait 12,3 % de la superficie rizicole de Madagascar pour ne représenter que 7,6 % de la production selon l'annuaire des statistiques agricoles de 1989-1990. Or, encore une fois, on

7. La densité moyenne de la population est de 20,5 habitants au kilomètre carré, mais ce chiffre masque en fait une forte disparité régionale, puisque plus de la moitié de la population est concentrée sur environ 13 % du territoire national : les hautes terres et la façade orientale (PNUE, 1997).

estime entre 200 000 et 300 000 hectares l'étendue des forêts naturelles défrichées chaque année du fait de cette pratique (ONE *et al.*, 1995).

L'EXPLOITATION DES PRODUITS FORESTIERS

La situation économique précaire[8] conduit bien souvent les opérateurs privés et leurs intermédiaires à une surexploitation ou à une mauvaise exploitation, légale ou non, des ressources naturelles. La collecte des espèces commercialisées — comme les fougères arborescentes dont les racines servent à la fabrication des pots de fleur et les innombrables plantes médicinales et aromatiques — et les exploitations minières[9] contribuent indéniablement au processus de déforestation, mais l'impact de l'exploitation des grumes reste prépondérant.

L'ensemble de la forêt malgache totalise un volume de bois que l'on peut évaluer, toutes catégories confondues, à 100 millions de mètres cubes. Chaque année, la production biologique, c'est-à-dire la croissance naturelle, ajoute à ce total un volume de 100 000 mètres cubes, pour les résineux. L'exploitation forestière, qui a porté en 1993 sur 1 million d'hectares (plus que ce que ne produit la nature), menace donc réellement le patrimoine, qui ne peut ainsi se reconstituer et s'enrichir (RAZAFINDRAKOTO, 1996).

Le nombre des exploitants forestiers est en augmentation constante selon les chiffres officiels, avec une progression de 20 % pour l'année 1997-1998. L'exploitation forestière vise, d'une part, à commercialiser les bois précieux, d'autre part, à satisfaire la demande en bois de construction et en bois de chauffage. Elle peut se traduire par un écrémage de la forêt ou par une coupe systématique des formations primaires et secondaires. Plus de 99 % de la production de bois est utilisée localement, bien que l'interdiction d'exporter les grumes ait été levée en 1995. Il est vrai que la source énergétique la plus utilisée à Madagascar est encore le bois et ses dérivés, qui comptent pour 80 à 90 % de l'énergie domestique consommée dans le pays. La majorité du charbon de bois provient de plantations d'eucalyptus et seuls quelques centres urbains sont alimentés en partie par du charbon de bois provenant de la forêt naturelle, comme Diego, Tuléar, Majunga, et ce n'est pas le cas de la capitale.

8. Madagascar est l'un des pays les plus pauvres du monde. Fortement endetté et pourvu d'un secteur public peu efficace, le pays fait actuellement l'objet d'ajustements structurels imposés par le Fonds monétaire international. La libéralisation de l'économie, bien qu'imposée par la Banque mondiale, ne parvient pas à stimuler la confiance des investisseurs. La croissance économique a toutefois récemment connu une augmentation sensible et se situe à 3,7 %.

9. Selon les données du service des eaux et forêts de 1997, 3 423,125 hectares sont investis par les exploitants miniers, mais les exploitants clandestins sont nombreux, particulièrement dans le domaine de l'extraction des pierres précieuses et semi-précieuses. La plupart du temps, les mines sont exploitées à ciel ouvert, et la végétation qui recouvre les filons et leurs alentours est littéralement saccagée.

Les incendies

Les incendies provoqués par les feux de brousse avant la saison des pluies — 2 000 hectares de forêt ravagés en 1969 selon Iucn *et al.* (1987, cité par One *et al.*, 1995) — peuvent être intentionnels — ils visent alors à produire un pâturage de meilleure qualité pour le bétail — ou involontaires lorsqu'il s'agit de l'extension non maîtrisée de feux allumés en vue de la culture sur brûlis. Ils peuvent également être un signe de mécontentement de la population face à certaines pratiques (Esoavelomandroso, 1988).

Malgré le manque de fiabilité et la divergence flagrante des données chiffrées avancées à l'échelle nationale, tous les auteurs s'accordent pour dire que le *tavy* contribue pour une large part au recul de la forêt malgache. Afin de mieux saisir ce phénomène, une étude a été entreprise dans certaines localités où cette pratique semblait prédominante.

La région de l'Ankay

Aujourd'hui, la forêt malgache se situe principalement sur la côte orientale de la Grande Ile. L'Ankay est une région où les paysans sont fortement impliqués dans le processus de déforestation par le biais de la pratique intense de la culture sur brûlis. Il est situé à l'intersection de la zone forestière du versant oriental et des hautes terres plus dénudées. Cette position intermédiaire, tant dans son contexte physique qu'humain, semblait tout indiquée pour saisir, sur un espace restreint, la dynamique du *tavy* dans sa diversité.

Dans le cadre de cette étude, trois localités ont été retenues (figure 1) :
- la première, le village de Tsaramiafara, se situe aux pieds du mont Ifody, à proximité de la RN2, on y arrive après avoir parcouru 6 kilomètres sur la piste qui descend depuis Fiadanana vers le sud ;
- la deuxième se compose d'une vallée rizicole qui s'étend de Beparasy à Andapa à 60 kilomètres au sud-ouest de Moramanga ;
- la troisième, le village de Manakana, aux confins de la grande forêt de l'est, se trouve à 18 kilomètres au sud de Beparasy.

Ces trois centres d'habitation sont situés à proximité de bas-fonds et en dehors de la forêt. Les formations arborées adjacentes ne subsistent que sur les sommets et les versants abrupts, mais la forêt naturelle reste, pour chacune des trois localités, à portée de vue.

Les conditions géologiques

La partie orientale de Madagascar fait partie du vieux socle précambrien métamorphisé. Il y a trois millions d'années, le versant oriental de l'île a été affecté par un mouvement tectonique intense. Il en est résulté la formation d'un escalier de failles successives, qui correspondent, de l'ouest vers l'est, à l'escarpement de l'Angavo, à celui de Betsimisaraka et à la côte, dont la rectitude est liée à cette origine. Ce n'est que quelques millénaires plus tard, durant le quaternaire, que la dépression de l'Ankay a été rehaussée par un second mouvement tectonique, qui a contribué à faire apparaître une ligne de partage des eaux au sein du graben Alaotra-Mangoro.

Le rehaussement qui est intervenu lors de l'ère quaternaire partage le graben Alaotra-Mangoro en deux parties distinctes, qui possèdent chacune son propre réseau hydrographique. Au sud du lac Alaotra, dans la dépression constituant le fossé du Mangoro supérieur, les eaux n'ont pas trouvé de voie d'évacuation et se sont concentrées dans le fond de la cuvette jusqu'à submerger la presque totalité des terres. Des dépôts lacustres composés de fragments solides arrachés aux bassins-versants par le ruissellement se sont peu à peu accumulés sur le socle ancien de granite migmatitique. Lorsque les eaux ont atteint un niveau suffisamment élevé pour pouvoir trouver un chemin d'écoulement, elles s'y sont précipitées. Les eaux du bassin ont donc convergé vers ce qui allait devenir le Mangoro. Le fleuve, qui prend sa source à l'extrême nord de l'Ankay, forme dans sa partie supérieure un fossé qui a l'aspect d'un plateau creusé par l'érosion.

Le village de Tsaramiafara s'est établi au pied de la façade orientale de la chaîne de l'Ifody. Cette chaîne, qui culmine à 1 380 mètres d'altitude, forme un îlot granitique dans la dépression constituée par l'ancien remblaiement fluvio-lacustre de la fin du pliocène. Une pénéplaine basse dénivelée dans le socle en contrebas des escarpements occidentaux s'étend jusqu'au Mangoro.

La vallée de Beparasy-Andapa forme une grande cuvette de 16 kilomètres de long sur 1 kilomètre de large. Elle est encastrée entre deux chaînes de collines, qui atteignent une altitude de 1 530 mètres à l'ouest et de 850 mètres à l'est. Le réseau hydrographique, relativement dense, se compose de nombreux ruisseaux qui se déversent dans la rivière Sahananako, qui serpente le long de la vallée jusqu'au fleuve Mangoro.

Plus au sud, à quelques kilomètres au nord de Manakana, l'érosion provoquée par le courant fait réapparaître des affleurements granitiques dans le lit du fleuve alors que la vallée s'encaisse profondément dans le gradin intermédiaire. La ligne de crête que l'on observe sur chacune des deux chaînes de collines parallèles de part et d'autre du Mangoro, s'établit en dents de scie à une altitude d'environ 1 000 mètres. A partir de chacun des sommets, il est possible de distinguer une ligne de crête secondaire, perpendiculaire à la première. Ainsi se forment des talwegs secondaires de taille modeste, perpendiculaires aux thalwegs principaux, qui souvent sont occupés par des rivières ou des ruisseaux. Le village de Manakana se trouve à 720 mètres sur la rive occidentale du fleuve Mangoro au confluent du fleuve et de la rivière Saha. Le relief du terroir se caractérise donc par un moutonnement de collines plus ou moins élevées aux sommets pointus (les dénivellations entre les crêtes et les thalwegs sont considérables, entre 50 et 100 mètres) et par des bas-fonds étroits.

Les conditions climatiques

L'alizé souffle toute l'année sur ce relief accidenté. Au contact des falaises, les masses d'air provenant de la mer sont précipitées dans un mouvement ascendant. Ce phénomène orographique est à l'origine du crachin que l'on observe dans la partie occidentale de l'Ankay. A cela s'ajoutent, lors de la saison des pluies, des précipitations d'origine thermodynamiques, qui se traduisent par de violents orages, et des précipitations d'origine cyclonique. En effet, c'est entre janvier et avril que les cyclones s'abattent sur Madagascar, et la région de l'Ankay, limitrophe des itinéraires privilégiés de ces fortes dépressions climatiques, est particulièrement touchée : les inondations et les pluies diluviennes apportent régulièrement leur lot de dégâts (figure 6).

Si les variations pluviométriques sont importantes et marquent nettement le changement de saison, les variations thermiques restent quant à elles assez faibles, avec une température moyenne de 19,6 °C. Un climat tropical humide, tempéré par une altitude assez élevée, règne sur cette région à cheval entre les hautes terres et la côte.

Il existe cependant des microclimats particuliers. En accédant à la dépression de l'Ankay, où se trouvent le village de Tsaramiafara et la vallée de Beparasy-Andapa, le régime pluviométrique subit deux modifications essentielles. D'abord le mouvement ascendant de l'air s'infléchit suivant la structure topographique de la dépression et, par conséquent, l'air se réchauffe et s'assèche et les précipitations diminuent. Ensuite, l'aspect dénudé de la dépression atténue le phénomène thermoconvectif des orages. Les paysans attribuent d'ailleurs à la déforestation la tendance au recul de la saison des pluies : auparavant attendue dès la première moitié du mois d'octobre (au plus tard le 20 du mois), elle n'intervient désormais que vers la mi-novembre.

On distingue habituellement quatre saisons : la saison chaude et sèche de septembre à mi-décembre ; la saison fraîche et humide avec des orages fréquents, de janvier à avril ; la saison sèche intermédiaire, au mois de mai ; l'hiver austral, de juin à septembre, caractérisé par des températures peu élevées, qui favorisent l'apparition de crachin et de brouillards.

La situation de Manakana à l'extrême sud de l'Ankay, au sein d'une gorge du Mangoro, lui confère le même régime pluviométrique que la falaise Betsimisaraka. La présence d'un couvert forestier abondant favorise aussi la formation de précipitations d'origine thermoconvectives, qui tombent sous forme de violents orages. Comme le village est situé dans une zone où le Mangoro coule entre deux chaînes parallèles de collines assez élevées, les brouillards y sont

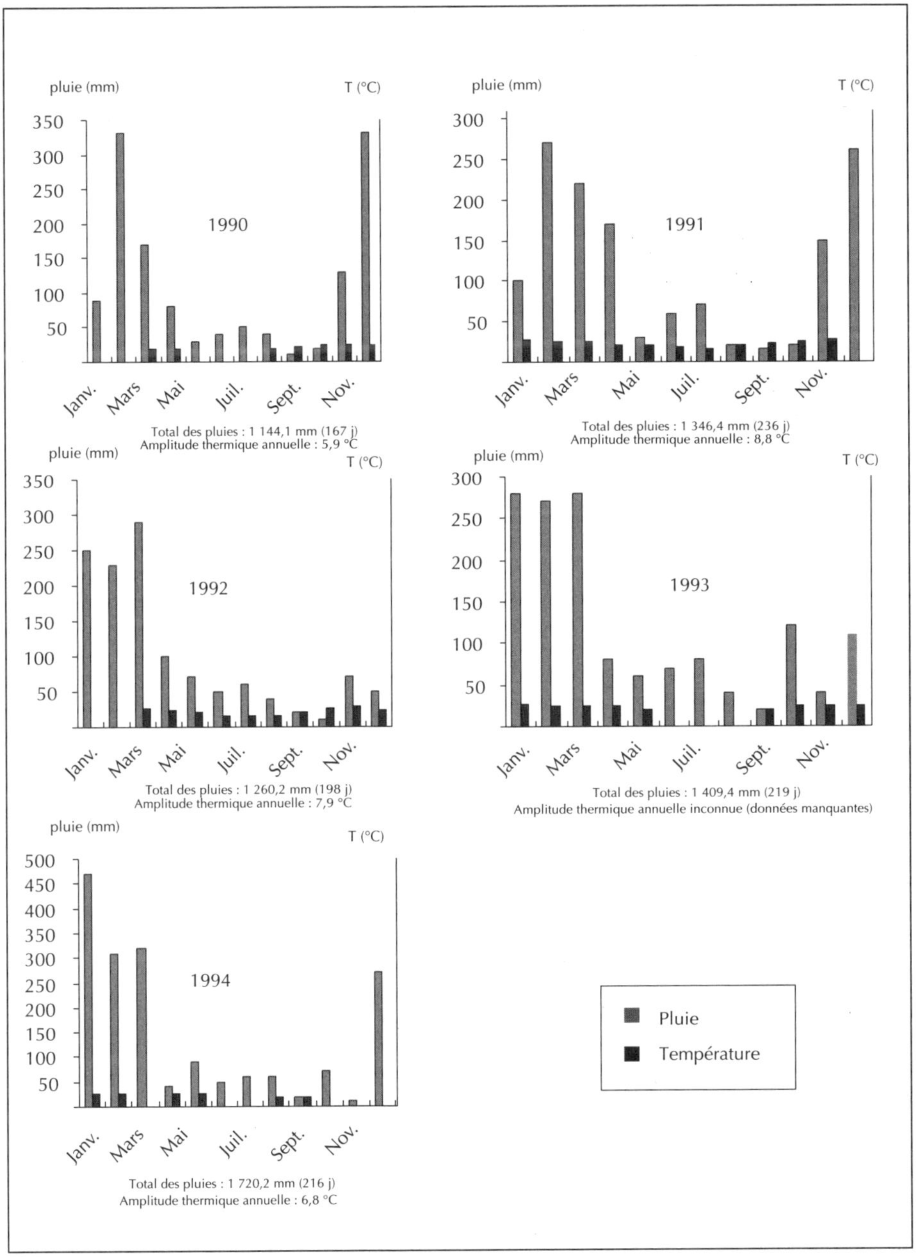

Figure 6. Diagrammes ombrothermiques de Moramanga, de 1990 à 1994.

épais et persistent jusqu'au matin. La présence du fleuve accentue le phénomène et rafraîchit la température. Il faut alors attendre l'apparition du soleil pour que le temps s'éclaircisse et se réchauffe. Les paysans ne distinguent alors plus, à Manakana, que deux saisons : celle où il pleut tous les jours, de novembre à mai, et celle où les pluies se font moins fréquentes, d'avril à octobre.

La végétation

Deux types de roche-mère prédominent dans la région de l'Ankay. Ils se côtoient suivant une ligne qui suit à peu près le Mangoro : le granite migmatitique à l'ouest et la migmatite du Mangoro à l'est. Sur ces deux formations de base, on relève des plaques de dépôt lacustre constituées de grès et de sables à stratification entrecroisée avec des lentilles d'argile. Ces dépôts lacustres, composés de fragments solides arrachés aux bassins-versants par le ruissellement, se sont peu à peu accumulés sur le socle ancien de granite migmatitique recouvert par les eaux et peuvent atteindre 100 mètres de profondeur. Ces plaques sont plus compactes au nord de la RN2, mais se rétrécissent vers le sud, où prédominent les formations initiales de granite migmatitique et de migmatite du Mangoro.

Il est probable que les sommets émergés de l'Ankay ont été couverts d'une végétation arbustive, dont la croissance a été tantôt stimulée, tantôt réfrénée par les périodes pluviales et dyspluviales, qui ont alterné. Ils sont aujourd'hui occupés par une forêt composée d'arbres de petite taille, de nombreuses espèces de lichens et d'épiphytes, et de petits bambous.

Le peuplement forestier n'a, en revanche, certainement jamais trouvé un lieu propice à son développement sur la vaste étendue dépressionnaire. La forme très arrondie des surfaces qui s'intercalent entre les thalwegs, due au ruissellement important, témoigne de l'absence d'une infiltration des eaux qu'engendre habituellement l'établissement d'une végétation ligneuse. Les premiers témoignages écrits, bien que relativement récents, décrivent une vaste étendue recouverte de formations herbeuses qui semble relativement proche du paysage actuel.

Les sols

Les sols qui se sont constitués sur le dépôt lacustre sont riches en fer et en aluminium, mais la ferrallitisation, grâce au relief accidenté et à l'absence de véritable saison sèche, n'a pas engendré l'apparition de carapaces. On peut néanmoins observer un phénomène de pseudo-concrétion, qui favorise l'existence de sols caillouteux de couleur rougeâtre peu hydromorphes et généralement arides.

La texture de ces sols a pourtant subi, par endroits, quelques modifications propices aux cultures. Sur les rives du Mangoro, dans les zones inondables, appelées *baiboho,* le fleuve dépose des limons argileux au moment des crues saisonnières. Sur les bas de pente, on trouve un autre sol, toujours à base d'argile, mais contenant une proportion variable d'humus. Ces colluvions ont été arrachées plus haut sur les flancs des collines par les eaux torrentielles et déposées là où la pente est moins prononcée. Dans les petits vallons qui résultent de l'individualisation de l'ancien plateau, des alluvions se sont récemment déposées et le sol est noir et argileux.

Ce dernier type de sol ne se rencontre malheureusement pas dans tous les bas-fonds. Dans certains creux, le mauvais drainage a entraîné la formation de marécages et de sols tourbeux, où la matière organique s'est accumulée sans pouvoir se décomposer. La mise en culture n'est alors envisageable que grâce au drainage et à l'apport d'éléments minéraux qui permettraient de neutraliser les constituants organiques de la tourbe.

Plus au sud, sur les bords de la cuvette dépressionnaire, la roche-mère s'est transformée et se présente sous la forme de granite migmatitique de l'Angavo et de migmatite du Mangoro. Sur ce socle s'est développée une forêt dense ombrophile qui recouvrait jadis toute la région. Aujourd'hui, sur les terres adjacentes au Mangoro, on en observe quelques lambeaux localisés sur le sommet des collines les plus hautes, ou dans certains bas-fonds. Mais la masse arborée primaire occupe encore des surfaces homogènes importantes dans la réserve forestière de Sandrangato[10], juste derrière la crête qui, au niveau de Manakana, surplombe le Mangoro du côté est, et dans la forêt domaniale de Marivolanitra, dont la lisière est visible depuis le fleuve, au-dessus de l'escarpement rocheux d'Ambodivato.

Des sols ferrallitiques argileux riches en fer et en aluminium se sont développés sous cette couverture forestière dans un climat chaud et humide. Leur couleur varie selon le degré de dégradation de la végétation et passe du jaune sur horizon rouge au rouge pour les formations déboisées et steppiques.

En effet, outre les lambeaux de forêt primaire, de nombreuses formations végétales secondaires sont présentes sur le terroir de Manakana : la jachère boisée *(savoka antitra) ;* la jachère arbustive *(savoka) ;* la jachère dégradée *(ramarasana) ;* la savane herbeuse *(ahitra)* (SYLLA et MANGALAZA, 1988). L'alternance de surfaces arborées et arbustives contribue aujourd'hui encore à ralentir le processus d'érosion de ces sols pourtant extrêmement sensibles. Même après une altération superficielle, le socle de roches migmatitiques permet l'établissement d'un sol plus favorable aux cultures et à la repousse de la forêt que celui, plus acide, qui se forme sur un socle granitique comme c'est le cas à Tsaramiafara et dans la vallée de Beparasy-Andapa.

10. C'est l'arrêté du 23 septembre 1941 qui a créé la réserve forestière de Sandrangato. Cet arrêté a été modifié par celui du 17 juin 1965 qui fait d'une partie de 100 hectares de cette réserve forestière, une forêt classée. C'est cette partie qui est attenante au terroir de Manakana.

Les potentialités culturales

La présence d'un couvert boisé naturel est pour les paysans un signe incontestable de fertilité des sols. Les sols considérés comme les plus fertiles sont ceux qui s'établissent sur défriche de forêt. Leur mise en culture est particulièrement recherchée. Le recul consécutif de la forêt naturelle ne semble pas avoir suscité chez les agriculteurs une réelle disposition au reboisement, bien que quelques formations d'eucalyptus et même de pins s'inscrivent dans le paysage.

Les paysans apprécient la valeur des sols qu'ils entendent mettre en culture en observant en premier lieu leur couleur et la végétation qui les a colonisés. Un certain nombre de plantes indicatrices leur sont connues et déterminent les cultures susceptibles d'être pratiquées (tableau 3).

Tableau 3. Principales plantes indicatrices de la fertilité des sols.

Nature du sol	Plantes indicatrices	Affectation par les pay'sans
Sol fertile	Forêt naturelle : – *volomborona* – *varongy*	Maïs ou haricot
Sol en reconstruction	Savane arborée : – *radriaka* – *rambiazina* – *bakobako* ou *sevabe* – *harongana*	Riz pluvial, maïs, haricot, Manioc, arachide
	Savane sans arbres : – *dingadingana* – *mazambody*	Riz pluvial (jachère de 2 à 3 ans nécessaire avant un nouveau défrichement jusqu'à ce que les arbres de repousse atteignent le diamètre d'un avant-bras)
Sol épuisé	Steppe stérile à graminées : – *anjavidy* – *fandrotrarana* – *ampanga* – *horon'ombalahy*	Manioc et ananas (cultures éphémères)

Les paysans n'observent pas seulement les végétaux qui colonisent les parcelles, mais aussi leurs racines et le dépôt de débris végétaux qui s'étend sur le sol. Si les feuilles et les branches sèches recouvrent la terre et si les racines apparentes des arbres sont très ramifiées et entremêlées, la qualité des sols est supposée médiocre.

La couleur constitue un autre critère courant d'évaluation de la fertilité des sols. Les sols noirs ou noirâtres *(tanimainty)* persistent juste après le défrichement d'une forêt naturelle primaire. Humifères et très fertiles, ils conviennent aux cultures de maïs, de haricot, de manioc, de bananier et de concombre. Ce type de sol n'est cependant pas apte à recevoir du riz pluvial car il contient un humus très épais, qui retient l'humidité, ce qui crée des conditions néfastes à la riziculture sur *tavy*. Les sols bruns ou brunâtres *(tanimasaka)* sont également des sols humifères. Ils sont fertiles et conviennent à la riziculture, et à toutes les cultures possibles sur les sols noirs. Les sols rouges ou orange *(tanimena)* sont des sols ferrallitiques et constituent le plus mauvais type de sol. Ils sont épuisés et stériles. Si en plus ils sont caillouteux et contiennent des cailloux issus du phénomène de pseudo-concrétion des sols ferrallitiques de la région *(vatomaty),* aucune culture ne pourra y être envisagée. Les sols jaunes *(tany aboka)* sont très sableux et infertiles.

Les trois terroirs étudiés

Les trois localités d'étude ne sont pas examinées à la même échelle. L'espace de référence à Tsaramiafara a été circonscrit par les villageois en fonction de l'implantation légitime de leurs cultures, actuelles et anciennes, c'est-à-dire que cet espace revendiqué inclut également des jachères ou des terres aujourd'hui incultes à proximité du village (figure 7). Il est le reflet d'une tentative de mise à contribution de tous les types de sol en vue d'assurer l'autosubsistance. Par conséquent, l'essaimage des cultures hors de cet espace n'est pas inclus dans les cartographies proposées. Or, c'est à l'extérieur de cet espace circonscrit par les villageois que se trouvent les *tavy* de la majorité de la population.

La vallée rizicole de Beparasy-Andapa peut être apparentée à un terroir tel que le définissent les agronomes, c'est-à-dire « une unité de milieu naturel présentant des aptitudes agricoles, pastorales et forestières et un mode d'exploitation spécifiques » (LEMALADE et DEWAELE, 1996). La vallée regroupe de nombreux hameaux ou villages dont certains revendiquent des espaces de forêt affectés essentiellement au pâturage (carte 2, en annexe).

Enfin, la zone circonscrite autour de Manakana par les villageois correspond à une appropriation coutumière de l'espace, reconnue également par les habitants des villages voisins, qui inclut de vastes zones de forêt et autorise la persistance d'un certain style de vie (figure 8).

Ces entités spatiales ne sont donc pas homogènes. Ces différenciations ne sont pas fortuites ; elles sont indissociables des représentations de l'espace mises en œuvre par les différents acteurs de la gestion des ressources renouvelables et, à ce titre, leur formulation même est riche d'enseignements.

Ce choix ne peut cependant pas servir de base à une étude comparative, l'objectif étant d'identifier les situations dans lesquelles le *tavy* pouvait être pratiqué

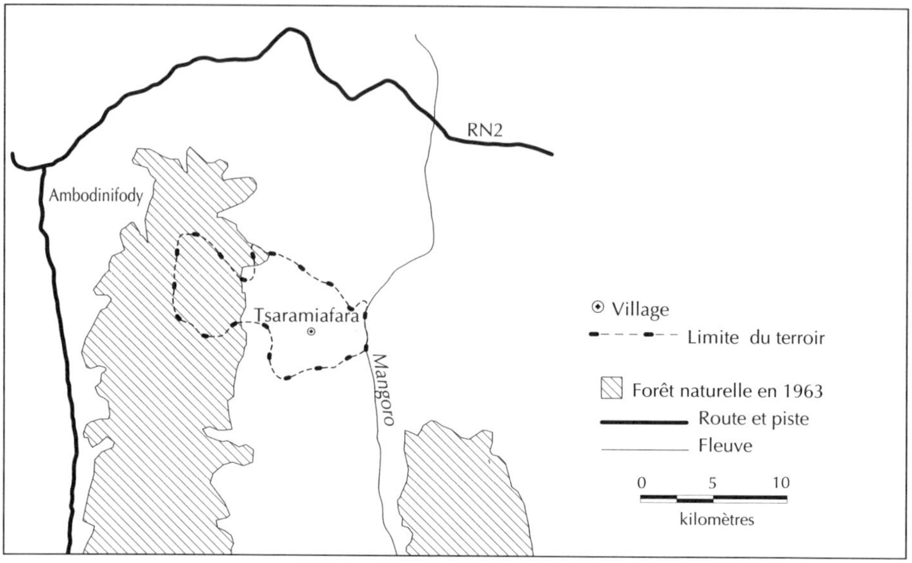

Figure 7. Terroir de Tsaramiafara.

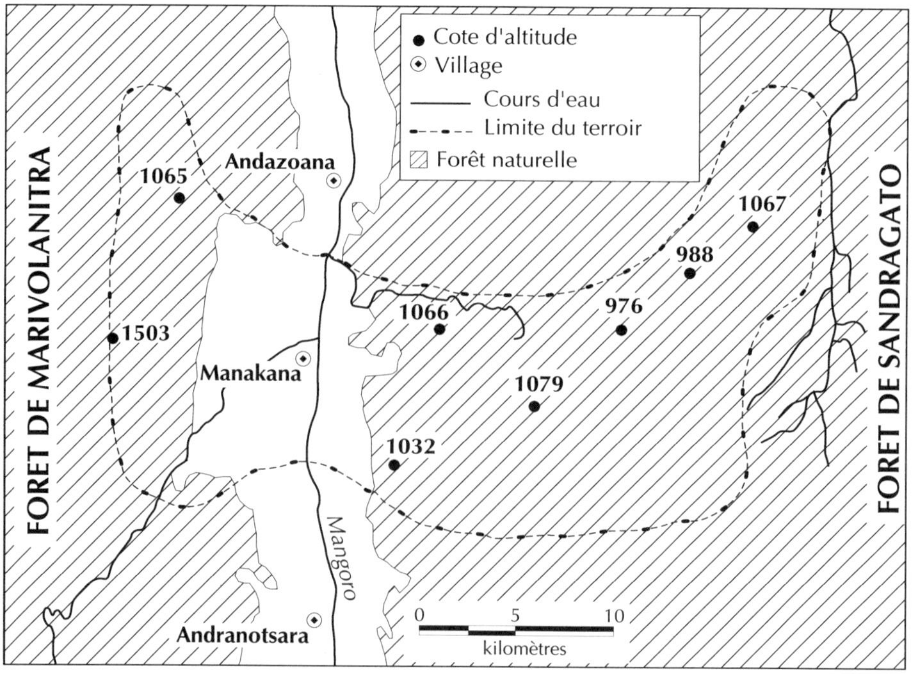

Figure 8. Terroir de Manakana.

L'impact du *tavy* et les reboisements

Les paysages de ces terroirs sont diversifiés et font apparaître quatre faciès :
– les zones de forêt naturelle encore peu dégradée par l'agriculture, généralement sur les sommets, mais déjà largement parcourues pour l'exploitation du bois d'œuvre et des produits forestiers non ligneux ;
– les zones de dégradation des forêts naturelles par avancée des cultures de *tavy ;*
– les zones déjà déboisées et passées à l'état de savanes herbeuses caractéristiques ;
– les zones déjà reboisées en eucalyptus[11].

Les espaces boisés de ces trois zones sont donc à la fois composés de forêts naturelles et de forêts « artificielles ». On note cependant que les plantations d'eucalyptus deviennent de plus en plus importantes à mesure que l'on se rapproche de la route (il n'en existe que très peu à Andapa et à Manakana). Les reboisements d'eucalyptus peuvent prendre l'apparence de véritables futaies ou de taillis médiocres. Il est rare d'observer des plants alignés comme dans le Moyen-Ouest, formant des figures géométriques. Rarement isolé, l'eucalyptus occupe le plus souvent l'espace par taches : linéaires le long de certaines routes, en bosquet à proximité des villages ou au sommet des collines (PIERRE, 1993). La question qui se pose de prime abord est de savoir s'il existe une corrélation entre le recul de la forêt et l'essor de formations forestières artificielles, en d'autres termes, qui plante des arbres et pourquoi.

TSARAMIAFARA

Seule une toute petite portion de forêt naturelle a pu être prise en considération en vue d'un essai de quantification du recul de la forêt sur le terroir de Tsaramiafara, faute de photographies aériennes disponibles pour la zone. Il semble toutefois que la lisière de la forêt se soit stabilisée ces dernières années. Les surfaces défrichées ont ouvert des superficies à peu près équivalentes sur dix ans, entre 1957 et 1966, qu'en trente ans, de 1966 à 1996. Mais il est vraisemblable que l'étude de la lisière de la forêt soit trop restrictive. Avec des photographies aériennes de la forêt du mont Ifody, il serait certainement possible d'établir que les champs se sont multipliés au sein même de la forêt.

Les espaces boisés de Tsaramiafara ne se limitent pas à la forêt naturelle : 17 % de la superficie du terroir agricole (forêt naturelle exclue) est couverte d'eucalyptus, 11,21 hectares sont revendiqués par des particuliers, 2,15 par les eaux et forêts et par une société semi-publique, la Fanalamanga, et 24,15 par la communauté rurale (figure 7 et carte 3, en annexe).

---

11. L'eucalyptus a été introduit à Madagascar vers 1885-1890, probablement dans les postes militaires. *Eucalyptus robusta,* adopté en 1897 pour sa plasticité et son développement rapide, a été utilisé, dans un premier temps, pour fixer l'assiette des routes nouvellement créées et apporter un couvert ombragé (PIERRE, 1993).

Dix personnes possèdent quelques pieds d'eucalyptus à titre privé. Ils ont été plantés à différentes époques et même très récemment. Les propriétaires des arbres utilisent le bois comme combustible et pour la construction. Tous les deux ans, ils tirent des revenus appréciables de leur plantation en vendant les arbres sur pied à des fabricants de charbon qui viennent régulièrement prospecter dans la région — rares sont en effet les gens de Tsaramiafara qui possèdent le savoir-faire pour transformer le bois en charbon, mais les jeunes générations sont sur la voie de l'apprentissage. Les plantations d'eucalyptus sont plutôt désapprouvées par les propriétaires des parcelles limitrophes. Les arbres font de l'ombre aux cultures, assèchent le sol et, surtout, représentent un surplus de travail : les jeunes plants qui prolifèrent aux alentours doivent désormais être arrachés, car ils étouffent les cultures et provoquent des conflits quant à l'appartenance du terrain où ils poussent.

La vallée de Beparasy-Andapa

Avant 1975, la forêt couvrait, aux dires des paysans, la totalité des collines de la vallée de Beparasy-Andapa. Vingt ans plus tard, elle n'est plus que sommitale. Sans qu'il ait été possible de mesurer le recul de la forêt, celui-ci paraît bien réel.

Dans le fond de la vallée, les forêts artificielles sont constituées par de rares peuplements d'eucalyptus formant de maigres bosquets. En revanche, dans le nord, elles s'établissent, avec les pins, sur une vaste surface (carte 2, en annexe). Ces peuplements ont été créés sur l'initiative de la Fanalamanga et, bien que les habitants de Beparasy y puisent la majorité du bois d'œuvre et du bois énergie qu'ils consomment, ils sont en fait régulièrement dévastés par des incendies allumés intentionnellement par une partie de la population, qui conteste l'implantation des plantations forestières de la société et la confiscation des terres.

Manakana

La forêt recule à Manakana. Si l'on se réfère à l'histoire orale, Vangy est venu s'installer sur une terre boisée qu'il a lui-même défrichée vers les années 1800. Les photographies aériennes et les relevés de terrain nous ont permis d'établir des cartes des formations forestières à trois époques : 1957, 1958 et 1996.

La lisière ouest de la forêt a, sauf dans le nord, relativement peu bougé depuis trente-neuf ans, du fait de la présence de la falaise, qui interdit l'avancée des cultures. L'espace cultivé s'étend davantage à l'ouest du village qu'à l'est. Les descendants de Vangy ont en effet commencé à défricher, grignotant la lisière de la forêt, en se dirigeant vers l'ouest. Ce n'est qu'un siècle plus tard, en 1907 selon les témoignages oraux, que les défrichements ont débuté de l'autre côté du Mangoro.

Selon les données disponibles, le processus de déforestation suit une progression linéaire ces dernières années. Pourtant, la population augmente. Même sur le long terme, on observe une multiplication des cases : elles étaient 18 en 1890 (CATAT, 1890), 20 en 1892 (MAILLARD, 1898) et 50 en 1996 pour 250 habitants. Les données qui permettraient d'établir un lien entre la croissance démographique et la déforestation manquent, mais on note qu'en près de deux cents ans seuls 9 kilomètres carrés ont été déboisés. Après deux siècles d'occupation, le terroir de Manakana est à 83 % composé de forêt naturelle.

A Manakana, l'introduction de l'eucalyptus n'a suscité qu'un intérêt modéré de la part des populations. On n'y observe que trois peuplements, témoins de la campagne nationale de reboisement. L'eucalyptus commence seulement d'être utilisé comme matériau de construction, mais il n'est pas encore employé comme bois de chauffage, par ailleurs largement accessible dans le terroir (carte 4, en annexe). L'attitude de la population face à la forêt artificielle est résumée par un paysan : « mais pourquoi planter des arbres alors que Zanahary (le dieu créateur) en a mis beaucoup tout autour de nous ? »

D'une manière générale, les plantations d'espèces ligneuses n'ont pas pour objectif de faire face au recul de la forêt. Elles répondent plutôt à des impératifs d'ordre économique. Elles sont liées, pour les eucalyptus, à la fabrication du charbon, qui sert essentiellement à l'approvisionnement des villes, et leur implantation dépend alors directement de la proximité de la route. Ni l'eucalyptus ni le pin ne sont considérés par les paysans comme des espèces qui pourraient être utilisées dans l'aménagement du terroir.

Le *tavy* et la maîtrise des moyens de subsistance

Sigrid Aubert, Serge Razafiarison

Si l'on considère que le *tavy* est, dans la région étudiée, la cause principale de la déforestation en raison de l'importance de ce mode de culture, il apparaît indispensable d'analyser plus précisément les systèmes agraires. Les pratiques agricoles ne sont pas homogènes, même lorsqu'elles sont examinées sur une échelle réduite. L'implication du *tavy* dans les modes de production s'inscrit dans des dynamiques originales, dont les implications socio-économiques diffèrent d'une région à l'autre.

De la riziculture inondée à l'essor des *tavy* en pays bezanozano

La riziculture inondée

La riziculture inondée apparaît comme une culture de référence en pays bezanozano. Elle occupe presque tous les bas-fonds aménageables, même les plus étroits. Cependant, les sols très hydromorphes ne lui sont pas toujours propices car le drainage y est difficile et le surplus d'eau néfaste aux cultures.

La maîtrise des techniques culturales n'est pas homogène dans l'Ankay. Bien que les méthodes employées pour la riziculture se ressemblent, les rizières qui s'établissent dans la vallée de Beparasy-Andapa sont mieux entretenues et plus exploitées que celles de Tsaramiafara.

A Tsaramiafara, 20,8 % des terres cultivées sont des rizières. Deux types coexistent sur le terroir : les rizières à aménagement sommaire et les rizières bien aménagées. Les premières prennent place dans des fonds de vallées encaissées de faible superficie. Les marécages et la difficulté du drainage, qui par ailleurs nécessiteraient un surplus de main-d'œuvre, poussent les paysans à travailler ces rizières telles quelles. Les secondes se trouvent dans des vallées plus larges. Les parcelles y sont bien délimitées par des diguettes et des rangées de drains canalisent l'écoulement naturel des bas-fonds et facilitent l'assèchement des rizières en période de labour.

Les travaux agricoles commencent en octobre par la préparation du terrain. Si les rizières sont profondes, on fait appel aux zébus, qui, en enfouissant sous leurs pattes les plus gros débris de végétaux, aplanissent la parcelle. Dans les autres cas, les paysans utilisent la pioche, plus commune dans la région que la bêche *(angady)*. Vers le mois de décembre, ils pratiquent le semis direct. Le sarclage est rare. La moisson a lieu au début du mois de mai. Les rizières sont ensuite laissées en friche, et ceux qui possèdent des bœufs les laissent paître sur les parcelles jusqu'au labour de la saison suivante afin de permettre à leurs déjections d'amender la terre.

En semis direct et sans sarclage, un hectare produit environ 1 950 kilos de paddy et 1 300 kilos de riz blanc pour une quantité de semence d'environ 13 « paniers » (un panier, *vata,* équivaut ici à 15 kilos de paddy et 10 kilos de riz blanc). Mais les surfaces des rizières n'atteignent généralement pas un hectare, les agriculteurs de Tsaramiafara consacrent en moyenne 2 à 4 paniers au semis dans les bas-fonds, ce qui correspond approximativement à la mise en culture d'un quart d'hectare. Les variétés les plus utilisées sont *angitra, malady, vary taona, semansa* et *rojofotsy,* mais les semences, non sélectionnées, sont souvent mélangées.

Le repiquage, malgré les efforts des services de la vulgarisation agricole, est très peu pratiqué car il implique un investissement en main-d'œuvre et l'emploi de salariés, qui est loin d'être à la portée de la plupart des paysans. Un homme ayant habité Anjiro pendant de nombreuses années a cependant tenté d'intensifier sa production en imitant les pratiques culturales observées dans la ferme où il avait travaillé. Il pratique le semis en ligne. Il est très fier de cette innovation qu'il veut transmettre à sa descendance. Il dit récolter, grâce à ce procédé, 5 à 6 charrettes de paddy au lieu de 3 à 4.

Les paysans de la vallée de Beparasy-Andapa utilisent généralement les mêmes techniques agricoles que les cultivateurs de Tsaramiafara, mais ils se trouvent peu à peu évincés par une minorité qui maîtrise d'autres techniques rizicoles plus productives.

Les paysans riches et les migrants merina pratiquent la riziculture de contre-saison. Les premiers possèdent des bœufs pour le piétinage et les seconds, en majorité des commerçants, ont les moyens de louer des parcelles facilement irrigables. Près de 50 % des rizières de la vallée sont cultivées de la sorte de juin à décembre. La riziculture de contre-saison est très répandue dans les environs d'Ankazondandy et de d'Ambohimiarina. La variété *riz de luxe* est la plus utilisée car elle résiste mieux au froid et donne un rendement de 1,5 à 2 tonnes de paddy par hectare.

Ce même groupe minoritaire pratique le repiquage du riz. Les rendements atteignent ainsi près du double de ceux obtenus en semi-direct. Cependant, cette technique ne peut être envisagée sans une certaine maîtrise de l'irrigation[12].

Il faut dire que les agriculteurs de la vallée de Beparasy-Andapa sont privilégiés par le réseau hydrographique étoffé de la région. La constitution du relief les a incités à développer une gestion concertée de l'eau des rizières. Contrairement à ce qui se passe dans les bas-fonds étroits de Tsaramiafara, où chacun entretient les canaux qui irriguent ses parcelles, la contiguïté des rizières et la multiplicité des propriétaires conduisent à une rotation des équipes désignées pour entretenir les canaux collectifs de dérivation. D'autre part, les paysans ne peuvent pas déroger à l'obligation de s'occuper de la partie du canal qui alimente leur groupe de parcelles car ils sont solidairement liés du fait de l'agencement même des cultures. Certaines parcelles sont situées plus haut que le niveau d'étiage de la Sahananako et leur irrigation se fait à partir de sources descendant des collines avoisinantes. Mais cette eau doit nécessairement traverser les autres parcelles, sans les noyer, avant de se déverser dans la rivière.

La proximité de l'Imerina a aussi favorisé la propagation dans la vallée d'un savoir-faire concernant non seulement la maîtrise des techniques culturales, mais aussi le choix des semences. La gamme des variétés de paddy proposée aux agriculteurs de la vallée est plus large que celle de Tsaramiafara. Elle intègre des variétés améliorées, telles 2396, R6, *vary vonjy* et *Makalioka*. Cette dernière variété, mise au point dans l'Alaotra, est la plus productive et la mieux adaptée aux conditions pédoclimatiques de la région.

Aujourd'hui, les paysans bezanozano de Tsaramiafara et de la vallée de Beparasy-Andapa n'entreprennent plus de nouveaux aménagements de rizières. Non seulement les bas-fonds aménageables sont de plus en plus rares, mais le relief, la pénibilité des travaux et les dépenses considérables qui doivent être engagées conduisent les agriculteurs à s'orienter vers d'autres types de culture.

12. La technique des assecs, assèchement provisoire des parcelles, contribue, selon les paysans, à bien fixer les racines des plants dans le sol et a le mérite, selon les agronomes, de lutter contre la toxicité ferreuse.

Les tentatives de mise en valeur d'autres espaces cultivables

Les cultivateurs doivent pallier le manque de surfaces disponibles pour la riziculture inondée. Puisque les techniques culturales traditionnelles ne sont pas en mesure d'augmenter les rendements, et alors que l'intensification de la production n'est ni maîtrisée ni accessible au plus grand nombre, les paysans sont contraints de se tourner vers la mise en valeur d'autres espaces cultivables.

La défriche de la forêt naturelle

Les Bezanozano ont entrepris de défricher la forêt naturelle afin de multiplier leurs parcelles agricoles productives. Après l'abattage des arbres au début de l'hiver austral, la mise à feu de la parcelle s'effectue de préférence au moment où les feuilles sont sèches mais ne sont pas encore détachées des branches, dans le courant du mois d'octobre, de haut en bas, car le feu progresse moins vite dans ce sens. Si le vent est calme, l'allumage peut commencer par le bas pour enflammer toute la parcelle d'un seul coup.

Après le brûlis, au mois de novembre, les graines sont déposées dans un petit trou fait à l'aide d'un piquet. Aux dires des paysans, le brûlis, grâce à la chaleur qu'il dégage, favorise la germination des graines. Bien qu'une part du carbone et de l'azote de la végétation soit perdue par volatilisation lors de la mise à feu, le sol se trouve enrichi en bases échangeables du fait de la grande quantité de biomasse brûlée : les cendres des débris végétaux consumés fournissent quantité d'éléments minéraux (phosphore, potassium...) qui sont incorporés au sol. Mais cet enrichissement est temporaire : les éléments nutritifs retenus dans la cendre sont exposés au ruissellement des pluies. Les éléments restants sont ensuite absorbés par les plantes après une première ou une deuxième culture sur la parcelle alors qu'une grande partie est entraînée par les eaux de pluie dans les horizons profonds du sol. L'épuisement du sol en éléments minéraux, associé de plus à un enherbement croissant, conduit les paysans à changer fréquemment de parcelle.

Les conséquences du passage du feu sur le milieu physique

Le feu est un élément incontournable des relations entre l'homme et la forêt. Le même feu est utilisé pour le *tavy* et le foyer familial *(fatana)* : les paysans partent vers la forêt ou les champs en emportant des tisons entretenus dans de vieux bidons. Ces tisons, allumés à l'intérieur de la maison, vont servir aussi bien pour cuire les repas dans la maison du *tavy*, que pour se prémunir contre les moustiques dans les champs, se protéger des abeilles lors de la récolte du miel et, surtout, incendier le *tavy*.

Les changements qui suivent le passage du feu sont importants, tant dans les teneurs en éléments nutritifs de la couche supérieure du sol (jusqu'à 30 centimètres de profondeur) qu'au niveau de la végétation. Ainsi, dans la forêt sommitale de Beparasy dix-huit mois après le passage du feu, on constate, pour le sol, une forte diminution des taux de C, N, Ca, Mg, K et P assimilable, qui varie de 55 à 90 % par rapport aux taux relevés avant le passage du feu. Le sol devient de plus en plus désaturé en bases échangeables du fait de la diminution de sa capacité d'échange cationique. Quatre phénomènes sont responsables de ces pertes : la volatilisation pendant le brûlage, les émissions biogènes des gaz, l'érosion éolienne et hydrique et le lessivage consécutif aux feux. Ces deux derniers phénomènes sont accentués par la faible couverture végétale, la forte inclinaison du terrain et la structure à dominance sableuse du sol. Pour la végétation, on observe un changement complet dans la physionomie et la composition floristique, qui fait suite à la déstructuration par le feu de la végétation climatique qu'est la forêt. De nouvelles espèces herbacées pionnières, comme *Crassocephalum sarcobasis, Emilia humifusa, Clidemia hirta,* adaptées aux nouvelles conditions climatiques et pédologiques (ouverture de la formation, échauffement du sol...) dominent. Dans le même temps, de jeunes plants d'arbustes pionniers et héliophiles tels que *Solanum auriculatum, Psiadia altissima, Trema orientalis* et *Philippia* sp. commencent à envahir le milieu. (NR)

Les paysans de Tsaramiafara distinguent deux types de forêt naturelle : la forêt sèche *(maina)* et la forêt humide *(mando)*. Celle qui s'étend à l'ouest du village est une forêt humide. Elle se distingue, d'une part, par la taille des feuilles et par la densité du feuillage des espèces ligneuses, d'autre part, par un horizon humifère relativement épais. Or il se trouve que la culture du riz n'est pas productive sur cette couche d'humus car les racines ne parviennent pas à la traverser et la plante a donc du mal à se fixer. Le second type de forêt, la forêt sèche, se reconnaît par un feuillage moins touffu, composé de feuilles plus petites, et une couche d'humus plus mince. Il n'y a pas de forêt sèche aux abords directs de Tsaramiafara, mais pour cultiver du riz pluvial, les agriculteurs vont parfois beaucoup plus loin pour ouvrir des parcelles (figure 9).

Dans la forêt sèche, il est possible de cultiver deux fois du riz, en intercalant une jachère d'un an entre chaque culture. La quatrième année donne lieu à une culture de manioc. Généralement, les paysans laissent la terre reposer deux années de suite avant d'y planter à nouveau du riz. La terre n'est plus ensuite utilisée que pour la culture du manioc et de l'ananas. La parcelle se retrouve alors incluse dans la zone des collines. En effet, après le premier défrichement de la forêt, ce sont les *bakobako (Solanum auriculatum)* seuls qui envahissent la jachère. Les *dingadingana (Psiadia altissima)* et les fougères apparaissent à partir du second défrichement et les *anjavidy (Philippia floribunda)* témoignent de l'acidité et du degré d'assèchement du sol. Les cultures ne peuvent alors plus trouver suffisamment d'éléments nutritifs pour assurer leur croissance.

Lorsque les paysans défrichent la forêt humide de Tsaramiafara, ce n'est pas du riz qu'ils cultivent, mais du maïs et des haricots. Cette association est très productive la première année, car malgré les dommages causés essentiellement par les rats, qui incitent les paysans à cultiver de la manière la plus extensive possible, la production de haricots écossés sur 1,5 hectare dépasse 500 kilos, et celle de maïs égrainé avoisine la tonne.

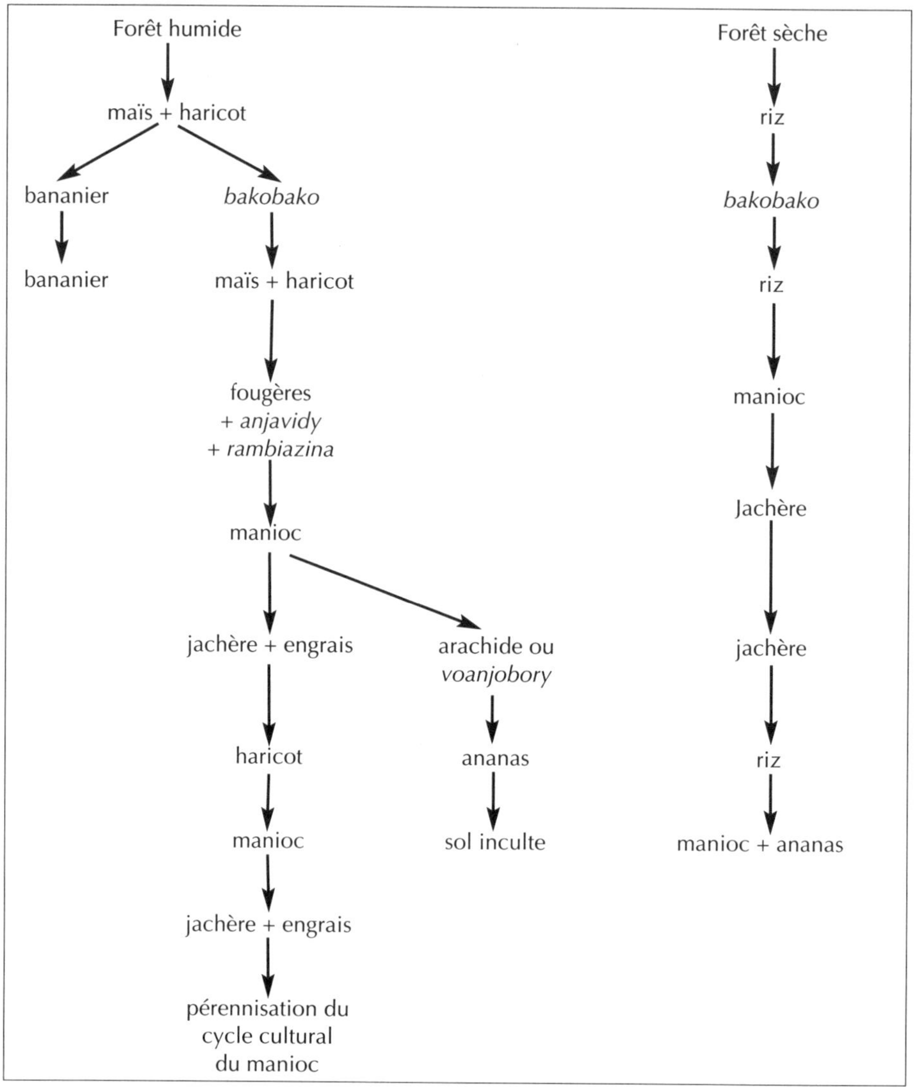

Figure 9. Cycle cultural du tavy *à Tsaramiafara.*

Le sarclage n'est pas nécessaire sur défriche de forêt naturelle et, après trois mois de croissance, les haricots peuvent être récoltés. Il faut attendre le mois de mai pour le maïs. Cette culture peut être renouvelée mais elle est moins productive la deuxième année, sauf si on laisse la terre se reposer un an. Cependant, la majorité des défricheurs de forêt humide à Tsaramiafara font succéder une plantation de bananier à leur culture de maïs et de haricots, et partent à la recherche d'une nouvelle parcelle de forêt naturelle à défricher car ils savent que, s'ils mettent en culture une parcelle de jachère arbustive, ils devront consacrer beaucoup de temps au sarclage (pratiqué deux, voire trois fois par saison si les pluies sont abondantes).

La culture des bananiers est quant à elle considérée comme une culture permanente du fait que le plant peut produire de nouvelles pousses durant vingt années. Les paysans ne tiennent pas compte de la couleur du sol ou de la nature de la végétation pour planter des bananiers. Cette culture sert à marquer l'appropriation d'une parcelle, alors que le travail requis pour l'entretien de la bananeraie se résume à un débroussaillage annuel, effectué juste avant la saison des pluies.

Dans la vallée de Beparasy-Andapa, la culture sur brûlis est également une pratique courante, bien qu'elle ne fournisse que 2 % de la production totale de riz — les rendements restent, pour le riz pluvial, inférieurs à 1 tonne par hectare. Elle est effectuée soit sur des forêts naturelles, et est alors appelée *teviala* ou *folakala,* soit sur des forêts déjà défrichées et laissées en jachère pendant deux ou trois ans (*kapakapa* ou *ramarasana*). Ces jachères sont alors peuplées de *bakobako.*

Le versant est des contreforts de la vallée est plus favorable à la culture du riz pluvial que le versant ouest. Les pentes sont moins prononcées, le sol y est sableux et profond et conserve bien l'humidité. Le versant ouest est quant à lui réservé à la culture du haricot, qui tolère mieux le sol caillouteux et moins profond, et s'établit sur des dénivellations qui peuvent aller jusqu'à 85 %.

Il arrive que les parcelles défrichées en forêt naturelle ne soient pas entièrement favorables à la riziculture. Les paysans les partagent alors perpendiculairement à la pente, la partie supérieure du versant étant consacrée au riz et la partie inférieure, au haricot et au maïs. Ces parcelles sont réexploitées l'année suivante, mais cette fois entièrement pour la riziculture. Cette technique culturale communément pratiquée dans la région porte le nom de *vary verina.* Les variétés utilisées sont nombreuses, mais les plus courantes sont d'origine betsimisaraka : *vaviambo, vanjakonandriana, tsimalemilango, botramaitso* ou *vavimaitso, langaka* et *lava somotra.* Les paysans laissent ensuite la terre reposer jusqu'à l'apparition d'une végétation arbustive.

Le calendrier cultural suivi par les paysans est le même que celui décrit pour Tsaramiafara, à une différence près : les cultivateurs de la vallée de Beparasy-Andapa sarclent toujours au moins une fois leurs champs quel que soit l'état de colonisation des adventices.

La forêt primaire se raréfie et la forêt secondaire n'a pas le temps de se reconstituer. Nombreux sont les paysans qui se rabattent alors sur l'exploitation des collines. Ce type de culture, de même que la défriche de la forêt, est appelé *tavy :* les paysans utilisent le terme comme un mot générique pour désigner toute mise en valeur du sol qui utilise la mise à feu, et cette pratique est systématique lorsque les cultivateurs veulent mettre une terre en culture. Plus de 50 %

des terres cultivées du terroir de Tsaramiafara, eucalyptus mis à part, sont désignées sous ce nom.

La mise en valeur de terrains déjà inscrits dans l'espace agricole

Si un paysan a accès, sur une colline, à une parcelle recouverte de recrûs naturels de *dingadingana* ou de *rambiazina (Helichrysum gymnocephalum)*, plantes indicatrices d'un appauvrissement relatif du sol, il peut envisager d'y cultiver du manioc (des variétés Bagor et Clirna). Cependant, la terre, si elle n'est pas travaillée et enrichie, et même si elle est remise en jachère, ne peut plus ensuite autoriser la croissance de plantes exigeantes. Seules certaines graminées comme l'*anjavidy* apparaissent spontanément sur un tel terrain.

Les flancs des montagnes et les côtés des thalwegs dénudés représentent plus de 63 % de la superficie du terroir de Tsaramiafara. Ces terres se trouvent directement soumises aux intempéries, et les sols exposés aux fréquentes précipitations deviennent stériles.

Le cultivateur qui envisage la mise en culture d'une parcelle de collines est contraint de labourer le sol car le défrichement et la mise à feu de la végétation ne donneraient qu'une production médiocre. Il doit même répéter deux fois l'opération pour la culture des arachides et des pois de terre *(voanjobory)* : en mai et en août. Sans accès à la charrue et avec la bêche comme unique instrument, un paysan seul ne peut labourer qu'une surface réduite, la surface élémentaire d'une parcelle étant de 4 x 4 mètres. Même avec le labour, la culture des arachides ou des pois de terre n'est possible que lors d'un unique cycle cultural. Ensuite, seuls les ananas peuvent être cultivés sur la parcelle et ce, jusqu'à épuisement total du sol.

Si le paysan s'abstient de cultiver des arachides et des pois de terre, il peut envisager de pérenniser sa parcelle en vue de la culture du manioc. Mais dans ce cas, la terre doit être non seulement labourée, mais aussi considérablement enrichie. Les propriétaires de bœufs peuvent utiliser leur cheptel : ils parquent les bœufs[13] sur les parcelles qu'ils désirent cultiver, et cela leur permet d'effectuer une rotation des cultures et de pérenniser leur espace agricole. Les bœufs paissent sur une surface d'un quart d'hectare environ pendant au moins un mois (on leur donne souvent un peu de manioc pour compléter leur alimentation) puis ils changent d'enclos. La parcelle ainsi enrichie grâce à la fumure peut supporter une culture de haricots, dans un premier temps, puis de manioc. Les bœufs sont à nouveau parqués sur la parcelle en jachère. Mais,

13. Jamais plus d'une dizaine, car au-delà se posent des problèmes de gardiennage et de pâturage, qui ne peuvent être résolus par la famille. Il arrive cependant qu'un riche propriétaire fasse garder certaines de ses bêtes par des parents plus pauvres géographiquement assez éloignés.

même avec cet apport, la culture des haricots n'est plus possible, et seul le cycle cultural du manioc peut être pérennisé. La fumure autorise également la culture du gingembre sous les arbres du verger limitrophe des habitations du village. En août, le paysan creuse un trou dans lequel il dispose l'engrais et place la racine de gingembre. La plante se développe pendant une dizaine de mois puis elle est récoltée une fois les feuilles tombées. Cependant, cette culture n'est pas prisée car la durée de son cycle est trop long.

Les seuls engrais disponibles sont les déjections des bœufs ou des volailles, le son de paddy et le compost. Ils sont généralement utilisés par les propriétaires de bétail. Il est cependant possible de louer des bœufs que l'on parque sur la parcelle du terrain à cultiver, mais cette pratique se raréfie et n'existe qu'entre membres de la même famille.

En ce qui concerne le son, qui n'est pas non plus commercialisé, la quantité dépend du volume de paddy consommé par le ménage et, là encore, les plus pauvres, dont la consommation est minime, sont défavorisés (la période de soudure commence dès le début du mois de décembre). Enfin, la technique du compost n'est pas répandue, elle est seulement pratiquée par deux des villageois les plus riches, qui invitent les villageois alentours à déposer dans une fosse régulièrement humidifiée leurs ordures ménagères. Il leur arrive, rarement étant donné les faibles quantités produites, de vendre ce compost au prix de 10 000 francs malgaches la charrette.

Du nord au sud, depuis la RN2 jusqu'au fond de la vallée de Beparasy-Andapa, le paysage cultural varie considérablement. Alors que les cultivateurs de Tsaramiafara cherchent en premier lieu à investir ce qui reste de forêt naturelle et exploitent les collines jusqu'à épuisement total du sol, les cultivateurs de la vallée de Beparasy-Andapa se consacrent davantage à la mise en culture des rizières, quitte à y planter des cultures de contre-saison, comme le riz ou les haricots.

Dans la vallée, il est possible de réaliser trois cultures de haricots par an. La première a lieu de juillet à octobre sur les rizières asséchées ; la seconde, de décembre à mars, est effectuée sur défriche de forêt ; la dernière enfin, de mars à juin, sur les collines. La culture de haricots rouges, bien qu'elle donne de bons rendements, est délaissée par les paysans car ce produit n'est pas apprécié et difficile à commercialiser. Ce sont donc les haricots blancs des variétés Ranjonomby ou Tsaramianakavy qui sont les plus couramment cultivés.

Les cultures sur colline, sauf dans la région d'Andapa, où elles sont plus diversifiées et surtout mieux maîtrisées, sont essentiellement consacrées au haricot et au manioc. Lorsque la terre ne peut plus supporter ce type de culture, elle est le plus souvent laissée en friche.

Il existe quelques plantations de canne à sucre et de caféier autour des villages ou dans des champs en bordure de ruisseaux. Les plantations de canne servent essentiellement à la production de rhum *(toaka gasy)*, principalement destiné à la consommation locale. Introduits lors de la colonisation, les caféiers n'ont pas été renouvelés alors que les cours baissaient. Les plantations mal entretenues produisent peu, de l'ordre de 600 kilos par hectare. On peut toutefois observer chez les jeunes une certaine tendance à l'installation de nouvelles plantations.

Il semble *a priori* paradoxal que les terroirs les mieux exploités se trouvent être les plus éloignés de l'axe de communication le plus fréquenté de la région, la RN2. La taille des propriétés et leur régime d'exploitation expliquent probablement cette situation.

La paupérisation de la population et la généralisation du salariat

A Tsaramiafara, la production de riz n'est déjà pas suffisante pour nourrir la population. On ne cherche donc pas à la vendre (même si, au moment de la moisson, certains se trouvent dans l'obligation de vendre pour rembourser des dettes ou faire face à des achats imprévus, et le font alors au sein du village). En revanche, les paysans peuvent facilement écouler leur production de bananes ou d'ananas le long de la RN2, ou la céder aux grossistes de Moramanga ou de Manjakandriana. C'est pourquoi les cultivateurs n'hésitent ni à planter les ananas sur les collines, même si cela conduit inéluctablement à l'épuisement total du sol, ni à faire succéder des bananeraies aux cultures sur défriche de forêt naturelle. Ceux qui peuvent se le permettre cultivent également du maïs et des haricots pour les vendre.

La commercialisation des produits à l'extérieur du terroir pose le problème du transport. Lorsque la production est réduite, le transport peut toujours se faire à dos d'homme, mais à partir d'une certaine quantité, le recours à la charrette est nécessaire. Ceux qui en possèdent, ainsi que le chauffeur de l'exploitation forestière qui se trouve au sud du village, acceptent éventuellement de transporter des sacs jusqu'à la route, mais ils prennent une commission relativement élevée : 2 000 francs malgaches par sac pour le transport en camion et 15 000 francs pour la charrette, qui peut transporter une quinzaine de sacs. Le relais sur la RN2 est ensuite assuré par des camionneurs qui font des liaisons régulières entre les grandes villes et qui trouvent là une source complémentaire de revenus (1 500 francs malgaches par sac). Il existe également une société de transport et de collecte établie à Andriaka, qui peut mettre ses tracteurs à la disposition des paysans. Mais cette option est peu rentable car cette société ne transporte que les produits qu'elle entend acheter ou prend une commission extrêmement élevée.

Les cultures de rente servent surtout d'appoint pour les agriculteurs qui n'ont que de petites parcelles d'ananas ou quelques pieds de bananiers. En revanche, pour ceux qui peuvent se permettre de mettre en culture de grandes surfaces dans la forêt, que ce soit pour l'association maïs et haricot ou pour les bananiers, les cultures de rente peuvent fournir des revenus substantiels, cela d'autant que ce sont ces mêmes individus qui sont propriétaires de zébus : ils n'ont donc pas à engager de frais supplémentaires pour le transport jusqu'à la route. A Moramanga, le gobelet *(kapòaka)* de haricots est vendu 750 francs malgaches et celui de maïs, 200 francs. Les bananes vertes coûtent 50 francs les quatre. Les bananiers sont les cultures les plus rentables car ils requièrent moins d'investissements en intrants et en main-d'œuvre. Mais les agriculteurs les plus riches préfèrent investir dans l'association maïs et haricots car ses revenus se concentrent sur une courte période, alors que ceux des bananeraies sont échelonnés tout au long de l'année et servent en fait plutôt de revenus d'appoint.

Les agriculteurs qui parviennent ainsi à monétariser leur production ont les moyens d'engager des salariés. Grâce à un emploi de main-d'œuvre supplémentaire, des périmètres plus importants et mieux entretenus sont mis en culture. Les salariés agricoles à Tsaramiafara sont essentiellement employés pour défricher la forêt naturelle et pour effectuer le semis, la récolte des produits et l'égrainage du maïs ou l'écossage des haricots. Ce sont des travailleurs journaliers qui sont payés 2 500 francs malgaches pour les hommes et 2 000 francs pour les femmes, en plus du repas de midi.

Sur les 29 ménages que compte le village, 5 se consacrent presque exclusivement au salariat. Ne possédant pas de rizières, ils s'engagent auprès des agriculteurs les plus riches ou des exploitants forestiers de la région. Ces travaux irréguliers ne leur fournissent cependant pas de revenus suffisants pour exploiter leur propre parcelle de colline et, pour plus de 65 % de la population de Tsaramiafara, la pérennisation des cultures pluviales sur colline s'avère impossible.

Les cultures de rente sont donc en fait l'apanage des mieux lotis et leur permettent d'augmenter leur patrimoine d'année en année au détriment des plus pauvres, qui ne peuvent s'extraire du cercle vicieux de la paupérisation.

Ce phénomène se retrouve en partie dans la vallée de Beparasy-Andapa, mais sous une forme légèrement différente. Certains agriculteurs vendent leur riz en grande quantité, alors que d'autres traversent une période de soudure très longue durant laquelle le riz, remplacé par le manioc, ne s'inscrit qu'exceptionnellement au menu quotidien. Cela tient en grande partie à l'existence de divers modes de faire-valoir indirects de la terre : location vente, mise en gage, fermage ou métayage (KARSENTY *et al.,* 1996). Ces modes de faire-valoir sont davantage considérés comme un moyen d'accaparer des terres que comme un moyen d'en tirer des revenus partagés. La plupart de ceux qui font exploiter leurs rizières[14] par d'autres y sont contraints par une dépense importante et

14. Les modes rémunérés de faire-valoir indirects ne concernent que les rizières. Les parcelles de *tavy* sont généralement prêtées gratuitement. Les plantations sont exploitées directement que l'on vende la récolte sur pied ou non.

imprévue à laquelle ils doivent faire face. L'abandon de leur parcelle les prive alors d'une source de nourriture et, bien souvent, ils se trouvent dans l'impossibilité d'en reprendre ensuite l'exploitation car entre-temps leur condition s'est encore dégradée. Etant donné la situation de demandeur dans laquelle se trouve le propriétaire qui envisage de céder sa parcelle, les profits qu'il pourrait tirer de son engagement sont minimisés, et il se retrouve le plus souvent face à un créancier qui lui impose ses conditions. Ainsi, une famille dont l'un des membres était malade et qui avait besoin d'une somme de 100 000 francs malgaches a mis une rizière de trois terrasses en gage pendant trois ans auprès de son créancier (les rizières se louent habituellement 75 000 francs malgaches par an l'hectare ou contre le versement d'un tiers des récoltes au propriétaire). Les agriculteurs privés de rizières se rabattent donc sur le *tavy* pour cultiver le riz.

Grâce à ce procédé, certains migrants ont réussi, après une exploitation de plusieurs années, à se procurer des bas-fonds et quelques riches Bezanozano se retrouvent à la tête de vastes exploitations agricoles. Ces derniers peuvent ainsi organiser des rotations de culture et recourir au salariat. L'embauche de journaliers est facilitée par l'existence d'une grande quantité de main-d'œuvre constituée des personnes n'ayant plus accès aux bas-fonds et constamment à la recherche de travail.

D'autre part, la vente des produits périssables tels les ananas ou les bananes n'est pas envisageable : les frais de transport, étant donné la distance à parcourir pour rejoindre les villes, seraient rédhibitoires, et le transport lui-même serait irréalisable puisque la route n'est pas praticable, même pour les charretiers. On comprend donc le désintérêt des populations pour ces types de culture. L'exploitation des sols ne se prolonge pas jusqu'à son épuisement total comme c'est le cas lors de la culture de l'ananas, à proximité de la RN2.

Seuls le riz, le haricot et le café, en tant que produits stockables, constituent des cultures de rente. Le riz et le café sont envoyés en Imerina : ils sont vendus sur place aux commerçants ambulants qui descendent la falaise ou, plus généralement, troqués contre des produits de première nécessité. Quant aux haricots, ils sont transportés à vélo ou à dos d'homme jusqu'à Moramanga, où ils sont écoulés auprès des grossistes locaux ou des collecteurs d'Antananarivo.

Bien que les cultures soient relativement diversifiées, les Bezanozano restent profondément attachés à la riziculture inondée, mais d'autres moyens doivent être mis en œuvre pour satisfaire les besoins de la population.

Dans le nord, face au manque de rizières on privilégie l'agriculture extensive, que ce soit sur les collines ou sur les espaces de forêt, sans jamais tenir compte de la préservation des sols. Dans la vallée de Beparasy-Andapa en revanche, on décèle une tentative d'intensification des cultures, de mieux en mieux maîtrisée à mesure que l'on avance vers le sud.

La nature des cultures de rente écoulées vers les centres de consommation périphériques intervient pour une large part dans le choix de la gamme des produits cultivés, dans l'agencement des cultures et dans l'emploi des techniques culturales novatrices. Indirectement, elle conduit également à l'augmentation des écarts de revenus entre les différentes couches de la population : la masse salariale dessaisie des terres susceptibles d'assurer sa subsistance est employée par les cultivateurs les mieux lotis, qui produisent la plus grande part des cultures destinées à la vente.

Dans ce contexte, la pression des cultivateurs sur la forêt en pays bezanozano est importante : le *tavy* de forêt est à la fois le recours des plus démunis à la recherche de terres pouvant produire du riz et une pratique destinée à étendre la superficie des cultures de rente pour ceux qui assurent leur production de riz dans les bas-fonds.

La prédominance des *tavy* à Manakana

A Manakana, les formations végétales s'imbriquent les unes dans les autres pour former un ensemble diversifié, où alternent plantes sauvages et cultivées, formations herbeuses et arbustives.

C'est le riz pluvial qui domine le paysage agricole. On le trouve sur des parcelles éparses, qui vont jusqu'à recouvrir complètement les flancs des collines. Les parcelles des autres cultures, essentiellement le manioc, sont, en revanche, beaucoup plus réduites, mais tout aussi dispersées. Les plantations de caféier, bananier, eucalyptus et canne à sucre sont quant à elles de tailles diverses et leur emplacement est fonction des contraintes physiques. Enfin, le long des ruisseaux, pousse une grande quantité de taros *(saonjo)* sauvages et cultivés.

Les techniques agricoles se transmettent de génération en génération. Dès leur plus jeune âge, les enfants sont initiés aux travaux quotidiens et leurs connaissances sont déjà très approfondies à l'âge de 12 ans. Les innovations sont le fait de certains individus audacieux, rarement suivis par le reste de la population, même en cas de réussite. Les pratiques agricoles sont donc relativement uniformes sur l'ensemble du terroir.

Une riziculture pluviale itinérante

A Manakana, le *tavy* désigne uniquement la riziculture sur brûlis, à l'exclusion des autres cultures qui peuvent éventuellement lui succéder. Le riz pluvial constitue la base de l'alimentation des villageois, qui consacrent à sa production la plus grande partie de leur énergie et de leur temps. La reconstitution d'une jachère favorable à l'établissement de la riziculture pluviale conditionne la gestion de l'espace cultivable.

Chaque année, les paysans doivent trouver un nouveau terrain de culture pour le riz pluvial. Même si la récolte a été bonne, on estime que la terre a donné le maximum de ses possibilités. Les agriculteurs observent donc avec attention la végétation qui pousse sur les parcelles potentiellement cultivables.

De même qu'en pays bezanozano, on distingue deux types de forêt : la forêt humide *(ala mando)* et la forêt sèche *(ala maina)*. Décider de cultiver sur une défriche de forêt humide équivaut à prendre le risque de se retrouver au mois de mai avec de longues tiges de riz dépourvues de panicules. C'est pourquoi ceux qui s'aventurent sur ce type de terrain cultivent également du riz sur une parcelle de jachère établie à proximité pour assurer la production. Le riz trouve sur la défriche de la forêt sèche un terrain plus propice à son développement, mais ce type de végétation est rare à Manakana.

Après la première culture en forêt, la jachère est investie par le *bakobako,* un arbuste qui peut atteindre 2,5 mètres en un an. Il couvre à lui seul la presque totalité de la parcelle, empêchant ainsi les autres plantes de croître. Lorsque le *bakobako* s'est développé sur une ancienne zone de forêt humide, la parcelle est très prisée pour une nouvelle culture de riz. Lorsque, en revanche, il a poussé sur une ancienne zone de forêt sèche, on préfère attendre la formation végétale qui lui succédera pour y envisager une culture.

Le *bakobako* ne reste en effet que peu de temps. Très vite, il perd ses feuilles et meurt, laissant place à un peuplement de *dingadingana* et d'*andrarezina (Trema orientalis)*. Lorsque, au bout d'environ deux ans, les *dingadingana* atteignent 2 mètres, on considère que le terrain est idéal pour la culture du riz pluvial. C'est la formation végétale la plus recherchée. Elle se développe également après une année de culture sur *bakobako,* mais les arbustes sont de plus petite taille et se mélangent aux graminées. Cette association est moins appréciée que la précédente, car elle indique une nette dégradation du sol.

Si on laisse les *dingadingana* se développer, ils tendent à se mélanger, au bout de la troisième année, avec les *harongana (Harungana madagascariensis),* qui peu à peu prennent le dessus. Les paysans évitent si possible de défricher un terrain peuplé uniquement de *harongana* (au bout d'au moins sept ans de jachère) car cette plante est associée à un sol sec et caillouteux. Ils préfèrent alors laisser la terre en repos jusqu'à ce que les repousses de forêt naturelle se soient établies. Il faut environ dix ans pour que l'on puisse parler d'une jachère forestière *(vadik'ala),* qui annonce la reprise du cycle.

Il arrive aussi qu'après le *bakobako* ce soit le *radriaka (Lantana camara)* qui investisse l'espace libéré. Cette plante épineuse dont les graines sont dispersées par les oiseaux envahit toute la surface et empêche alors les autres plantes de pousser. Ce terrain est apte à la riziculture pluviale, mais peu prisé car difficile à défricher. Les *radriaka* persistent cependant jusqu'à ce que l'homme intervienne et tendent même à se multiplier et à envahir les alentours (figure 10).

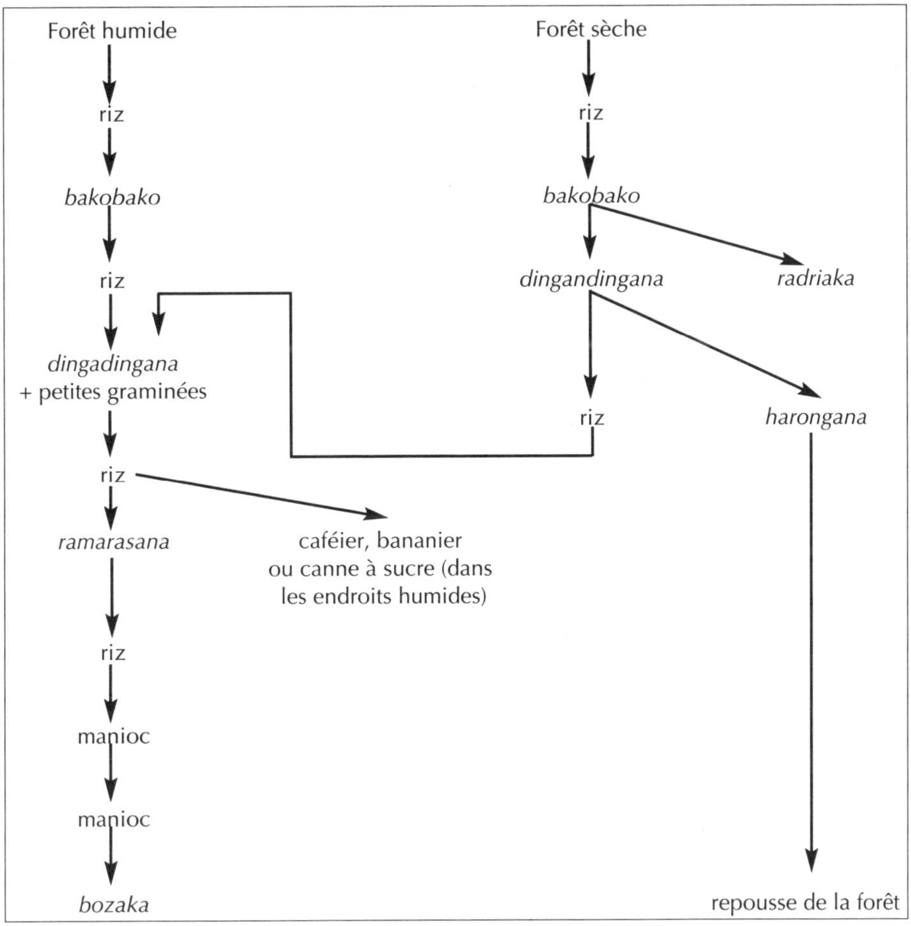

Figure 10. Le cycle cultural du tavy *à Manakana.*

D'après le processus de repeuplement végétal décrit par les paysans, leur objectif quant à la gestion de la jachère est de conserver le plus longtemps possible un peuplement de *dingadingana,* car après quatre ou cinq ans, les arbustes atteignent une hauteur suffisante pour constituer en brûlant une couche de cendres épaisse. La reconstitution de cette formation, la plus adéquate pour la riziculture pluviale, dépend selon eux du sarclage — travail pénible et harassant — c'est pourquoi il est impératif d'évaluer ses forces avant de déterminer la superficie à défricher.

A un *tavy* mal sarclé effectué sur une jachère de *dingadingana* succède une jachère dégradée. Cette dernière se compose en majeure partie de graminées, de fougères et de *dingadingana* atrophiés. On peut encore y cultiver du riz, puis du manioc. Ensuite, il ne pousse plus qu'une lande composée de *tenina (Imperata cylindrica)*. La terre est alors considérée comme stérile.

L'attention portée à la gestion de la jachère autorise les cultivateurs à récolter sur plusieurs années au moins 4 fois du riz sur une même parcelle. La pression exercée sur la forêt naturelle s'en trouve réduite et, grâce à ce système, les paysans de Manakana sont parvenus en deux siècles à conserver près de 80 % de leur terroir boisé.

Le défrichement s'effectue lors de la saison sèche, c'est-à-dire durant les mois d'octobre et novembre. Les paysans attaquent les gros troncs à la hache et coupent les broussailles avec un couteau légèrement recourbé pourvu d'un long manche, l'*antsy*. Ils commencent toujours par le bas de la colline pour remonter ensuite vers le sommet. Ce travail physiquement éprouvant est réservé aux hommes. Il est même considéré comme une preuve de virilité. C'est pourquoi la plupart du temps il est effectué en solitaire. A charge pour chacun de défricher à la mesure de ses forces, donc de choisir précisément le terrain et la surface à cultiver.

Les arbres ou les arbustes sont coupés à une quinzaine de centimètres du sol et les souches abandonnées sur le *tavy*. Les végétaux coupés sont laissés sur place, au soleil, jusqu'à ce qu'ils soient suffisamment secs pour brûler facilement. La durée du séchage est fonction du climat et de la nature de la végétation ; elle prend deux semaines au minimum.

Puis, un jour bien sec, les paysans reviennent sur les parcelles avec une petite bouteille de pétrole et sèment le feu sur l'ensemble de la surface défrichée. Il est rare que l'on construise des pare-feu à Manakana, et la plupart du temps le feu déborde sans que rien ne soit fait pour le maîtriser. Fréquemment donc, la surface brûlée excède celle que l'on envisage de cultiver (l'excédent peut aller jusqu'au tiers de la surface brûlée, qui reste inutilisé).

Sur le sol gris de cendres et parsemé de branches carbonisées, on va établir une maison rudimentaire en bois et en feuillages d'*ofa* — voire entièrement en bois, selon l'investissement en temps que ses occupants veulent consentir et la proximité des matériaux de construction. Cette maison abritera le ménage pendant la croissance du riz pluvial. Ensuite, on effectue le semis. Cette activité associe un petit groupe de personnes, le plus souvent des femmes, qui sont soit salariées soit occupantes des *tavy* limitrophes (si plusieurs femmes de familles nucléaires différentes s'associent pour planter, elles travailleront sur les terres de chacune à tour de rôle). A l'aide d'un pieu pointu on fait dans le sol des trous profonds d'une dizaine de centimètres et espacés d'environ vingt centimètres les uns des autres. On y jette 3 à 5 graines. Les grains de paddy que l'on tire d'un petit panier tressé mis en bandoulière sont mélangés à quelques graines de maïs, de haricot, de lentille, de pois du Cap ou de melon — pour une mesure de paddy à semer on met au maximum quatre gobelets de graines associées.

A partir du moment où le *tavy* est semé, on est obligé de se relayer pour veiller à ce que les oiseaux ne viennent pas manger les graines qui reposent au fond d'un trou qui n'est pas rebouché. Le plus souvent, c'est aux enfants qu'incombe cette tâche : armés de lance-pierres, ils effrayent les hordes de moineaux jusqu'à l'apparition des pousses. Celles-ci sortent de terre lors des premières pluies, vers le mois de décembre.

Au mois de février-mars, il faut sarcler la parcelle que les fougères et autres mauvaises herbes ont envahie. Le riz atteint déjà à cette époque plus d'un mètre de haut, et c'est à peine si les maïs, qui arrivent à maturité, les dépassent. Bien que la plupart des gens du village mangent encore du riz à cette époque de l'année, le maïs constitue un appoint très apprécié. Les hommes et les femmes déracinent les végétaux indésirables à la main et les brûlent immédiatement à proximité, ce qui a pour effet de chasser les moustiques forts nombreux durant la saison des pluies.

Lorsque les panicules sont en grains, les chasseurs de moineaux doivent reprendre leur poste, et ils y resteront plus d'un mois, jusqu'au jour de la récolte, qui a lieu vers la mi-mai. Les grandes panicules dorées de plus de 30 centimètres de long sont cueillies une à une, délicatement sectionnées du reste de la tige grâce à un petit couteau *(karima)*. Alors que l'on coupe de la main droite, on amasse les panicules dans la main gauche, et l'un des moissonneurs vient régulièrement les ramasser pour les mettre dans un panier *(sobika)*, qui, une fois rempli, reste exposé au soleil jusqu'aux derniers jours de la moisson. Si on a planté et défriché le *tavy* du bas vers le haut de la pente, on récolte de haut en bas. Les paniers sont ainsi descendus au fur et à mesure qu'ils sont remplis.

Le paddy est entreposé tel quel dans les greniers construits à proximité de la parcelle ou, plus rarement, directement dans les maisons permanentes du village. Ce n'est qu'au moment où on veut les consommer qu'on détache les grains de paddy et qu'on les pile. Les paysans cependant prennent bien soin de conserver une partie du paddy pour constituer la semence de l'année suivante. Les grains réservés ne donnent lieu à aucun traitement particulier. On ne les sélectionne pas : la mesure mise en réserve est simplement légèrement humectée quelques heures avant d'être mise en terre. Il est rare que l'on achète des semences, ou même que l'on les échange. En effet, on accorde au riz qui a fait vivre l'année précédente un grand respect entouré de superstitions. Et presque invariablement, c'est celui-ci que l'on ressème les années suivantes, quitte à refuser délibérément l'optimisation de la production.

Il existe pourtant différentes variétés de riz à Manakana, et les agriculteurs savent parfaitement que le *lava somotra* et que le *tsimirekireky* (riz précoce, *vary aloha*) sont mieux adaptés aux parcelles arrachées à la forêt ; que le *vary lava*, le *botra maitso*, le *maso pera* (riz précoce), le *vanjakohon'andina* et le *vavy ambo*, le plus répandu, s'adaptent à tous les types de terrains ; que le *langaka* quant à lui pousse particulièrement bien sur les jachères dégradées et dans les rizières. Lorsque l'on possède plusieurs types de semences, on les sème sur un même terrain, en essayant de constituer des blocs pour le riz précoce. Mais bien souvent, les graines de toutes les variétés sont mélangées.

A Manakana, le *tavy* donne de 1 à 2 tonnes de paddy par hectare en fonction de la fertilité du terrain choisi, des variations climatiques enregistrées durant le cycle de croissance et certainement, mais dans une proportion qui reste difficile à déterminer, du type de semence utilisé.

Les cultures complémentaires

Les ménages de Manakana ont tous au moins un *tavy* et une culture d'appoint. Le nombre de plantations est en revanche inférieur au nombre de ménages. Quant aux rizières, elles ne sont mises en culture que par un nombre restreint d'individus. Les paysans trouvent dans ces pratiques un équilibre, qui leur permet de surmonter la période de soudure sans trop de difficultés, car à tout moment il est possible d'accéder à certains produits agricoles, même si la réserve de riz est épuisée.

Les cultures d'appoint

Les cultures d'appoint regroupent les plantes à tubercules, consommées lors du goûter ou utilisées comme substitut du riz en période de soudure, et les brèdes, servies pour accompagner le riz.

La culture des tubercules est peu diversifiée à Manakana. Près des ruisseaux, dans les thalwegs secondaires qui jalonnent le parcours du Mangoro, poussent des ignames domestiques *(ovy lava)* et plusieurs sortes de taro : *saonjo pendara,* que l'on déterre au bout d'un an et qui peut atteindre 30 centimètres de long ; *saomamy, ramandady, saonjo* américain (celui dont la chair est jaune), *saompotsy, saonjo ambatovola,* que l'on peut déterrer au bout de six mois. Il existe également quelques champs de patates douces, mais c'est incontestablement le manioc qui mobilise le plus d'espace.

Si le manioc est cultivé immédiatement après un *tavy,* les tiges de riz, au lieu d'être abandonnées telles quelles à la terre en jachère, sont coupées, et le sol est retourné à la bêche. Si la culture s'établit sur une jachère dégradée, la végétation qui la compose est brûlée vers le mois de septembre. Les boutures de manioc, qui proviennent des propres plants du planteur ou de ceux d'un voisin, sont simplement enfoncées dans le sol. Deux sortes de manioc poussent à Manakana : le *kazaha siramamy* et le *kazaha valakâ*. Ils sont plantés sur la même parcelle et se distinguent par la couleur de leur tige (l'une est un peu violacée, c'est la moins sucrée et la moins appréciée). Durant les six à huit mois nécessaires à la maturation, le paysan ne sarclera qu'une seule fois, deux ou trois mois après la mise en terre. De plus, le manioc a l'avantage de procurer des brèdes à son propriétaire, et régulièrement celui-ci pourra venir cueillir des feuilles pour faire un plat local appelé *ravitoto* (mais de juin à octobre, les feuilles sont boudées car trop amères).

D'autres brèdes sont également cultivées, mais en très faible quantité : *anamamy, anamamy maritaina, anamalao, ramibetroko* encore appelé *petsaikely, anatsingita, anandrambo* (dont les graines servent de projectiles aux sarbacanes), *anandengo* (qu'il ne faut pas manger quand il y a du tonnerre) et *vatolongy*.

Les plantations

Dans les bas-fonds, à côté des tubercules, on trouve diverses variétés de bananes : de toutes petites *(ranjalia)*, des plus grandes *(mavo kely)*, des bananes communes *(akondro)*, des bananes plantains *(akondro lava)* et de grosses bananes rouges que l'on fait cuire *(boaraboaka)*.

Sur le versant des collines traversées par des cours d'eau, il existe aussi des plantations de canne à sucre ou de caféier arabica. La culture du caféier se pratique à partir des pousses qui s'établissent sous les caféiers adultes. Le paysan met les jeunes plants en terre sous un abri, dans un trou où il a préalablement déposé un peu de compost. Une fois les plants suffisamment grands, il les transporte sur le terrain définitif, dans un endroit où la terre est bien noire. Il ne donne ensuite plus de soins au caféier, et se contente de le sarcler une fois par an et de le couper lorsque, vingt ans plus tard, il sera devenu trop grand. Depuis que les caféiers ont été introduits sur le terroir, on ne les a pas remplacés. Les gens de Manakana disent que le caféier vit plus longtemps que l'homme. Ils les laissent donc se développer à leur guise et se contentent de cueillir les cerises lorsqu'elles sont mûres.

Cette culture, bien qu'improductive les trois premières années, connaît un grand succès sur le terroir car les sacs de café sont acheminés vers l'Imerina par des commerçants merina qui achètent le gobelet *(kapòaka)* environ 250 francs malgaches. Cette culture est, avec celle du riz, la seule susceptible de procurer des revenus monétaires.

Les rizières

A Manakana, moins de dix ménages pratiquent la riziculture inondée. Quelques bas-fonds ont été aménagés au XIXe siècle, quelques terrasses également, mais aujourd'hui, la plupart restent en friche. Il faut dire que les techniques de la riziculture inondée sont mal maîtrisées et peu compatibles avec une installation prolongée sur le *tavy* (on a pu observer des rizières laissées à l'abandon car leur exploitant se consacrait au riz pluvial). C'est une commerçante merina installée au village et la famille du frère de sang *(fatidra)* de son mari qui s'investissent le plus dans cette culture.

Vers le mois d'octobre, chacun répare les canaux d'irrigation et remet la rizière en eau. On fait ensuite piétiner la rizière par les bœufs. Une fois la terre bien retournée, on y jette le paddy que l'on avait réservé à cet effet lors de la récolte sur le *tavy*. En effet, même dans les rizières, on préfère cultiver des variétés de riz de montagne *(langaka)*, considérées comme meilleures. Seule la commerçante merina se procure, à l'extérieur du terroir, du riz spécifiquement adapté à la rizière *(vary vato)*. Les jeunes pousses sont repiquées au mois de février, non pas en ligne mais selon la méthode traditionnelle. Les rizières ne sont pas sarclées à Manakana, le paysan veille simplement à contrôler le débit d'eau et, vers la fin du mois de mai, il moissonne. Les panicules ne sont pas coupées les unes après les autres, comme sur le *tavy*, mais les tiges sont fauchées, puis battues afin d'en détacher le paddy qui, après avoir été séché au soleil, est stocké dans de grands paniers tressés.

On a bien essayé en 1996 de faire du riz précoce dans les rizières, mais il n'a pas pris. Il faut dire que cette culture n'est pas compatible avec le calendrier des autres activités : le repiquage a lieu au mois de décembre et, à ce moment, il est indispensable de surveiller le *tavy* que l'on vient de planter et qui est fortement menacé par les moineaux.

Une économie monétaire encore peu développée

Toutes les activités agricoles et artisanales sont à Manakana d'abord orientées vers l'autoconsommation. Les échanges monétaires au sein du terroir sont de faible importance. Les semences, les boutures et les jeunes plants de caféier ne se vendent pas. Ils sont soit donnés soit échangés. Le système d'entraide familiale est encore très vivace. La majorité des échanges de services et de biens s'effectue en premier lieu au sein des segments de lignages, même s'ils sont aujourd'hui monnayés. Le peu de personnes qui emploient des salariés les recrutent au sein de leur famille. Si plusieurs membres de familles nucléaires différentes se regroupent pour effectuer les travaux agricoles, ils le font sur les terres de chacun à tour de rôle. Il en est de même pour la circulation des produits de l'artisanat : les nattes et les habits traditionnels en raphia sont réalisés sur commande et vendus à des membres de la famille restreinte.

D'autre part, la marchandisation de la terre n'existe pas. Aucun type ni de fermage, ni de métayage, ni de mise en gage, ni même de location de terrain de culture n'a été relevé lors de l'étude. Si le besoin s'en fait sentir, comme ce fut le cas pour la commerçante merina, les terres sont simplement prêtées, sans aucune contrepartie directe.

Depuis sept ans, il existe pourtant un marché, qui se tient chaque jeudi à Manakana. Les commerçants sont en majeure partie des habitants du village qui tentent de vendre des bananes, du maïs, du miel, du rhum, de la bière de miel *(betsabetsa)* ou des cannes à sucre... à ceux qui n'en ont pas, ou pas encore. Généralement, l'argent gagné est immédiatement dépensé auprès des quelques marchands ambulants merina, qui apportent des produits de première nécessité : sel, pétrole, outils en métal, vêtements, couvertures. Avant de repartir en Imerina, ces colporteurs échangent cependant une partie de leur gain contre du riz ou du café. Le marché est particulièrement vivant durant l'hiver austral, alors que les habitants de Manakana quittent leur maison de *tavy* pour venir habiter au village. Il est ensuite progressivement déserté lors de la reprise du cycle de la riziculture pluviale et se ranime un peu alors que le riz vient à manquer, au mois de février. La fluctuation des prix est très importante durant l'année. Le riz blanc, vendu 5 000 francs malgaches le panier au moment de la récolte, à la veille de la fête nationale du 26 juin, peut atteindre 50 000 francs au mois d'avril. Cette hausse considérable du prix a incité certains habitants de Manakana à spéculer. La méthode consiste à acheter le plus de riz possible lors de la récolte et à le stocker pour le revendre plus tard lorsque les prix sont plus intéressants. Le riz n'est pas le seul produit à subir des variations de prix, les tubercules qui peuvent lui servir de substitut sont également vendus plus cher en période de soudure.

L'argent circule donc très peu dans le village. Pourtant, les habitants mangent du riz presque tout au long de l'année et ils parviennent, en vendant une partie de leur production ou en allant à Moramanga écouler le produit de la pêche (les crevettes d'eau douce, en particulier), à économiser quelque argent. Les écarts de revenus entre les habitants de Manakana sont loin d'être aussi prononcés que dans le pays bezanozano, bien qu'incontestablement les spéculateurs soient plus riches et quelques jeunes, encore moins bien lotis que leurs aînés.

A Manakana, bien que chaque ménage pratique le *tavy,* la pression sur la forêt reste relativement faible. Cela tient à l'homogénéité des modes de culture et à la primauté donnée à l'autoconsommation. La différenciation relève alors davantage de pratiques sociales et coutumières que de distinctions d'ordre économique. Sans que l'on puisse parler de tentative d'intensification des cultures, on pressent la recherche d'une gestion maîtrisée de l'espace agricole.

Riziculture de *tavy* et sécurité alimentaire

Alain Bertrand, Jean-Luc Lemalade

De tout temps Madagascar a été considéré comme un « pays du riz ». Sa culture est traversée par le mythe du riz, aliment blanc, signe de civilisation, par opposition aux tubercules, aliments sombres, synonymes de sauvagerie.

> De multiples formes de riziculture
>
> Il y a riz et riz, riz pluvial et riz irrigué, riz de *tavy,* riz de rizière et même riz de *kirisana* (Locatelli, 2000). Le riz de *kirisana* est un riz de riziculture irriguée, cultivé comme tel et repiqué sur une pente irriguée en permanence par un film d'eau courante distribué en lame sur une parcelle par un canal d'alimentation supérieur. Cette forme originale de riziculture a été décrite pour la première fois, en 1996, dans la région de Mananara, puis dans diverses régions de Madagascar. La riziculture de *kirisana* est une riziculture intensive. Le *kirisana* est souvent pour le paysan un moyen d'aménager sa parcelle en créant progressivement des terrasses, qui seront exploitées en riziculture irriguée classique. (AB)

Les techniques de la riziculture sont porteuses de représentations sociales, voire politiques (Charmes, 1972). Depuis le XVIIIe siècle, la riziculture et ses évolutions ont accompagné les modifications des institutions et du pouvoir. Le développement de la culture du riz précoce n'a été possible sur les hautes terres qu'avec l'instauration du pouvoir royal merina d'Andrianampoinimerina, seul capable d'assurer, au prix de lourds aménagements, la mise en valeur des basses terres inondées au cours de l'été (Raison, 1984). La structure politique betsimisaraka, beaucoup plus décentralisée, n'autorise que la pratique de la riziculture de *tavy,* considérée d'ailleurs comme un fait culturel.

« Mais tout autant qu'au climat, l'agriculture ancienne des hautes terres était liée à une végétation forestière, beaucoup plus importante jadis, mais certainement fragile à cette altitude. Il est possible que la localisation des hommes ait quelque rapport avec la localisation des forêts, mais il est plus que hasardeux d'en tirer aujourd'hui argument. » RAISON (1984) explique ainsi la disparition du couvert forestier initial « en noyaux » des hautes terres et du Moyen-Ouest plus par « sa progressive inadaptation au climat et aux phénomènes naturels qu'à l'action de l'homme ». Il n'en conclut pas moins que l'appauvrissement radical de la végétation, qui se régénère difficilement du fait des contraintes climatiques, et la disparition de la rente de fertilité forestière par des pratiques culturales proches du *tavy* ont été des facteurs déterminants dans l'évolution de l'agriculture et de la société sur les hautes terres. Cette dégradation est l'une des causes de l'unification de la royauté merina et de la généralisation de la riziculture irriguée. Elle s'est aussi accélérée sous l'influence du système social et du regroupement des habitats en pays merina.

Malgré l'omniprésence de la riziculture sous ses multiples formes, les systèmes agraires ne se réduisent pas au riz. Il convient donc de faire une distinction selon les régions et les zones écoclimatiques et en fonction des types de système agraire. Toute la façade orientale de Madagascar est caractérisée par la pratique du *tavy*. Il importe d'expliquer pourquoi, par delà les spécificités sociales ou ethniques, la riziculture de *tavy* présente pour les populations qui la pratiquent un intérêt économique.

Sécurité alimentaire et système extensif

Le *tavy* est réprimé depuis bientôt un siècle, mais l'interdiction de défricher les forêts ne s'appliquait pas dans la zone forestière de la façade orientale de Madagascar. Le colonisateur français exerçait une forte pression pour contenir et réduire les *tavy*. C'est même sur la répression des feux de végétation que la politique forestière a été le plus ouvertement répressive. Citons à cet égard deux responsables forestiers qui se sont succédé à la tête du service des eaux et forêts : « Les dangers que nous avons signalés appellent de prompts remèdes. Mais, quelles que soient les mesures adoptées, elles devront pour être efficaces, susciter bien des mécontentements. C'est fatal, on l'a dit avec juste raison : gouverner c'est mécontenter. En matière forestière, où seul le spécialiste peut distinguer nettement où cesse l'usage et où commence l'abus, cela est particulièrement inévitable. C'est même au nombre et à la violence des protestations que soulève une réglementation forestière que l'on peut le mieux juger de sa pertinence et de son efficacité » (LAVAUDEN, 1934). « La méthode employée depuis l'occupation française, qui a été assise définitivement par deux décrets (celui du 28 août 1913 d'abord, celui du 25 juillet 1930 ensuite), est une méthode répressive. Les moyens en sont : une réglementation ;

l'emploi d'un personnel spécial, chargé de constater les infractions à cette réglementation et de verbaliser à l'encontre des coupables ; l'application d'une peine par voie de justice aux coupables d'infractions » (COUDREAU, 1937).

Malgré cela et en dépit des discours catastrophistes (UHART, 1962), le *tavy* a persisté. Les travaux engagés, en dehors de cette problématique répressive, pour apporter aux populations des méthodes culturales de remplacement, par l'intermédiaire de projets comme celui des « vallées forestières », n'ont eu que des résultats limités et sont généralement restés sans lendemains.

En fait, le *tavy* offre aux populations des avantages, d'ordre économique entre autres, qui dépassent largement ceux d'autres pratiques culturales.

Le *tavy*, les risques cycloniques et la sécurité alimentaire

Sur la façade orientale de Madagascar, le risque cyclonique est omniprésent. Tous les ans, peu ou prou, les cyclones frappent et provoquent des dégâts, parfois dramatiques, aux cultures et aux installations, quand ils n'entraînent pas la mort de dizaines, voire de centaines de personnes. Ils ont cependant un impact différent selon le type de riziculture pratiqué.

Dans une parcelle cultivée en riziculture irriguée, il n'est pas rare que la totalité de la récolte soit perdue dans un secteur qui va bien au-delà de la zone d'impact direct du cyclone : c'est l'importance des pluies et les crues qu'elles entraînent qui ravagent les rizières irriguées dans les bas-fonds. Dans une parcelle de riz pluvial sur *tavy*, les dégâts, même sur la zone d'impact direct du cyclone, sont moindres et ne vont jamais jusqu'à la destruction totale de la récolte à venir.

C'est incontestablement l'une des raisons qui font que les paysans betsimisaraka continuent de pratiquer le *tavy* : c'est une condition de survie en cas de cyclone (RAKOTOARISOA, 1993). Dissémination au sein des massifs forestiers, diversité des conditions physiques et naturelles microlocales et extension spatiale maximale des cultures se combinent pour optimiser la sécurisation face au risque cyclonique (LEMALADE et DEWAELE, 1996).

Le *tavy* et les conditions d'exploitation de la main-d'œuvre

Les *tavy* sont disséminés sur les collines forestières, ce sont à proprement parler des essarts. Leur taille ne dépend que de la main-d'œuvre lignagère disponible pour défricher. Cette culture sans labour est donc l'une des plus extensive qui soit. Les agroéconomistes ont coutume de rappeler que « l'intensif nourrit, l'extensif rapporte » pour expliquer que le choix technique d'un agriculteur se porte tout naturellement vers le système de culture le plus extensif possible. Il n'intensifie le travail que s'il y est contraint du fait du cloisonnement de l'espace ou de l'impossibilité de reproduction du système social. On sait maintenant de façon indiscutable que le *tavy* valorise mieux le travail que la riziculture irriguée, d'où son intérêt pour les populations. Pourtant, les efforts n'ont pas manqué pour tenter de démontrer que le *tavy* était moins intéressant du point de vue économique que la riziculture irriguée.

Travail et capital : les deux facteurs de production déterminants

La comparaison entre la productivité des cultures de riz de *tavy* et de riz irrigué est un vieux débat à Madagascar. Tranché définitivement à plusieurs reprises, il resurgit chaque fois que les *tavy* sont décrits comme le principal facteur de déforestation. Les questions posées n'ont pas évolué depuis plus d'une dizaine d'années. Elles portent sur les types de productivité et les éléments de comparaison.

Productivité du travail à l'hectare ou à la journée de travail

La première question est de savoir quels sont les facteurs de production déterminants : la terre, le travail ou le capital.

Avec une densité de population moyenne, sur la façade orientale, de l'ordre de 10 habitants au kilomètre carré, la terre — l'espace cultivable — ne peut être considérée comme un facteur rare. Il existe partout des terres disponibles pour la mise en culture. L'immigration régulière dans la région confirme qu'on est encore loin de la saturation foncière avec les systèmes de production actuels, sauf dans quelques zones (OXBY, 1985). La terre est donc plutôt un facteur de production surabondant.

Il en va tout autrement du capital. La situation de pauvreté, et même parfois d'extrême pauvreté, des populations rurales malgaches est connue, et la façade orientale ne diffère pas du reste de l'île sur ce point. Le capital monétaire indispensable pour pratiquer la riziculture irriguée est considérable : il faut des bœufs (pour le piétinement des rizières et pour la traction animale), une charrue, une herse et une charrette. Rares sont les agriculteurs de la côte est qui sont aujourd'hui en mesure de réaliser de tels investissements. Le capital est donc un facteur rare. Mais c'est aussi un facteur sur lequel les populations rurales n'ont pas de prise directe, ni à court, ni à moyen terme. C'est donc un facteur rare et externe.

Le travail, au contraire du capital, est à la fois un facteur rare et un facteur interne. Les paysans ont clairement conscience que la superficie cultivée dépend directement de la force de travail disponible (MEILLASSOUX, 1975). Mais ils savent aussi qu'ils peuvent accroître cette force de travail en ayant une progéniture nombreuse. Il ne faut pas chercher ailleurs la cause de la démographie galopante[15], qui effraie tant les écologistes anglo-saxons et qui sert de base à tous les discours catastrophistes sur la déforestation et la dégradation de l'environnement à Madagascar. C'est donc d'abord en augmentant leur force de travail que les populations rurales cherchent à sortir de leur état actuel de pauvreté. Il en sera ainsi tant que l'accès au capital leur sera impossible (d'où l'importance des projets en faveur des microcrédits) et tant que le transfert contractuel de la gestion locale des ressources renouvelables n'aura pas encore maillé l'espace et soustrait la majorité des espaces forestiers primaires à la perspective d'un défrichement futur. D'où l'importance de la gestion locale sécurisée et des contrats de ce type (BERTRAND et RAZAFINDRABE, 1997).

S'il est légitime de privilégier la productivité à l'hectare lorsque la terre est le facteur de production le plus rare, il convient de considérer la productivité à la journée de travail lorsque c'est le travail qui est le facteur rare. C'est le premier critère que choisissent généralement, sans réflexion préalable, les agronomes obsédés par le rendement de la parcelle, mais c'est sur le second que se fondent implicitement les paysans pour définir leurs stratégies.

La comparaison économique de la riziculture irriguée et de la riziculture de *tavy*

La deuxième question est de savoir lequel de ces deux systèmes agraires est le plus intéressant du point de vue économique : riziculture extensive pluviale de *tavy* ou riziculture intensive irriguée. Il existe à Madagascar plusieurs types de culture irriguée : une riziculture irriguée avec maîtrise de l'eau et sole rizicole « mâture », cultivée avec labour, hersage (en culture attelée) puis piétinage-foulage par les bœufs et repiquage en ligne ; une riziculture inondée sur rizière sans maîtrise de l'eau (risque d'inondation et de perte de récolte), sur sole rizicole plus ou moins « mâture » avec labour manuel à la bêche, piétinage et repiquage traditionnel ; une riziculture irriguée pratiquée comme la riziculture inondée mais sans repiquage avec un simple semis à la volée. Selon le type de riziculture irriguée, les rendements et la productivité seront différents que ce soit à l'hectare ou à la journée de travail.

La documentation sur le riz à Madagascar est considérable, celle sur l'agroéconomie de la riziculture est déjà moins fournie, mais les informations sur les *tavy* sont succinctes et les documents permettant une comparaison des systèmes de riziculture pluviale et irriguée sont peu nombreux (OXBY, 1985).

15. Madagascar avec une densité de l'ordre de 20 habitants au kilomètre carré et une croissance démographique de 3,5 pour mille est loin de la surpopulation.

Le tableau 4 est établi selon les normes classiques des agronomes en comparant les productivités à l'hectare. Il ne permet donc pas de comprendre pourquoi, malgré une répression intense et des efforts de vulgarisation des techniques plus productives de la riziculture irriguée et en dépit des projets de développement — comme ceux des périmètres tests de Marolafa et d'Andranomody, des vallées forestières, des forêts secondaires, de Terre-Tany —, les paysans de la façade orientale de Madagascar s'obstinent à pratiquer le *tavy* pour obtenir des rendements dérisoires (BENOIT DE COIGNAC *et al.*, 1973). C'est bien la question que posait OXBY (1985) sans chercher à réaliser une analyse systématique des logiques paysannes betsimisaraka. Il apparaît bien que la productivité moyenne à l'hectare de la riziculture de *tavy* est généralement de l'ordre de 50 à 80 hommes-jours par hectare, voire plus (LE BOURDIEC, 1974). Les chiffres plus élevés du tableau 5 incluent des éléments complémentaires (DANDOY, 1973) : la lutte contre les oiseaux est généralement assurée par la présence permanente sur la parcelle de *tavy* des femmes et des enfants et ne peut facilement être assimilée à un « travail » du même type que le défrichement, le sarclage ou la récolte.

Tableau 4. Comparaison de la productivité de la riziculture de *tavy* et de la riziculture irriguée.

	Riziculture de *tavy* (riz pluvial)		Riziculture irriguée		Source
	Main-d'œuvre (HJ/ha)	Rendement (kg/ha)	Main-d'œuvre (HJ/ha)	Rendement (kg/ha)	
Vavatenina (Tsaramainandro)	82	700	54	1 200 à 1 500	SECMO (1980)
Région betsimisaraka	80 à 100 (50 pour défricher)	800	150	< 2 000	LE BOURDIEC (1974)
Vavatenina (Vohibary)	244 (158 pour lutter contre les oiseaux)	970 (400 à 1 730)	157	2 200	DANDOY (1973)
Province de Toamasina (Tamatave)	n.d.	620	n.d.	1 330	CHABROLIN (1965)
Didy	52	1 000	149 (pour chaque cycle cultural, 2 chaque année)	3 000 par cycle (3 à 3,4 t/ha) en rizière mûre, bien irriguée) 1 500 à 1 900 en riziculture inondée et semis direct*	LEMALADE et DEWAELE (1996)
Tsaramiafara (Moramanga)	55	900			MANITRA RAZAFINDRAZAKA (1998)

* LE BOURDIEC (1974) nomme cette pratique *tavy tomboka* et l'assimile à un *tavy* de bas-fond.

Les productivités de la riziculture irriguée sont plus variables, ce qui correspond bien à la réalité et à la diversité des modes de culture, des pratiques paysannes et donc des rendements : de 1 200 à 3 000 kilos par hectare. Il convient donc d'être précis lorsqu'on parle de riziculture irriguée à Madagascar (LE BOURDIEC, 1974).

Le *tavy* est pratiqué par défrichement d'une parcelle de forêt secondaire, c'est-à-dire d'une jachère forestière plus ou moins âgée. Ce n'est qu'exceptionnellement que les *tavy* sont réalisés sur des parcelles nouvelles par défrichement de forêt « primaire » en fonction des besoins résultant principalement de l'accroissement de la population. Parler des rendements du *tavy* n'a pas grand sens quand on sait que le rendement varie beaucoup avec la situation de la parcelle en haut de pente, sur un versant à mi-pente ou en bas de pente, mais aussi avec la place du cycle cultural dans le processus de succession des défrichements et des mises en culture (ALLAIN, 1997). La fertilité des parcelles de forêt secondaire peut décliner au fur et à mesure de la succession des cycles de culture. Ce déclin n'est pas inéluctable, comme en témoigne le cas de Manakana. En revanche dans certaines conditions, par exemple dans la cuvette d'Andapa, on voit bien que la succession des cycles de culture de *tavy* se traduit par une consommation progressive de la rente forestière et, concrètement, de la fertilité du sol (ALLAIN, 1997 ; RANDRIAMIHAJATINAMANTSOA, 1998).

Les conditions de culture des *tavy* et leurs rendements sont extrêmement variables dans la cuvette d'Andapa[16] (tableaux 5 et 6). ALLAIN (1997) en a étudié les divers stades et a mis en évidence leur tendance à évoluer vers une dégradation « des dernières particules de fertilité » si de nouvelles méthodes de gestion paysanne de la fertilité, qui préservent les pratiques actuelles, ne sont pas proposées aux paysans.

Tableau 5. Rendement des *tavy* selon la situation de la parcelle et la place dans le cycle cultural à Andrilandrano (Andapa), d'après ALLAIN (1997).

Cycles annuels des *tavy* et des forêts secondaires	*Tavy* 1*	S1**	*Tavy* 2	S2	*Tavy* 3	S3	*Tavy* 4	S4	*Tavy* 5	S5	*Tavy* 6	S6	*Tavy* 7
Haut de pente	100	5	150	3	80	3	60	3	30	Sol épuisé			
Mi-pente	330	5	400	3	150	3	100	3	60	3	40	3	Sol épuisé
Bas de pente	300	5	400	3	200	3	150	3	100	3	100	3	80

* Récolte en « bidons » (1 bidon = 13 kilos en principe).
** S : durée de la jachère reconstituant la forêt secondaire, en années.

16. A Andapa, les travaux ont été réalisés dans le cadre du projet de conservation et de développement intégré de Marojejy, mis en œuvre pour l'Angap (Association nationale de gestion des aires protégées) par le Wwf. Ces travaux ont été conduits en relation étroite avec le Fofifa et le Cirad.

Tableau 6. Rendement des *tavy* selon la situation de la parcelle et la place dans le cycle cultural à Ampanaomby (Andapa), d'après ALLAIN (1997).

Cycles annuels des tavy et des forêts secondaires	*Tavy* 1*	S1**	*Tavy* 2	S2	*Tavy* 3	S3	*Tavy* 4	S4	*Tavy* 5	S5	*Tavy* 6
Haut de pente	120	2-3	150	5	120	5	90	3	60	Sol épuisé	
Mi-pente	160	2-3	200	4	160	4	150	3	100	Disparition complète de la couverture forestière *(afak'kilotra)*	80
Bas de pente	100	2-3	100	3	100	3	100	3	100	Meilleur rendement apparent après disparition de la couverture forestière	200

* Récolte en « bidons » (1 bidon = 13 kilos en principe).
** S : durée de la forêt secondaire, en années.

Si l'on compare le *tavy* et la riziculture irriguée du point de vue de la productivité du travail, il est clair que le *tavy* résulte d'un choix économiquement judicieux des paysans betsimisaraka (tableau 7). En effet, pour une productivité du travail équivalente, le travail d'un hectare de riz irrigué exige un investissement beaucoup plus important en force humaine qu'un hectare de riz de *tavy*. Encore faut-il souligner que le ratio du riz pluvial intègre un travail de défrichement, qui normalement devrait être amorti sur une à trois saisons de culture successives, alors que celui du riz irrigué ne tient pas compte du travail considérable réalisé, sur plus de quatre ans, pour aménager une parcelle de rizière et pour mûrir la sole rizicole. De plus, pour la riziculture irriguée il est indispensable de posséder des équipements (ou les moyens de les louer) : bœufs, charrue, herse, charrette, etc. Dès que la maîtrise de l'eau ou la technicité de la riziculture irriguée baisse, il devient économiquement plus avantageux pour un paysan de pratiquer le *tavy*. On signale, à Didy, des cas de paysans qui vendent leur matériel (et vendent ou louent leur rizière) et partent s'installer en forêt pour pratiquer le *tavy,* ce qui leur permet, non seulement d'atteindre l'autosubsistance, mais aussi de produire un surplus qu'ils vendent en période de soudure, c'est-à-dire au meilleur prix (LEMALADE et DEWAELE, 1996).

Ainsi, la riziculture irriguée au sens strict, classique, exige un investissement, en capital et en travail, considérable : en capital, pour acquérir les bœufs (traction animale et piétinage) et les équipements (charrue, herse, charrette) ; en travail, pour rendre mâture la sole rizicole et obtenir un sol véritablement

Tableau 7. Productivité moyenne par cycle cultural des modes de riziculture.

	Riz irrigué repiqué (rizière mûre avec bonne maîtrise de l'eau)	Riz pluvial de *tavy* (sur sol peu dégradé)	Riz inondé semé à la volée (rizière non mûre, sans maîtrise de l'eau)	Riz pluvial de *tavy* (sur sol déjà dégradé)
Activité (HJ/ha)				
Défrichement	–	32		
Labour	50	–		
Brûlage et semis direct	–	4		
Semis	20	–		
Repiquage	20	–		
Sarclage	20	8 (le cas échéant)		
Coupe	15	–		
Récolte	–	10		
Mise en meule	6	–		
Battage	18	–		
Transport	–	5		
Quantité de travail (HJ/ha)	149	51		
Rendement moyen (kg/ha)	3 000	1 000	1 500	700
Productivité du travail (kg/HJ)	20,1	19,6	10,7	11,9

favorable à la culture du riz. Convertir une tourbière en parcelle rizicole exige un travail intense, sur plusieurs années, pour drainer et construire des diguettes puis transformer le sol.

La riziculture de *tavy,* au contraire, est véritablement extensive et ne demande qu'un matériel limité, à la portée de tous : une hache, une bêche, une serpe *(antsy be)*. Certes, le défrichement de la parcelle doit être renouvelé tous les deux ou trois ans, mais il demande un travail moindre que la création d'une rizière dans une plaine inondable.

Les *tavy* comme référence identitaire

Au-delà des systèmes de production, lorsqu'on tente de saisir la complexité des relations qui s'établissent entre un écosystème et un système social donné, il apparaît que les processus identitaires déployés par les populations sont fortement liés aux modes d'appropriation de l'espace.

Quelles sont alors les conditions historiques de l'émergence de ces sociétés qui accordent tant d'importance au *tavy ?* Quels sont les déterminants de l'apparition de sociétés parfaitement différenciées sur un espace aussi limité ? En quoi les dynamiques de domestication de l'espace participent-elles aux processus identitaires mis en œuvre par les populations rurales ? Comment s'expriment-elles ? Le *tavy* joue-t-il un rôle dans la capacité de ces sociétés à lier le social, le biologique et l'inconscient pour assurer la reproduction de leurs communautés ? Dans un tel contexte, quelle valeur attribuer à la référence classique au cercle vicieux : démographie galopante, *tavy,* déforestation ?

A la lumière des études de terrain, il apparaît que le *tavy* ne se réduit pas à une simple relation d'exploitation entre l'homme et son milieu. Il participe profondément aux processus identitaires mis en œuvre par les paysans au sein de leurs communautés de référence. Les habitants du sud de l'Ankay trouvent dans leur environnement physique les moyens de satisfaire leurs besoins vitaux, mais les éléments constitutifs du milieu naturel ne sont pas pour autant objectivés. Ils s'inscrivent dans une multitude de projections subjectives, qui conditionnent la domestication de l'espace.

Cependant, la pérennité des modes d'appropriation n'est envisageable que si ces projections subjectives sont intériorisées par l'ensemble des membres du groupe. Chaque société met donc en œuvre des mécanismes originaux pour atteindre cet objectif, en dépit des multiples obstacles rencontrés au cours du temps.

Les conséquences du *tavy* sur le milieu physique sont considérables : les sols, déjà fragiles, se trouvent encore malmenés par les brûlis successifs et deviennent rapidement stériles. Certains, comme à Manakana, tentent de faire face à cette situation grâce à une gestion raisonnée des jachères forestières, mais cette possibilité n'est envisageable que dans un certain contexte environnemental et social, qui ne se rencontre pas systématiquement sur les terroirs. A Tsaramiafara et dans la vallée de Beparasy-Andapa, une véritable course à l'appropriation foncière et aux ressources s'est engagée, et certains notables ont su tirer profit de la situation pour se constituer un patrimoine foncier considérable au détriment du reste de la population, qui entre dans une phase de paupérisation croissante.

Les différentes situations rencontrées trouvent pourtant dans les déterminants des attitudes et des comportements paysans un fondement commun. Sur chacun des trois terroirs, l'accès aux ressources est commandé par des normes sociales, qui régulent la compétition et les rapports de force. Ces normes ne sont pas édictées par l'Etat et, jusqu'à présent, ce sont les communautés rurales qui se sont imposées en tant que productrices de normes originales légitimées par une organisation sociale constamment actualisée et indissociable des processus identitaires mis en œuvre. Or cette dynamique normative conduit à une sérieuse remise en cause de la trilogie « démographie galopante », « *tavy* », « déforestation ».

Sur les terroirs étudiés, l'accès aux ressources forestières dépend du statut social et passe par l'appartenance à des réseaux sociaux. Malgré l'éloignement des agents de l'administration forestière, on ne peut parler « d'accès libre » concernant les espaces boisés. Cependant, les risques de déviance au sein de cet ordre social restent nombreux et, dans le contexte multiculturel de Madagascar, des représentations du monde divergentes s'élaborent, se rencontrent et se confrontent.

La construction sociale à l'épreuve du temps

Serge Razafiarison

Les Bezanozano ont adapté leurs spécificités culturelles aux diverses contraintes qui se sont, au cours du temps, imposées à eux. Si la construction identitaire n'a pas nécessairement favorisé une cohésion sociale à grande échelle, elle autorise aujourd'hui des pratiques et des stratégies dont les principaux initiateurs savent tirer parti.

La société bezanozano et les vicissitudes de l'histoire

Les Bezanozano semblent ne jamais avoir constitué de communauté homogène. Il est impossible d'établir précisément les raisons qui ont permis l'émergence de ce groupe. La sémantique ne nous apporte par ailleurs aucune information, car plusieurs hypothèses ont été émises sans qu'aucune ne puisse jamais s'imposer (voir le lexique). Ce groupe est pourtant mentionné dans les documents anciens et a continué de s'imposer en tant qu'entité distincte sous les deux colonisations successives qu'il a subies. Il a été reconnu, en 1971, comme l'une des dix-huit ethnies qui composent la population de Madagascar.

Il n'est pas possible de déterminer l'origine du peuplement de la région sans entrer dans les controverses déjà fournies sur l'histoire ancienne de Madagascar. Même s'il est difficile d'identifier les premiers occupants de l'Ankay (RAKOTOERISON, 1989), il est probable, étant donné sa situation géographique et son accessibilité, que cette région ait attiré des populations d'origines diverses.

Des bribes d'histoire ancienne subsistent aujourd'hui dans la tradition orale. Mais les récits sont flous et contradictoires. La jeune génération ne se remémore son histoire qu'au travers de certains sites ou lieux mythiques. Les témoignages convergent cependant concernant l'installation, sur le mont Ifody, d'un certain Andriamalazabe, venu des hautes terres à une époque éloignée. Il aurait, à partir de là, longé le Mangoro vers le sud pour rejoindre une reine betsimisaraka du clan Zanakony, Rafotsibealokinitany, qui habitait Lohasaha, ancien nom du village de Beparasy. Leur union serait à l'origine du rapprochement des deux peuples, et leurs enfants seraient les ancêtres des bezanozano. On retient surtout l'influence protectrice de Ranantsana et de Rabenalana, qui étaient probablement leurs fils. Le premier veille sur la population d'Ampoafina, près d'Andapa dans la circonscription administrative de Moramanga, en l'avertissant par des rêves prémonitoires des épidémies à venir et en lui indiquant les parades adéquates. Le second, qui, assailli sur le mont Vohimena par des conquérants merina, s'est fait ensevelir vivant en signe de résistance (NDEMAHASOA, 1973), protège quant à lui la population contre les désastres causés par la grêle.

Les premiers témoignages écrits sont des notes de voyage d'Européens qui se sont aventurés dans la région. Selon MAYEUR (1785), les Bezounzouns tirent leur origine de quelques esclaves hova échappés de chez leurs maîtres, parce qu'ils en ont les usages particuliers et l'accent. Quoi qu'il en soit, l'hétérogénéité physique et les inclinations de ce peuple laissent penser qu'il est issu de plusieurs populations.

Les pratiques commerciales et le processus identitaire

Au XVIIIe siècle, les trafiquants d'esclaves se ravitaillaient à Madagascar en hommes et en marchandises afin d'alimenter les Mascareignes — la Réunion, Maurice et Rodrigue. Les premiers Européens débarqués sur la Grande Ile s'étaient alliés aux chefs locaux de la côte orientale. Les richesses convoitées ne provenaient cependant pas des régions côtières, mais de régions beaucoup plus reculées encore inaccessibles aux Européens. C'était au-delà de la grande forêt que l'on trouvait le riz, les bœufs et les hommes que l'on embarquait. Les esclaves provenaient, en effet, pour plus des deux tiers de razzia, que les roitelets organisaient en Ankôva[17] (RATSIVALAKA, 1979). Les Européens ne pouvaient

17. Après le règne d'Andriamasinavalona, l'Imerina perd sa fragile unité car ses descendants se partagent le royaume. Cette appellation d'Imerina n'avait pas eu le temps de se propager sur la côte, et donc l'ancien nom d'Ankôva (Ancôve pour les négriers) restait employé. Ce n'est que plus tard, sous Andrianampoinimerina, que le terme actuel s'est diffusé.

se permettre d'aller eux-mêmes chercher les produits sollicités, ils n'étaient pas habitués au climat chaud et humide et à la végétation dense, et surtout ils craignaient les populations qui habitaient ces régions.

« Jusqu'en 1800 environ, le commerce se fit par relais. La clé du commerce d'Ancôve se trouvait dans les montagnes qui séparaient les Merina des Bezanozano et des Sihanaka. Là, les produits européens et les esclaves étaient échangés entre les diverses tribus. [...] A la côte, [les Bezanozano] négociaient directement avec les Français ou bien devaient payer un droit aux tribus de bord de mer, parfois même, ils pouvaient être rançonnés, voire refoulés » (FILLIOT, 1970).

Il est probable que le XVIIIe siècle marque l'apogée des Bezanozano, car ce rôle de tribu intermédiaire les rendait indispensables tant auprès des gens des hautes terres qu'auprès des Européens. Les rares Européens qui se rendaient dans des contrées éloignées afin de reconnaître le terrain et d'en relever les potentialités attendaient la fin de la saison des pluies, « le mois de mai, époque où tous les riz, qui sont abondants, seront mûrs, [car] alors on ne craint pas de manquer de vivres » (lettre de Chardenoux à Sylvain Roux, citée par FILLIOT, 1970). Ces voyageurs décrivent un peuple riche en bétail et en esclaves. L'afflux de captifs et de richesses dépassa cependant les capacités des Bezanozano, si bien qu'ils furent contraints d'impliquer les tribus limitrophes dans leurs affaires commerciales.

Sous le règne d'Andrianampoinimerina, la mainmise européenne et merina sur la traite en provenance des hautes terres a donc fait évoluer considérablement la situation sociale et politique des régions intermédiaires, dont les peuples, autrefois économiquement dominants, ont été dominés à leur tour (RATSIVALAKA, 1979). A partir de ce moment, les populations des hautes terres entrèrent dans une phase de déclin, qui se traduisit, entre autres, par une diminution considérable de l'espace qu'elles occupaient : les Bezanozano ont occupé une aire géographique étendue — près du double de celle qu'ils habitent actuellement —, puisqu'elle allait, au sud, jusqu'à une dizaine de kilomètres au-delà de Beparasy, à l'est, jusqu'à la falaise betsimisaraka et, à l'ouest, jusqu'à la lisière de l'Angavokely (NDEMAHASOA et POIRIER, 1983-1984). Andrianampoinimerina ne fut pas le premier à tenter de vassaliser le pays bezanozano, mais il fut le premier à réussir. Durant son règne, les chefs bezanozano ne furent pas destitués mais devaient allégeance au roi de l'Imerina, même s'ils prélevaient les taxes commerciales pour leur propre compte.

Cependant, les Bezanozano d'Ambatomanga refusèrent de prendre part au deuil d'Andrianampoinimerina et son fils Radama Ier considéra cette passivité comme une offense : « Quoi donc ! Au sein de l'Imerina, il y a des esclaves qui refusent d'obéir à leur maître ! — Radama en brûla toutes les maisons, chassa les habitants au-delà de la forêt à Ambodinangavo et défendit d'y habiter à l'avenir — Malheur ! dit-il, malheur à ceux qui voudraient s'établir en ce lieu ! Ils périraient eux, leurs femmes et leurs enfants. Je mettrai leur corps en morceaux aussi petits que les balles, et je les donnerai en nourriture aux chiens ! » (MALZAC, 1930). C'est ainsi que les Bezanozano d'Ambatomanga furent envoyés plus à l'est, dans l'Angavo, et que leur terre fut confisquée par le souverain pour l'offrir à sa femme, la future Ranavalona Ire. Les conquêtes du jeune roi ne se limitèrent pas à Ambatomanga. Il poursuivit sa progression vers l'est, soumettant, par les armes, les populations des contrées traversées afin d'assurer la pérennité des liaisons entre les hautes terres et la côte. Il est à l'origine de la route qui portera son nom (figure 11).

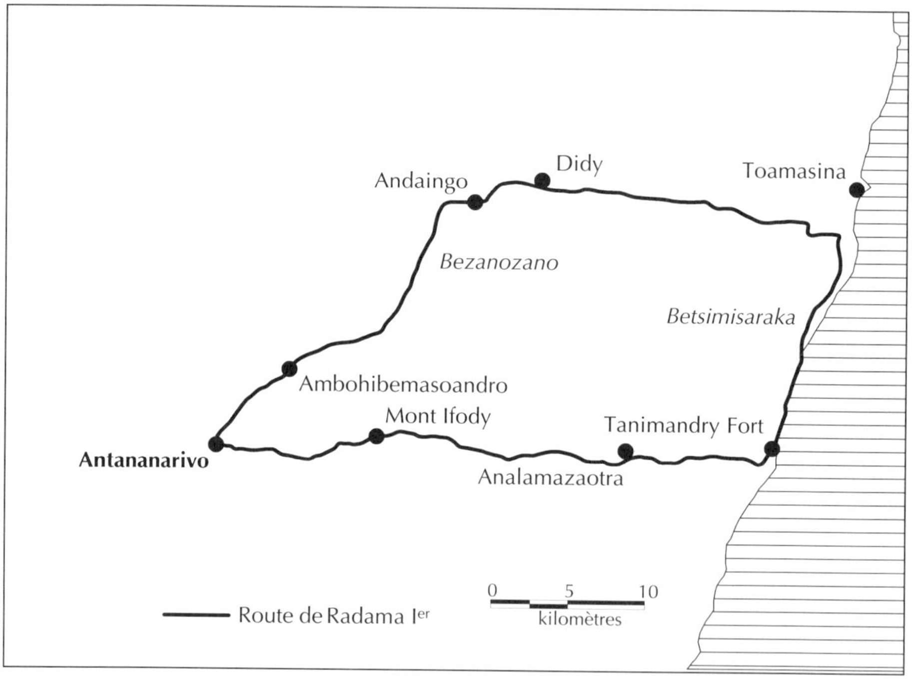

Figure 11. Route Radama Ier.

Cette route allait servir, non seulement à l'avancée de l'armée merina partie à la conquête du pays, mais aussi aux échanges dans le cadre du contrat que Radama Ier avait passé avec les Anglais. En contrepartie de l'abolition de l'esclavage, il reçut des armes, des munitions, des uniformes et de l'argent, qui devaient l'aider à accomplir la tâche engagée par son père : unifier en un royaume toutes les tribus de la Grande Ile. Les Bezanozano, désormais privés du commerce des esclaves, étaient devenus des vassaux serviles, principalement affectés au transport des marchandises. Quant à ceux qui restaient sur place, ils devaient contribuer à approvisionner les voyageurs qui traversaient leur région.

Des administrateurs, souvent des hauts dignitaires de l'Etat merina, arrivèrent alors et, à leur suite, de nombreux colons, qui investirent les bas-fonds encore libres pour les transformer en rizières. Les recettes fiscales se divisaient en deux grandes catégories : le produit des corvées réalisées par les sujets en signe de soumission au pouvoir — les fonctionnaires n'étaient pas payés et vivaient aux dépens du pays — et les impôts fixes annuels perçus sur les rizières.

La partie ouest du Mangoro était divisée en quatre parties, ou *toko :* Lohasaha, avec 14 villages et 300 casiers rizicoles *(hetra) ;* Antanabolo, avec 19 villages et 300 casiers rizicoles ; Lanimanotitra, avec 21 villages et 400 casiers rizicoles ; Zafimbahy, avec 16 villages et 300 casiers rizicoles (RAVELOJAONA et RAJONAH, 1946). Chaque village devait par conséquent avoir, en moyenne, 27 hectares destinés à la riziculture inondée ![18]

L'élevage bovin avait son importance. MAYEUR (1785) avait déjà relevé que la région était riche en bétail. Hastie, le sergent anglais chargé de négocier avec Radama, achetait, en 1825, un bœuf à chacune de ses étapes dans le pays bezanozano pour nourrir ses porteurs (VALETTE, 1968). Leur prix extraordinairement bas (il achète pour 4 piastres de riz, et 2 bœufs pour 3 piastres) témoigne certainement de leur abondance.

Sous le règne de la reine Ranavalona Ire, l'exploitation de la région et de sa population s'intensifia encore : le clan des Andafiavaratra — subdivision clanique hova du nord de l'Imerina (Avaradrano), issue des Tsimiamboholahy, à laquelle appartenait le Premier ministre — s'attribua le monopole du commerce sur l'ancienne route Radama Ier, alors que la reine Ranavalona Ire, alliée à Jean Laborde, un aventurier français qui s'était attiré ses faveurs en introduisant sur l'île diverses industries manufacturières, ouvrait la piste de Mahanoro, via Mantasoa (figure 12). Chacun donc avait son propre itinéraire pour les exportations vers la côte est, et le sud du pays bezanozano se trouvait enclavé entre les deux axes.

La population se trouvait alors doublement sollicitée : nombre d'hommes valides étaient réquisitionnés pour le transport des peaux de zébus et du riz livrés aux négociants européens, qui attendaient sur la côte. Les transporteurs *(maromita)* revenaient ensuite en Imerina chargés de produits venus d'Occident.

Le recrutement des corvéables était parfaitement organisé. Le système des honneurs *(voninahitra),* instauré à l'intention des militaires sous Radama Ier, fut élargi aux civils qui travaillaient pour l'Etat sous Ranavalona Ire. Il s'agissait de recruter, en fonction du nombre d'honneurs attribués, un certain nombre d'aides de camps *(deka)* — le Premier ministre, avec 16 honneurs avait plus de 20 000 aides de camps — qui s'occupaient des affaires commerciales. C'était ensuite aux aides de camps de mobiliser le nombre désiré de corvéables dans les villages réquisitionnés par les forts établis par la bourgeoisie merina *(hova).*

---

18. Ces données sont approximatives, tous les noms anciens n'ont pu être localisés et ni la surface des *toko* ni le nombre d'habitants par village ne sont connus.

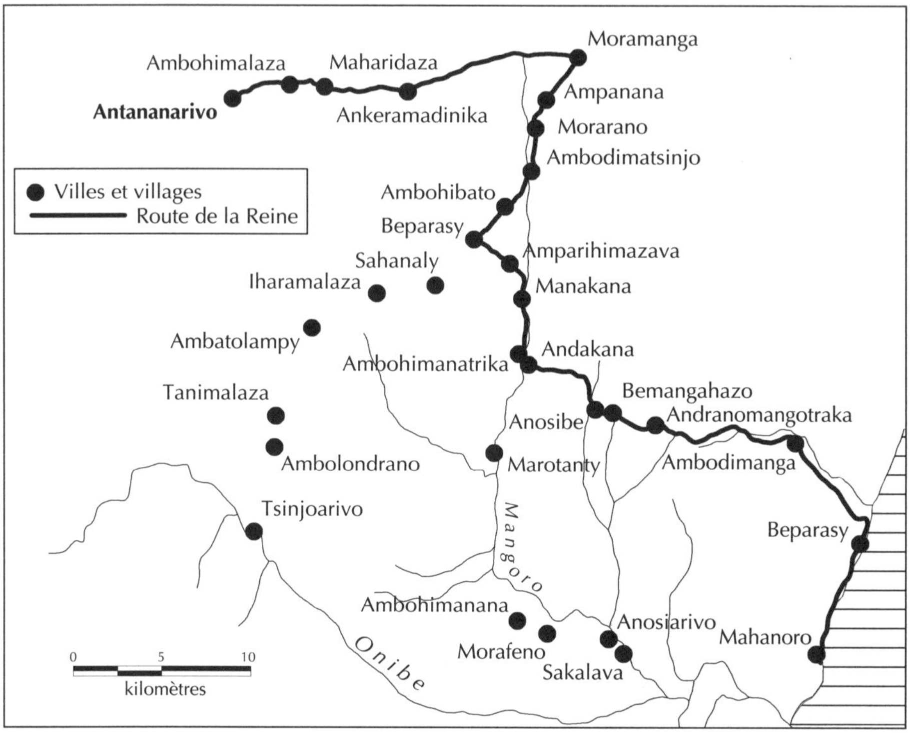

Figure 12. Route de la Reine.

Parallèlement, la reine et sa famille envoyaient dans l'Ankay des troupeaux de zébus destinés à l'exportation vers les Mascareignes. Rainandriamampandry, futur gouverneur de Toamasina, parle de l'Ankay comme d'une région recouverte d'herbe et de quelques îlots forestiers, où les parcs à bœufs étaient nombreux (RAINANDRIAMAMPANDRY, 1874). Les bovins trouvaient dans la plaine des aires de repos et de bons pâturages, avant de reprendre leur descente vers la côte. Pour les garder, la souveraine mandatait des serviteurs venus de toutes les provinces du pays. Ces serviteurs, appelés *maromainty,* acquirent peu à peu une véritable autonomie : ils profitaient de leur mobilité et de leur allégeance directe à la couronne pour échapper à l'autorité des commandants de postes administratifs. Avec le déclin de la monarchie merina, ces serviteurs, qui avaient toujours essayé d'augmenter leurs troupeaux aux dépens de ceux des paysans, s'émancipèrent complètement et pratiquèrent le vol de bœufs à grande échelle jusqu'à l'intervention des Français. Ils furent cependant assimilés aux Bezanozano, bien qu'ils se soient constitués en communauté autonome. Du fait de la conduite de ces serviteurs, mais aussi de la relégation, dans cette région, de nombre de proscrits de l'Imerina (RAVELOJAONA et RAJONAH, 1946), les habitants de l'Ankay ont toujours eu une réputation de rebelles.

La colonisation merina fut pour les Bezanozano une période de déclin : ils perdirent à la fois leur puissance et leur prestige et nombre d'éléments extérieurs vinrent coloniser un espace qu'ils imaginaient légitimement acquis. L'influence merina persista jusqu'à nos jours : outre l'architecture des maisons et l'adoption du tombeau en pierres taillées, des cultures telles que le haricot et l'arachide furent introduites. Plus récemment, au cours du XXe siècle, les transferts de techniques portèrent sur la fabrication d'outils métalliques, le labour à la charrue et l'irrigation des rizières par gravité.

En dépit de l'héritage socioculturel transmis par les gens des hautes terres, les Bezanozano ne furent jamais complètement assimilés et ce, bien qu'ils aient été les premiers à faire partie du royaume merina. A la mort de Ranavalona Ire, l'intérêt du pays bezanozano se limitait aux espaces de pâturages destinés aux bœufs des hauts dignitaires et les postes militaires ne contrôlaient plus que les abords immédiats de la piste qui reliait Antananarivo à Moramanga.

En 1896, lorsque les Français intégrèrent Madagascar dans leur empire colonial, l'une de leur première préoccupation fut de tracer des axes de communication pour promouvoir la pacification et faciliter l'exploitation rationnelle de la colonie. C'est ainsi que, dès 1897, Gallieni construisit la RN2, qui existe encore aujourd'hui. Il préféra l'établir un peu au sud du tracé de la route Radama Ier, car les charrettes avaient fait leur apparition sur la Grande Ile et ce parcours leur convenait. Les Bezanozano, qui pensaient ainsi se soustraire au transport à dos d'homme, restaient pourtant corvéables : désormais, ils devaient fournir la main-d'œuvre nécessaire à la construction de la route et à celle du chemin de fer (1905), et pourvoir à leur entretien.

Pour ces travaux, on eut besoin d'une grande quantité de bois, et certains ont même qualifié la colonisation « d'ère du bois ». Les compagnies privées, auxquelles on distribuait volontiers des concessions, étaient chargées de l'exploitation. Or, les eucalyptus n'étant pas encore vulgarisés, c'est le bois de la forêt naturelle qui était utilisé. Ainsi, par exemple, la Compagnie coloniale de Madagascar s'appropria l'ensemble de la forêt du mont Ifody, qui couvrait 2 370 hectares. Le sud du pays bezanozano était quant à lui trop enclavé pour attirer les colons. Des richesses bien plus prometteuses s'offraient dans les régions alentours — l'Alaotra, pour la production du riz, Andasibe, pour l'exploitation forestière, le littoral pour les cultures de rentes... — et la partie méridionale de l'Ankay fut peu à peu délaissée, elle n'était mentionnée que lorsqu'il était question d'impôts et de travail obligatoire.

Ce n'est qu'en 1947 que la pression s'est accrue. Après l'insurrection de Moramanga contre le pouvoir colonial, de nombreux insurgés trouvèrent refuge dans la région. Les Bezanozano qui craignaient les représailles des forces françaises quittèrent leur maison pour fuir dans la forêt. Les rebelles tentèrent quant à eux d'enlever ceux qui restaient et qui, par conséquent, étaient suspectés de trahison. Pour ces gens qui n'étaient pas habitués à quitter leur habitation, ce séjour dans la forêt fut une épreuve pénible : ils souffrirent de la faim, ne se nourrissant que de tubercules sauvages, et endurèrent la maladie. Certains n'en réchappèrent pas. Ce n'est finalement pas la force des armes qui allait faire plier la population, mais la faim, l'épuisement et le manque de soins.

L'organisation spatiale des Bezanozano s'en est trouvée une fois de plus modifiée. Déjà, en 1926, alors que la peste sévissait, ils avaient dû se disperser en petits groupes familiaux. En 1947, ils abandonnèrent leurs maisons et les soldats, qui étaient à la recherche des insurgés, brûlèrent les bâtiments qui se trouvaient sur leur passage. Nombre de familles, par superstition, préférèrent déplacer leurs habitations lorsqu'il fut question de reconstruction.

D'autre part, les colons n'entendaient pas laisser aux habitants l'occasion de s'insurger une nouvelle fois et ils installèrent des camps militaires aux abords des routes afin de mieux surveiller la population. Le village de Tsaramiafara a pour origine l'un de ces camps. Lorsque les soldats vinrent s'installer au sud d'Anjomakely, certains villageois préférèrent se mettre sous leur protection plutôt que de s'enfuir dans la forêt. Ils déplacèrent donc leur habitation près du camp et entretinrent avec les soldats des relations quotidiennes. Un commerçant merina qui, grâce à ses bœufs, assurait la liaison avec la route Gallieni se joignit également à eux. Lorsque, quelques années plus tard, les soldats reçurent l'ordre d'abandonner leur position, certains d'entre eux avaient déjà épousé des Malgaches et engendré une descendance, et, parmi les autochtones, certains s'étaient engagés dans l'armée française pour faire campagne.

Ce brassage de population, bien que très accentué à Tsaramiafara, peut être généralisé à l'ensemble des villages de l'Ankay. Si l'entité bezanozano demeure une réalité, l'introduction répétée au cours de l'histoire d'éléments exogènes, qui véhiculaient des savoirs et des modes de vie particuliers, cumulée à une série d'événements qui ont contribué à la dispersion de la population a probablement favorisé un certain émiettement de la cohésion sociale.

L'émergence de petites communautés

La commune *(firaisana)* d'Anosibe-Ifody se trouve dans la partie centre-ouest du département de Moramanga. Elle se compose de quatre hameaux *(fokontany) :* Ambodinifody au nord, Anosibe-Ifody à l'ouest, Vodiriana au sud et Tsaramiafara à l'est (figure 13). La commune de Beparasy, au sud-ouest du département de Moramanga, regroupe sept hameaux : Ambalahorana, Beparasy, Ambohimiadana, Ankazondandy, Ambohimiarina, Alarobia-Andapa et Manakana (figure 14).

Les statistiques diffusées par la Direction générale de l'habitat et du recensement indiquent que la population d'Anosibe-Ifody atteint 7 797 habitants et

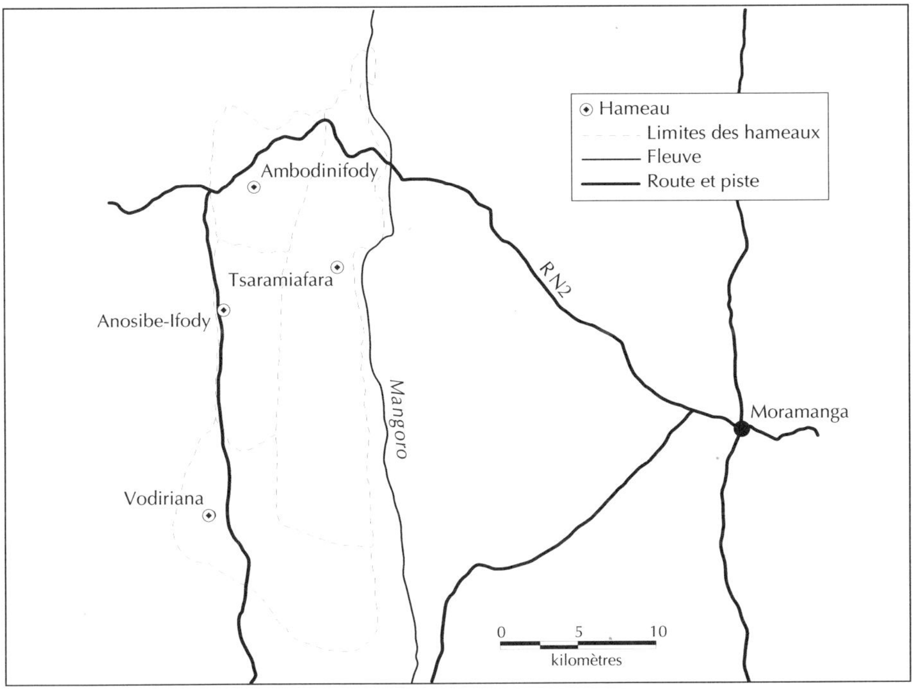

Figure 13. Divisions administratives de la commune d'Anosibe-Ifody, avant 1996.

celle de Beparasy, 7 500 habitants[19]. Le hameau de Tsaramiafara est proche de la moyenne régionale, avec 1 476 habitants (figure 15), celui de Vodiriana est le plus peuplé, avec 2 100 habitants, et celui d'Andapa le moins peuplé du pays bezanozano du sud de l'Ankay, avec 1 190 habitants. Dans chacun des hameaux, le nombre d'hommes et de femmes est à peu près égal.

La densité moyenne est de 34,5 habitants au kilomètre carré à Anosibe-Ifody et de 27 habitants au kilomètre carré à Beparasy. Mais il faut relativiser ces données car les Bezanozano sont dispersés en petits hameaux indépendants les uns des autres en dehors desquels il n'existe que quelques centres administratifs qui se présentent sous la forme de villages. Si les hameaux regroupent bien souvent moins d'une dizaine de maisons proches les unes des autres et n'abritent que des personnes unies par un lien de parenté, les villages ont un nombre de logis bien supérieur et une population plus diversifiée. Tsaramiafara, qui compte 145 habitants répartis en 29 ménages, est un village dont

19. Les chiffres disponibles sur la structure de la population sont pour la plupart issus du recensement national de 1993. Ils n'ont pas été corrigés en fin d'évaluation, puisque leur traitement informatique n'était pas terminé au moment où cette étude a été menée. Les divisions administratives en vigueur jusqu'aux élections communales de 1995 servent de base à cette analyse.

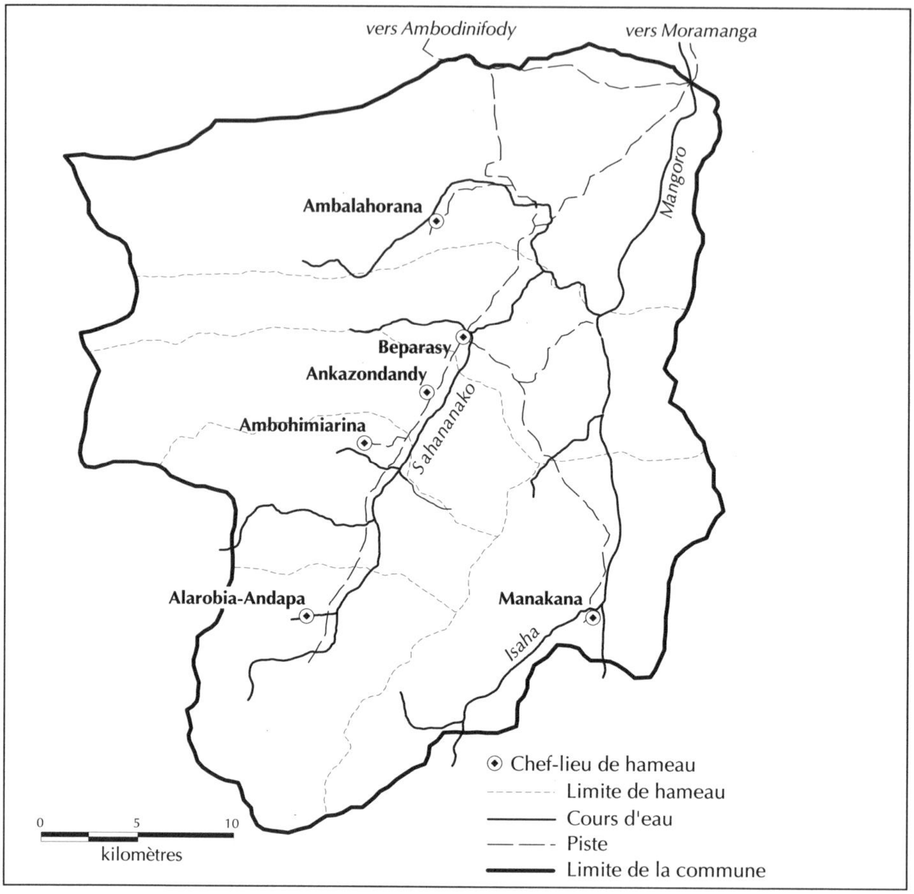

Figure 14. Divisions administratives de Beparasy, avant 1996.

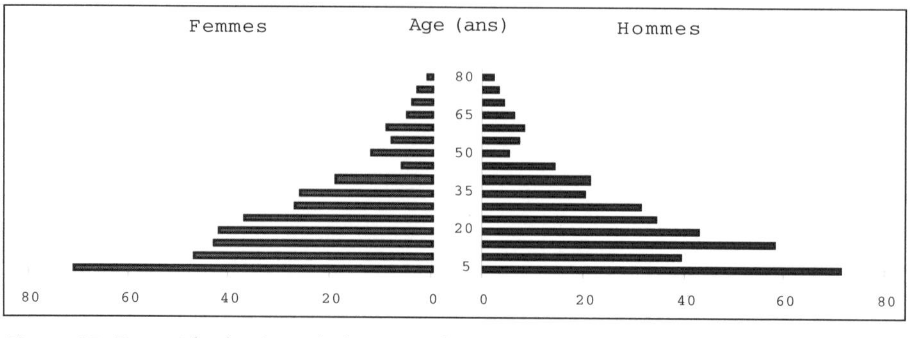

Figure 15. Pyramide des âges du hameau de Tsaramiafara.

l'ensemble des terres revendiquées couvre 3,7 kilomètres carrés, soit une densité de 39,2 habitants au kilomètre carré[20].

Même si l'on considère la concentration de population dans les villages, cette densité ne permettrait pas, selon les agronomes, une intensification de la production agricole, qui ne deviendrait possible qu'à partir de 50 habitants au kilomètre carré (ONE, 1995).

Les villages doivent leur existence à des apports exogènes qui se sont matérialisés par l'installation d'anciens postes de garde merina (c'est le cas d'Anjomakely ou de Beparasy) ou par l'édification de places fortes lors de la colonisation européenne (Tsaramiafara). Par la suite, la construction d'infrastructures telles que les établissements scolaires ou les centres de soin, tant lors de la colonisation qu'au cours de la IIe République, et la désignation de représentants de l'Etat chargés de l'administration territoriale ont fait des villages de véritables centres administratifs.

Les étrangers qui viennent s'installer dans cette partie du pays bezanozano sont essentiellement des Merina : 6,5 % de la population dans le hameau de Tsaramiafara, 2 % dans celui de Vodiriana et 5 % dans celui d'Andapa. Les migrants se regroupent dans les villages plutôt que dans les hameaux, où ils ont des difficultés d'insertion. Ils représentent alors un pourcentage assez important de la population : à Tsaramiafara, ils sont plus de 20 % (6 ménages dont 5 merina et 1 sihanaka). Les individus comptabilisés comme migrants sont en fait parfois nés dans le même département, mais ils restent considérés comme des migrants puisque leur tombeau familial se trouve hors du pays bezanozano. Ils sont en majorité fonctionnaires (délégués de l'Etat, infirmiers ou sages-femmes, instituteurs) ou commerçants.

La majeure partie de la population bezanozano se cantonne donc aujourd'hui encore dans les hameaux, lieux de travail autant que lieux d'habitation car ils centrent leurs activités sur eux-mêmes. Les rizières et les plantations d'un même groupe sont relativement proches les unes des autres (POIRIER, 1960). Ces populations rurales, dont la production agricole vise d'abord l'autosubsistance, vivent dans une relative autarcie.

En ce qui concerne la scolarisation, le manque d'enseignants, les longues distances entre les écoles primaires publiques et les collèges d'enseignement général, la coïncidence de l'année scolaire avec les travaux agricoles, les coûts de scolarisation et les résultats médiocres obtenus concourent à démotiver les parents et les enfants. Ce désintérêt s'accroît encore avec l'éloignement et le repli sur eux-mêmes de certains hameaux par rapport aux villages où sont établies les écoles. Les centres de soin ne sont, quant à eux, que rarement appro-

20. Encore faut-il préciser que cette surface inclut la forêt domaniale. L'espace actuellement réservé aux cultures est de 2,18 kilomètres carrés, ce qui, pour la surface cultivable, équivaudrait à une densité de 66 habitants au kilomètre carré.

visionnés en médicaments. Les patients préfèrent donc attendre le moment critique pour faire appel au médecin ou à la sage-femme et évitent de se rendre au village. Les hameaux se retrouvent donc en fait spatialement, administrativement et culturellement isolés.

Les origines disparates des Bezanozano et le déplacement fréquent de leur lieu de résidence, dus aux multiples pressions extérieures, les ont indéniablement incités à rechercher l'autonomie et à se replier sur eux-mêmes. Aujourd'hui, cette dissémination en noyaux familiaux restreints est un obstacle, non seulement à leur ouverture vers l'extérieur, mais aussi à l'affirmation d'une véritable identité ethnique.

Des références ancestrales communes pour les Betsimisaraka de Manakana

Les Betsimisaraka de Manakana ne semblent pas avoir subi de pressions extérieures aussi prononcées que celles qui se sont exercées plus au nord. Ils ont su trouver, pour le moins, dans leur environnement, tant physique qu'humain, les moyens de s'y soustraire.

La forêt et l'émergence de communautés homogènes

La confédération betsimisaraka, instaurée par Ramaromanompo[21] en 1714, était lors de sa formation constituée par trois grands groupes distincts : les Antavaratra au nord, les Antambanivolo à l'ouest et les Betanimena au sud (MACK, 1986). C'est de ce dernier groupe que les habitants de Manakana se réclament. Ceux que l'on nomme aujourd'hui les Betsimisaraka semblent s'être installés au sud de l'Ankay à une époque relativement récente, probablement vers le XVIIe siècle, à la suite d'une migration qui, depuis la côte, les a conduits vers l'ouest. Familiarisés depuis des générations avec le milieu boisé, ils pratiquaient, semble-t-il, la riziculture sur brûlis depuis une époque reculée[22].

A la hauteur de la rivière Saha, les eaux troubles grouillant de caïmans et la présence de la forêt dense entravaient la circulation sur la piste qui longeait le Mangoro. L'histoire orale recueillie auprès des habitants du village précise que, vers 1800, un certain Vangy venant de Vohitraomby, un lieu-dit situé près

21. Ramaromanompo, appelé aussi Ratsimilaho, était un métis, fils de la princesse Zafindramisoa et d'un pirate du nom de Tom Tew.

22. Ce n'est qu'une hypothèse, car l'origine du peuplement de Madagascar a soulevé de nombreuses controverses. Ce point pourrait être approfondi dans des travaux traitant notamment de la diffusion des techniques rizicoles à l'échelle régionale.

de Manarintsoa, à quelques kilomètres au sud de Manakana, faisait traverser ce passage difficile aux voyageurs. Ancêtre fondateur du village de Manakana, Vangy entreprit d'assécher les marais et de défricher les alentours pour s'y établir. A l'origine, les premières maisons se trouvaient à l'est de l'emplacement actuel du village, au niveau du bâtiment qui tient aujourd'hui lieu d'école publique.

Les écrits du XIXe siècle font mention du village de Manakana (THEVENIN, 1898). Lors de l'hégémonie merina les Betanimena se trouvaient au centre de l'opulent trafic commercial qui reliait les hautes terres à la côte est. Les Français, aventuriers, prospecteurs et colonisateurs, ont relaté leur voyage sur la piste que Jean Laborde avait fait construire pour acheminer les produits dont il avait besoin à Mantasoa (LACAILLE, 1898 ; FOUCART, 1890 ; MAILLARD, 1898). « Dans les vallées que nous coupons, serpentent, parmi les bois touffus, de nombreux ruisseaux. Le plus important est l'Isahana, qui arrose Manakana où nous nous arrêtons l'après-midi. Les vingt cases de ce village sont bâties à côté d'un énorme rocher dont une face dénudée s'élève presque à pic » (CATAT, 1890).

A cette époque, l'influence merina auprès des Betsimisaraka se limitait surtout aux alentours des forts. « Par dizaines les Betsimisaraka quittent leur village pour échapper aux différentes formes de corvées royales *(fanompoana)*. La plupart s'installent dans la forêt au milieu d'une clairière sur la falaise, là où les détachements de soldats merina n'osent s'aventurer pour les déloger » (ESOAVELOMANDROSO, 1979). La forêt constituait en effet pour les autochtones un lieu de refuge qu'ils rejoignaient aux moindres pressions, et on se gardait bien de les y suivre. Selon les paroles de la reine, ils étaient sous la protection des généraux *tazo* (fièvre, paludisme) et *hazo* (arbres et, par extension, forêt dense de l'est) (BROWN, 1978).

La désertion de la piste Jean Laborde et l'abandon des forts merina contribuèrent ensuite à consolider l'autorité betsimisaraka sur le territoire. Cependant, le 29 mars 1947, une insurrection éclata à Moramanga. Le pouvoir colonial se sentit déstabilisé, et la répression qui suivit fut sanglante et sans proportion aucune avec les événements qui l'avaient déclenchée. Dans toutes les campagnes alentours les villages furent abandonnés face à l'avancée de l'armée française, qui brûlait toutes les habitations sur son passage. La région fut quadrillée et ce fut cette fois encore la forêt qui servit de refuge aux autochtones.

Les habitants de Manakana fuirent comme les autres. Il n'eurent pas à souffrir de la faim, car ils avaient établi des greniers clandestins dans la forêt, grâce à la récolte de l'année précédente, qui avait été bonne. Ils ne restèrent d'ailleurs qu'une quinzaine de jours dans la forêt car un adjudant des forces françaises, natif de Manakana, sut les convaincre de regagner leur village. Les Français rencontraient alors des difficultés pour se ravitailler et leur objectif était de parvenir le plus rapidement possible à rétablir la paix. Ce retour au village fut considéré comme une trahison : pensant que les habitants de Manakana avaient été achetés par les Français, les Betsimisaraka des environs entreprirent de faire le siège du village. C'est alors que, se sentant menacés, les villageois firent appel aux troupes françaises stationnées à Beparasy. L'installation des soldats à Manakana déclencha les hostilités. Les armes atteignaient leurs cibles même à une grande distance et les assaillants y virent une manifestation magique ; tous s'enfuirent. Quelques jours après, les soldats étaient de retour à Beparasy.

Ces événements sont restés gravés dans les mémoires, et aujourd'hui encore il existe une ligne imaginaire au-delà de laquelle les habitants de Manakana ne se sentent pas en sécurité car ils sont considérés comme des traîtres.

La présence française a cependant eu l'avantage d'améliorer les communications. Après les événements de 1947, les communautés rurales furent mobilisées pour construire des routes. C'est ainsi que, sur la route allant de Manakana à Beparasy, quatre hommes pouvaient marcher côte à côte en se tenant par la main. L'ancienne piste Laborde, dont il ne subsistait qu'un étroit sentier en 1912, fut réhabilitée mais ne resta pas carrossable bien longtemps et, dès 1949, on cessa de l'entretenir. A nouveau laissée à l'abandon, elle ne fut remise en état que lors de l'ouverture d'une exploitation forestière sur le terroir voisin en 1982, pour quelques années seulement.

Le terroir de Manakana reste aujourd'hui relativement enclavé dans la mesure où tous les trajets doivent être effectués à pied. Les villageois entretiennent malgré tout de fréquentes relations avec l'extérieur. Les hommes comme les marchandises circulent aisément sur un rayon de plus de 60 kilomètres. Bien que cette circulation soit considérablement réduite lors de la saison des pluies, elle ne devient impossible que quelques jours dans l'année, après le passage d'un cyclone, et, étant donné la situation géographique du terroir, les échanges interethniques sont constants. Pourtant la communauté villageoise apparaît très homogène et possède une identité originale clairement définie. Non seulement les individus partagent la même histoire, mais en plus ils maîtrisent les flux migratoires en imposant aux étrangers le respect de leur organisation sociale.

Une organisation sociale fondée sur les relations interfamiliales

Manakana se trouve, de même que les hameaux de la vallée de Beparasy-Andapa, dans la partie sud-ouest du département *(fivondronana)* de Moramanga, dans la commune de Beparasy.

Le hameau de Manakana est le seul de la commune à se trouver en territoire betsimisaraka. Si la population bezanozano se regroupe surtout en petits hameaux et rarement en villages, la population betsimisaraka, bien qu'elle séjourne une grande partie de l'année sur les *tavy,* possède des villages bien circonscrits. Il en existe quatre dans le hameau, qui s'échelonnent le long du fleuve Mangoro, du nord au sud : Avolo, perché sur un escarpement rocheux de la rive gauche, puis Andazoana, Manakana et Andranotsara, sur sa rive droite. Environ une heure de marche les sépare les uns des autres. De tous, c'est Manakana, le chef lieu du hameau, qui regroupe le plus de maisons, et certainement le plus d'habitants.

Les statistiques diffusées par la Direction générale de l'habitat et du recensement font état, pour ce hameau, le moins peuplé de la commune de Beparasy, de 721 résidents, ce qui correspond au dénombrement effectué sur le terrain (à titre de comparaison, la moyenne nationale d'habitants par hameau est de 1 044,73). Deux cent cinquante personnes vivent sur le terroir de Manakana. Le nombre moyen d'individus par ménage est de 5,59 et chacune de ces cellules familiales va quitter le village pour s'installer sur son *tavy* pendant toute la durée du cycle cultural.

Si l'on considère que les terres cultivées couvrent environ 9 kilomètres carrés, la densité de la population sur l'espace cultivé est de 27,7 habitants au kilomètre carré. Mais si l'on ramène la population à l'espace contenu à l'intérieur du terroir, c'est-à-dire l'espace cultivé et l'espace encore occupé par la forêt, on obtient une densité de 5,6 habitants au kilomètre carré. La densité de la population sur l'ensemble du terroir ne dépasse que légèrement la limite de charge admise — 5 habitants au kilomètre carré — pour une région forestière où l'on pratique la culture itinérante sur brûlis (SCHEIRLINCK, 1995).

La pyramide des âges du pays a une forme très écrasée, qui témoigne d'une forte population de jeunes de moins de 30 ans et d'un nombre restreint de personnes âgées (figure 16). On peut noter quelques accidents dus essentiellement aux épidémies (en 1986, de nombreux enfants sont morts de la rougeole). Cependant, malgré ces irrégularités le nombre d'hommes et le nombre de femmes s'équilibrent (361 hommes et 360 femmes pour l'ensemble du hameau), et toutes les classes d'âge sont représentées.

Ce qui est nettement plus alarmant, c'est l'écart qui existe entre les classes d'âges 0-5 ans et 5-10 ans. La mortalité infantile est importante et très supérieure à celle du pays : selon le recensement de 1993, sur l'ensemble du territoire malgache, 39,12 % des enfants morts durant les douze derniers mois avaient moins de 1 an, alors que, dans la commune de Beparasy, ils sont 56,06 %. Dans cette région reculée, les médicaments sont rares et on ne compte aucun médecin. A Manakana même, une sage-femme tente pourtant de faire fonctionner la maternité du hameau, mais ses moyens et sa formation sont limités et elle se borne à diffuser des mesures d'hygiène élémentaires et à prodiguer les premiers secours.

Une ample descendance étant considérée comme une marque de prestige, le nombre moyen d'enfants pour les femmes de plus de 12 ans est de 3,29 dans le hameau, contre 2,76 pour la moyenne nationale.

Bien qu'une école ait été construite à Manakana et que l'instituteur soit lui-même originaire du village, la fréquentation des élèves reste faible : les trajets sont difficiles sur les sentiers qui relient les *tavy* au village, et les enfants four-

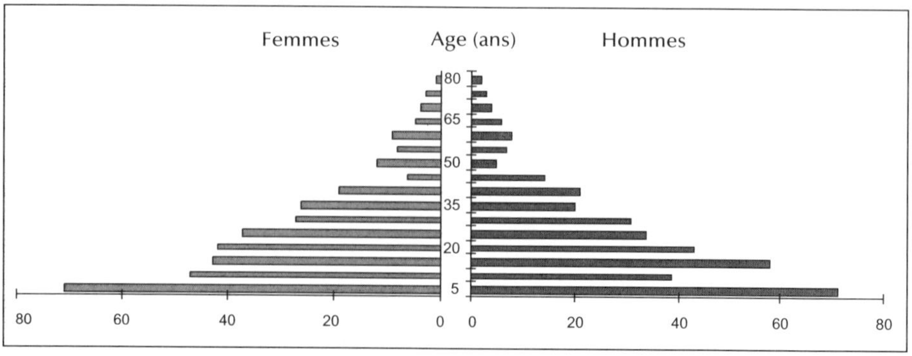

Figure 16. Pyramide des âges du hameau de Manakana.

nissent à leurs parents une aide substantielle en se voyant confier des travaux agricoles spécifiques. L'instruction jouit toutefois d'une forte considération de la part des descendants du fils de l'ancêtre fondateur. La tradition veut en effet qu'on envoie au moins l'un des enfants du ménage suivre des études secondaires, voire supérieures, dans les centres urbains. Cela participe, avec les relations matrimoniales, aux mouvements de population.

Dans le hameau ne cohabitent que des nationaux malgaches, mais tous les habitants ne sont pas des autochtones : 75 résidents sur 721 ne seraient pas nés dans le département de Moramanga. Les causes de ces migrations se limitent, à Manakana, aux relations matrimoniales et aux relations de sang.

La tendance étant patrilinéaire et virilocale[23] chez les Betsimisaraka, les fils se marient à des femmes venues d'ailleurs et, plus particulièrement, à des femmes issues de la même ethnie qu'eux (64 % des migrants sont originaires du département d'Anosibe-An'ala).

Bien que le pays bezanozano s'étende à quelques kilomètres de là, les femmes de cette ethnie sont peu représentées à Manakana. Peut-être est-ce dû à ces interdits matrimoniaux que mentionnait Poirier (1968). Toujours est-il que la distinction entre ces deux ethnies repose sur une réalité vécue, qui implique une large ségrégation entre deux populations géographiquement proches mais dont les limites territoriales sont clairement établies et parfaitement respectées.

Le mariage chez les Betsimisaraka est une institution qui vise à faire naître des liens entre deux familles. Il ne s'agit pas ici de l'acte d'état civil mentionné dans la loi du 9 octobre 1961, qui constitue l'exception. Les dispositions coutumières prévalent en effet : la cérémonie consiste essentiellement à convoquer les deux familles intéressées dans le village d'origine de la jeune fille,

23. Dans certains cas, ce sont des hommes venus d'ailleurs qui se sont installés chez leur femme native de Manakana. Mais cette situation est rare et critiquée par les autres villageois.

puis dans celui du jeune homme. La plupart des discussions ne font même pas intervenir les futurs époux, elles visent à établir les origines, les interdits, l'identité de chacune des deux familles. L'union n'est officialisée qu'à partir du moment où les communautés familiales acceptent de se reconnaître mutuellement. Elle est matérialisée par le payement d'une dot, de 50 000 francs malgaches environ ou de leur équivalent en nature, que les parents du jeune homme versent aux parents de la jeune fille. Cette reconnaissance est importante, dans la mesure où la jeune fille va travailler avec son mari durant toute la durée de l'union conjugale, qu'elle lui donnera des enfants, mais qu'elle retournera se faire enterrer dans le tombeau de son père.

La norme privilégie donc la vie en couple mais on rencontre pourtant des femmes seules (jamais des hommes). Il s'agit alors de veuves ou de femmes qui ont quitté leur conjoint et ont anticipé leur retour sur le terroir d'origine. De nombreux couples ont plus de dix ans de vie commune et les remariages ne sont pas fréquents, mais il n'est pas rare que des jeunes filles donnent naissance à des enfants de père inconnu. L'enfant est alors entièrement intégré au groupe familial de sa mère. Il est même courant que, si sa mère se marie, il soit élevé par ses grands-parents, voire adopté par un membre de la famille pourvu d'une maigre descendance.

Les seuls véritables migrants de Manakana sont un couple de Merina dont le chef de famille — famille très restreinte car dépourvue d'enfants — avait conclu un pacte de sang[24] avec un membre originaire du village. Ils sont arrivés voilà maintenant deux ans et se sont insérés dans les activités villageoises aux côtés de leur frère de sang. Le mari fait du commerce entre l'Imerina et Manakana, et la femme se consacre aux activités agricoles sur des terres prêtées par le frère de sang de son mari. Ils ont dû, pour être acceptés, se faire recenser sur le cahier des étrangers *(kahie mbahiny)* où ils ont inscrit leurs motivations, leurs origines... Ils ont dû respecter une période probatoire de trois mois, au terme de laquelle les communautés rurales ont émis, lors d'une cérémonie, un avis favorable à leur établissement. Au cours de cette cérémonie, les dispositions coutumières de Manakana leur ont été rappelées ainsi que les règles de conduite essentielles sur le terroir. Le pacte de sang n'est donc pas, malgré son importance et le respect que ce lien induit, une condition résolutoire à l'établissement de personnes étrangères au village. L'approbation réfléchie de l'ensemble de la communauté villageoise s'avère nécessaire.

Ces dispositions coutumières prévalent et, à l'échelon administratif, on se contente d'enregistrer les migrants dans le hameau sans exiger le document, pourtant indispensable dans la procédure légale, qui certifie que les intéressés ont quitté leur village d'origine.

24. Le pacte de sang est une pratique courante chez les migrants. Il s'agit d'établir une parenté artificielle obligeant à des attitudes conciliantes et à l'engagement à ne pas s'entre-nuire. S'il n'était pas respecté dans ce cas précis, une dizaine au moins des membres de la famille du fautif trouveraient la mort.

Le village de Manakana, relativement isolé, fonde donc aujourd'hui son organisation sociale sur une assise exclusivement familiale — en 1993, 99,73 % des résidents étaient liés par des liens de parenté —, car même une communauté d'intérêts constituée grâce à un pacte de sang s'inscrit comme un sous-ensemble dans une communauté de vie régie par les règles de la parenté. Même les fonctionnaires en poste à Manakana sont des autochtones. C'est le cas de l'instituteur, qui a finalement remplacé une Merina il y a deux ans, c'est également le cas de la sage-femme en poste depuis que, sous la IIe République, la maternité a été construite.

Autorités coutumières et régulation sociale

Sigrid Aubert

L'histoire et la structure de la population telle qu'elle se présente aujourd'hui ne laissent pas immédiatement apparaître les mécanismes qui contribuent ou non à l'instauration d'une forte cohésion sociale. Le rôle des autorités coutumières et leur capacité à organiser rationnellement la population contribuent à l'édification d'un certain équilibre, qui favorise l'apparition de modes spécifiques d'appropriation de l'espace.

L'évolution de la coutume en pays bezanozano

Les Bezanozano n'ont jamais été soumis à une autorité centrale. Lors de la période précoloniale, les groupements villageois s'alliaient ou s'affrontaient au gré des événements sans que ces rapports puissent s'inscrire sur une longue durée. Les fouilles archéologiques entreprises sur certains des sites « à fossés » qui existent dans la région témoignent de l'emplacement des villages anciens. Ils rassemblaient une quarantaine de maisons et étaient entourés d'un réseau de fossés qui assuraient leur sécurité. Les Bezanozano vivaient au sein de sociétés organisées, divisées en castes strictement endogames : la communauté zafindremoinizato, par exemple, se composait de deux castes, les nobles, dont les cases étaient à l'est, et les serviteurs, à l'ouest (POIRIER, 1968). Aujourd'hui, cette réalité sociale n'est plus observable. Les anciens villages, sous l'influence de la traite, des guerres et des répressions, se sont dissous, et la population s'est dispersée en hameaux. Par ailleurs, du fait que les structures sociales reposaient davantage sur des symboles que sur des officiants, la fédération des âmes semble de nos jours prendre l'apparence d'une coquille vide.

Le relâchement du tissu social

L'ethnie bezanozano se subdivise en une multitude de groupes, dont les origines ne sont pas claires : seule la référence à un ancêtre éponyme paraît tangible. Bien que l'histoire et la structure de la population soient relativement imbriquées, l'intérêt porté à la coutume semble subir, dans la région de Tsaramiafara et dans la vallée de Beparasy-Andapa, quelques modulations, qui trouvent certainement leur origine dans l'enclavement. Le marquage coutumier de l'espace entre, cependant, en désuétude. Quel sens revêt alors la persistance de la référence à l'ancêtre éponyme qui, à l'origine, est étroitement liée aux symboles inscrits dans le paysage, et quelle est la finalité de cette référence ?

A Madagascar, pour connaître l'origine de son interlocuteur, on pose deux questions : quel est ton groupe d'appartenance et d'où viens-tu ? *(Foko inona ianao ? Avy aiza ?)*. La première renvoie à l'appartenance ethnique et la seconde, à une subdivision ethnique. Cela revient à dire qu'en malgache, il n'existe pas de termes précis pour chaque subdivision du système de classification généralement utilisé par les ethnologues. *Foko* est avant tout un terme qui exprime un regroupement d'individus et, par extension et en fonction du contexte, il peut se traduire par ethnie, tribu, clan, descendance ou assemblée territoriale. La question « d'où viens-tu ? » fait quant à elle implicitement référence à l'histoire, dans la mesure où la réponse sera formulée dans des termes issus de la dynamique de conquête de l'espace mise en œuvre par le groupement précédemment identifié.

Le brassage de populations d'origine et de tradition diverses, les changements fréquents de sites d'implantation des villages et, finalement, le recul des frontières de leur pays n'ont pas autorisé les Bezanozano à asseoir les subdivisions ethniques sur une construction spatiale déterminée, comme c'est le cas en Imerina ou en pays Sakalava, où les subdivisions ethniques sont associées à des régions précisément délimitées. La réponse à la question « d'où viens-tu ? » consiste à énoncer le nom de son village d'origine. Or cette information ne peut être directement exploitée : les subdivisions ethniques n'apparaissent qu'à la suite d'une discussion plus poussée.

Pour le sud de l'Ankay, la distinction entre Sahanala et Tanabolo fait référence aux cours d'eau qui traversent les régions présumées d'implantation[25]. Les

25. Sahanala se compose du terme *saha,* la rivière, et *ala,* la forêt. Cette dénomination, employée par l'ensemble des Bezanozano pour désigner ceux du sud, tient peut-être à la différenciation du paysage, le sud de l'Ankay étant plus boisé que le nord. Le terme Tanabolo désigne les personnes qui habitent à proximité de la rivière Manambolo, dans le nord.

Sihanaka appellent pour leur part les Bezanozano des Ranomianatsimovody, c'est-à-dire l'eau qui descend vers le sud, ce qui renvoie à la ligne de partage des eaux et plus particulièrement au Mangoro et à ses affluents. Le rôle central du réseau hydrographique dans le processus identitaire reste une énigme, mais il semble corroboré par l'emplacement des anciens sites à fossés (POIRIER, 1960), qui, dans tout le sud de l'Ankay, se dressaient de part et d'autre et à proximité des cours d'eau (Mangoro, Saha...) entre la forêt de l'Angavo et la falaise betsimisaraka. Est-il lié au contrôle de la traversée des fleuves ou des rivières lors du trafic de traite entre les hautes terres et la côte ? Est-ce dû à la maîtrise de l'eau qui permettait aux hommes de s'adonner à la riziculture et au bétail de s'abreuver ? Ces distinctions n'ont pas résisté à l'épreuve du temps : si aujourd'hui certains Bezanozano du sud se disent encore Sahanala, le terme de Tanabolo n'est presque plus employé.

Cependant, tant dans la région de Tsaramiafara que dans la vallée de Beparasy-Andapa, une certaine réalité sociale se rattache à la fréquentation des lieux de culte. Rabenalana et Ranantsana, enterrés vivants sur leurs sommets respectifs, fédèrent encore aujourd'hui une large population. Les cérémonies commémoratives commanditées et régies par le devin guérisseur *(ombiasy)*, gardien des lieux de culte, réunissent les résidents d'un périmètre d'une vingtaine de kilomètres autour du mont Vohimena (qui recouvre les villages ou hameaux de Tsaramiafara, Miarinarivo, Ambodipaiso, Tanambao, Tsarafasina, Ampasika, Ankazotokana, Ambodinifody, Ambohibary, Antanimaritra, Ankarefo, Fiadanana, Antanjona et Anjomakely) et d'Ampoafina (tous les habitants de la vallée de Beparasy-Andapa).

Pourtant, dans chacune des deux régions, les soldats qui investirent le pays après les événements de 1947 exercèrent une pression considérable sur la population. Les attaques se focalisèrent surtout sur les devins guérisseurs — initiateurs de rituels divinatoires ou liés aux cultes des ancêtres et autres relations avec le monde invisible —, qui étaient suspectés d'avoir entretenu l'ardeur des rebelles en distribuant des amulettes censées rendre leurs détenteurs imperméables aux balles des fusils. Enchaînés, ils furent traînés de village en village, et cela afin de les démystifier aux yeux de la population et de faire valoir la supériorité des représentants de l'administration coloniale. A la suite de ces événements, le nombre de devins guérisseurs diminua considérablement et leur prestige fut profondément entamé : dans certains endroits, par exemple, les villageois bezanozano qui, sous l'influence merina, élevaient des porcs depuis les années 30 commencèrent à en manger, bien que cela soit prohibé par les devins guérisseurs. Les devins guérisseurs remplissent aujourd'hui leur fonction dans l'ombre et n'ordonnent que très occasionnellement des cérémonies rituelles. Ils n'ont plus été en mesure d'initier les autorités coutumières *(mpifehy)*, et la relève de chefs capables de fédérer la population éparpillée n'a pas été assurée. Les Bezanozano, livrés à eux-mêmes, se sont une fois de plus repliés en petits noyaux familiaux et ont établi, dans la mesure du possible, leur lieu de résidence à proximité de leurs rizières. Le culte dédié aux deux ancêtres enterrés vivants est aujourd'hui l'unique expression de l'unité des imposants groupements villageois de jadis et elle ne se conçoit plus que dans la mesure où la croyance en la protection de ces chefs, qui ont su résister à leur envahisseur, est encore vivace. Si autrefois les généalogies permettaient d'établir certaines filiations qui influençaient les mariages, celles-ci n'interviennent plus de nos jours. Bien que certains noms issus de subdivisions de groupes lignagers plus larges soient encore avancés (c'est le cas de Zafindrenonizato et de Zafindravolólona dans la région de Tsaramiafara), chacun se limite à la connaissance de sa propre généalogie et, bien souvent, on ne peut remonter au-delà de la quatrième génération. Lors des rites commémoratifs des chefs enterrés vivants, c'est l'ensemble de la population résidant dans le périmètre d'influence qui est sollicitée. Une contribution est demandée à chaque participant et le seul versement de la somme requise conditionne l'intégration dans la communauté de référence[26].

Le terme de terroir est ici utilisé dans le sens d'un espace que, selon la coutume, les agriculteurs d'un groupe identifié reconnaissent comme étant à leur disposition. Aujourd'hui, l'identification des groupes lignagers *(foko)* passe habituellement par l'identification d'espaces *(tarika),* où se concentrent les habitations des familles restreintes se reconnaissant un ancêtre éponyme commun. Cet espace couvre parfois plusieurs hameaux, comme c'est le cas pour la vallée de Beparasy-Andapa (figure 17).

Cette spatialisation ne peut cependant être assimilée à une juxtaposition de territoires car les étendues de terre qui entourent les hameaux ne dépendent pas d'une autorité particulière. Le mode d'héritage en pays bezanozano peut expliquer cette situation.

Les dispositions testamentaires, quand elles existent, peuvent être écrites ou orales, dans le cas contraire, l'héritage est directement géré par les descendants. L'héritage concerne l'ensemble des biens du père et l'ensemble des biens de la mère. A ce titre, il comprend non seulement les biens légués au moment du décès, mais aussi les dons d'avance que l'on a coutume de faire aux enfants en âge de se marier. Les biens ainsi distribués du vivant des ascendants ne verront pas leur affectation remise en question, mais ils seront pris en compte lors de la répartition des biens restants.

Le système de succession des Bezanozano est très égalitaire. Il existe quelques variantes concernant la répartition des biens lors de l'héritage, mais le principe reste : les enfants reçoivent chacun une part des biens de leur père et une part des biens de leur mère (tableau 8).

26. Celle du périmètre d'influence du Vohimena est appelée Sahamarirana, un nom lui aussi lié au réseau hydrographique puisqu'il existe à proximité une rivière du même nom.

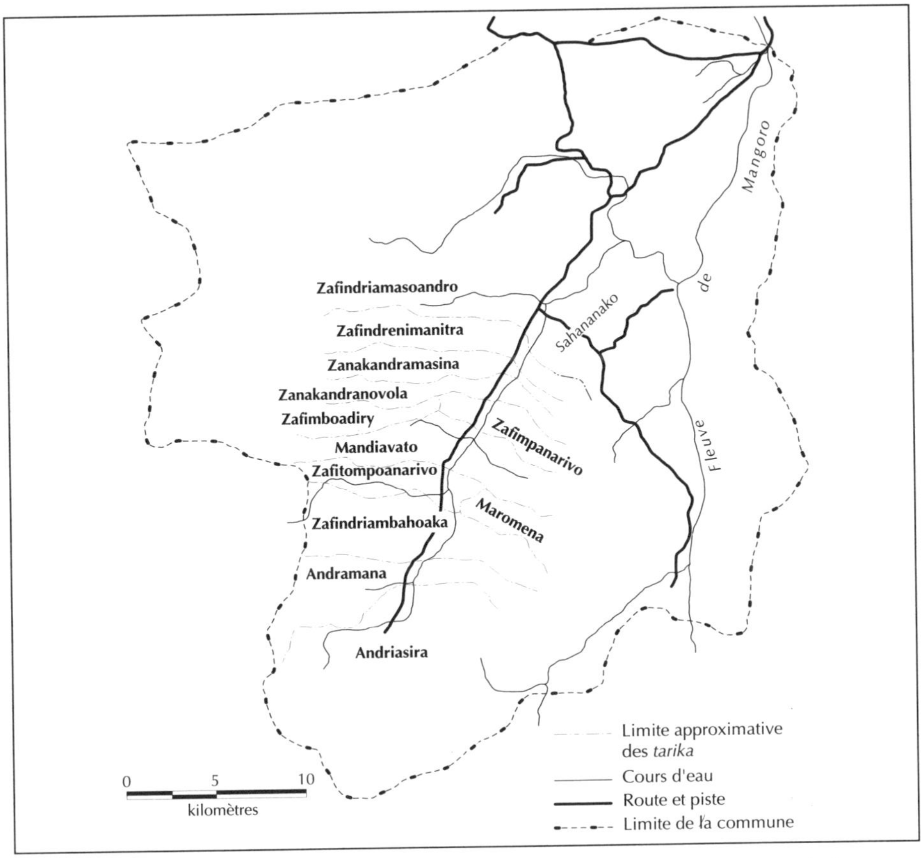

Figure 17. Répartition approximative des tarika *de la vallée de Beparasy, en 1996.*

L'appropriation individualisée de l'espace découlant de ce mode de succession a deux conséquences. D'une part, elle entraîne une réelle dispersion des terres dans les vallées. Il arrive en effet fréquemment que, dans cette société essentiellement virilocale, les parcelles de la mère, si toutefois elle en possède, se trouvent dans un village assez éloigné de celui du ménage. Les agriculteurs tiennent compte de cette réalité lorsqu'ils décident de se marier et revendiquent une stratégie matrimoniale visant au regroupement des terres. A Tsaramiafara, par exemple, sur 24 ménages, 17 des épouses ont leur village d'origine à moins de 50 kilomètres. D'autre part, les modes de succession en vigueur provoquent, du fait de l'accroissement de la population et de la limitation des terres arables, une atomisation des parcelles, qui s'inscrit dans un véritable processus de paupérisation. Les terres issues de l'héritage sont rarement suffisantes pour subvenir aux besoins des ménages, et lorsque survient une dépense imprévue les paysans n'ont pas le choix : ils doivent se séparer de leurs biens fonciers.

Tableau 8. Variantes concernant l'héritage en pays bezanozano.

	Division des biens à parts égales entre hommes et femmes	Division des biens à coefficient modéré	Division de la propriété entre les hommes et usufruit pour les femmes
Rizières (vaste surface)	Partage des surfaces entre hommes et femmes	Partage des surfaces avec part plus importante pour l'homme aîné	Partage des surfaces entre les hommes Usufruit pour les femmes qui habitent le village
Rizières (surface étroite)	Héritage rotatif entre hommes et femmes	Héritage rotatif entre hommes et femmes	Héritage rotatif entre hommes et femmes qui habitent le village
Plantations	Partage des pieds entre hommes et femmes	Partage des pieds entre hommes et femmes avec part plus importante pour l'aîné	Partage des pieds entre les hommes Les femmes peuvent cueillir pour leur propre consommation
Zébus	Partage à parts égales en fonction des attributs	Partage entre hommes	Partage entre hommes
Maison et verger sur terrain attenant	Partage à parts égales en fonction des attributs	Partage entre résidents	Partage entre hommes Usufruit pour les femmes qui habitent le village
Matériel agricole	Partage à parts égales en fonction des attributs	Partage entre hommes ou attribution à l'aîné	Partage entre hommes
Ustensiles domestiques	Partage à parts égales en fonction des attributs	Partage entre femmes	Partage entre ménages résidents

Le *vady karama*

Pour prendre une femme en mariage, les parents de l'homme doivent verser une dot aux parents de la future épouse. Le montant est fixé en nature après négociation, mais tous les biens issus de cette transaction resteront dans le patrimoine des parents de la femme. Celle-ci n'emportera rien avec elle lorsqu'elle partira s'installer auprès de son mari. Même en cas de séparation, l'homme ne pourra demander la restitution de la dot. De plus, si l'épouse décide de retourner vivre chez ses parents, elle prendra avec elle non seulement les enfants, mais également la moitié des avoirs que le ménage aura accumulés lors de sa vie commune. Ces pratiques se traduisent par un terme tout à fait explicite : *vady karama,* c'est-à-dire le mariage comme salaire. Les femmes tiennent donc un rôle important dans la société bezanozano. Elles sont écoutées et respectées, car les ménages monoparentaux sont relativement nombreux. Il devient par conséquent délicat de priver les filles de leur part d'héritage. (SR)

Ces phénomènes sont amplifiés par la division des biens à parts égales entre hommes et femmes *(zazalava)* et par la division des biens à coefficient modéré, pratiques mises en œuvre par la majorité de la population. En effet, lorsque les héritiers lèguent à leur tour leurs biens à leurs descendants, l'atomisation des parcelles et leur dispersion s'accentuent encore. Le mode de succession visant à léguer la propriété aux hommes et l'usufruit aux femmes s'impose alors comme un palliatif car il permet de limiter ces phénomènes, à partir du moment où les enfants issus des femmes ne sont plus concernés par l'héritage légué à leur mère par leurs grands-parents maternels.

Il résulte de ce système qu'il est difficile de cerner le terroir des villages ou des groupes lignagers : la population n'est pas immédiatement en mesure d'en formuler les limites car elle se réfère aux possessions individuelles de parcelles mises en culture ou en jachère, et ces dernières ne constituent pas un bloc homogène. Cependant, il est possible, parce que l'installation a, à l'origine, été dictée par la proximité des rizières de l'ancêtre éponyme et du fait de la stratégie matrimoniale visant au regroupement des terres, d'identifier un espace dont les terres appartiennent en majorité aux habitants du ou des hameaux inclus dans la zone. Il faut souligner que les revendications des paysans ne portent pas uniquement sur les terres défrichées, mais aussi sur des espaces de forêt, qui ont servi de refuge séculaire et sont utilisés, ou l'ont été, pour faire paître les bœufs. En effet, si dans la région de Tsaramiafara les bœufs sont maintenant parqués dans des enclos à proximité des habitations, il fut un temps où on les envoyait au pâturage dans la forêt. Cette pratique est encore fréquente dans la vallée de Beparasy-Andapa, où les bœufs ne sont ramenés au village que lors de la mise en culture des rizières. Les pâturages de forêt sont alors précisément délimités, le plus souvent par des crêtes ou des cours d'eau, mais ils n'échappent pas à cette tendance à l'atomisation. Cela ne tient pas cette fois aux modes de succession, puisque les aires de pâturage des bœufs *(kijana)* sont *a priori* ouvertes à l'ensemble des membres du groupe lignager, mais aux différends qui peuvent survenir entre les membres d'un même noyau familial, qui choisissent d'opter pour une plus grande autonomie.

Certaines coutumes des groupements villageois précoloniaux se sont perpétuées jusqu'à nos jours au sein des groupes lignagers. Mais elles semblent avoir été, au cours du temps, affectées par les contraintes de la nouvelle configuration sociale et les impératifs économiques. C'est le cas de l'érection des pierres sacrées *(tsangambato)* et des pieux de cérémonie *(jiro),* ainsi que des autres coutumes liées aux pratiques agricoles ou au culte des ancêtres. La présence, dans le pays bezanozano, de nombreuses pierres levées s'inscrit dans une dynamique ancienne d'anthropisation de l'espace. Cette tradition semble sur le déclin.

On rencontre deux types de pierres levées. Certaines sont hautes de plus d'un mètre. Leur lieu d'érection, leur orientation et leur forme ne sont, semble-t-il, pas dus au hasard mais fournissaient à l'initié de multiples informations sur la surface de l'espace occupé et sur le défunt dont elles étaient censées retenir l'âme. Il semble même que certaines grandes pierres sacrées fassent référence à un ancêtre qui n'a pas lui-même migré sur la terre occupée par ses descendants. La pierre aurait par conséquent permis aux descendants d'indiquer aux mânes de cet ancêtre l'emplacement de leur nouveau lieu de résidence et de l'y retenir afin de bénéficier de sa protection. Mais aujourd'hui, la population a oublié ce langage. On sait que ces pierres peuvent favoriser la communion avec un ancêtre très éloigné. Il arrive, comme à Beparasy, que certains rites soient effectués à leur pied. Ces rites impliquent généralement des migrants — qui peuvent être installés depuis des générations dans la région mais n'y ont pas leur tombeau — qui pressentent une malédiction et qui, pour la contrer, demandent au représentant des premiers occupants des lieux *(tompontany)* d'intercéder en leur faveur auprès des ancêtres. D'autres pierres levées sont petites, érigées en groupes restreints à proximité des chemins fréquentés et des centres d'habitation par rangées de dix parfois doublées ou triplées. Les Bezanozano y ont recours lorsqu'il s'agit de solliciter l'intervention des ancêtres ou tout simplement de les honorer. Dans l'intimité, les habitants de la vallée de Beparasy-Andapa y déposent des offrandes et font des vœux en nouant autour de chacune des pierres des bandelettes d'étoffe. Mais, s'il arrive de rencontrer, dans la vallée de Beparasy-Andapa, des pierres ainsi parées, les pierres levées sont laissées à l'abandon aux alentours de Tsaramiafara et depuis longtemps plus personne n'en a érigé.

Si les pierres levées renvoient chacune à une âme, c'est autour d'un autre symbole que les groupes lignagers et leur cohésion sont célébrés. Il s'agit des pieux de cérémonie, qui se présentent sous la forme de pieux plantés dans le sol ou de petits espaces clôturés. Il en existe deux sortes en pays bezanozano : certains prennent place sur les lieux de culte, et c'est à l'occasion des cérémonies de commémoration que des offrandes leur sont faites, d'autres sont installés directement au sein du village. Il existait, dans la vallée de Beparasy-Andapa, une cérémonie destinée à remercier les ancêtres d'avoir exaucé un vœu, qui était célébrée par le sacrifice d'un bœuf sur le pieu de cérémonies. Mais aucune manifestation récente de ce type n'a été signalée. La plupart du temps, lorsqu'on rencontre des pieux de cérémonie (ce qui n'est pas le cas à Tsaramiafara), ils sont laissés à l'abandon et ne font l'objet d'aucun entretien.

Les pierres levées et les pieux de cérémonie semblent donc, plus encore dans la région de Tsaramiafara que dans la vallée de Beparasy-Andapa, ne faire l'objet de rituel que très occasionnellement. Les noms des ancêtres qui devraient trouver là un point d'ancrage ont été oubliés et ces symboles se présentent le plus souvent comme les témoins d'un passé révolu.

Parallèlement, beaucoup de coutumes disparaissent, même si les plus âgés en conservent la mémoire. Certaines cérémonies de prémices des récoltes, décrites dans les années 60 comme mobilisatrices d'une large population, ne concernent plus que la famille nucléaire et se déroulent dans l'intimité des foyers. Les jeunes n'y trouvent plus d'intérêt et ne semblent pas motivés pour prendre la relève de leurs parents. L'influence du monde invisible semble décroître et la population se préoccupe davantage des réalités quotidiennes des vivants.

Lors de la répression de la rébellion de 1947, les soldats qui investirent le pays justifièrent leur action par des considérations économiques : la population devait cesser de dilapider ses biens à l'occasion des multiples rituels qu'elle pratiquait encore fréquemment à cette époque. Cette idée a trouvé un certain écho du fait de la raréfaction des zébus. Depuis la révolte des *maromainty,* il n'y avait en effet plus de nouveaux afflux de bœufs dans la région, et certaines épidémies avaient déjà bien entamé le cheptel. D'autre part, les pâturages tendaient à se raréfier car les surfaces cultivées s'étendaient et la méthode qui consistait à brûler les plaines pour favoriser la repousse d'herbes plus tendres rendait le sol stérile. S'il était possible jadis de tuer un zébu à chaque passage devant un tombeau, il est peu à peu devenu difficile de satisfaire à ces exigences des devins guérisseurs. Aujourd'hui, les têtes de bétail se font moins nombreuses et rares sont les individus qui possèdent un troupeau de plus de dix têtes. Les zébus sont avant tout des objets de prestige et des outils de travail. Les sacrifier est un luxe auquel même les plus riches rechignent à s'adonner. Les coutumes qui imposent le sacrifice d'un bœuf sont par conséquent délaissées et les grands festins qui mobilisent une large assemblée se font rares.

Cette réalité économique et la désuétude où sont tombés les symboles liés au marquage de l'espace ont provoqué le désintérêt des Bezanozano pour les traditionnelles cérémonies de « retournement des morts » *(famadihana),* qui honorent les ancêtres et sont censées rassembler une grande famille, dont les liens tendent aujourd'hui à se relâcher. On constate également que de plus en plus de Bezanozano souhaitent se faire édifier leur propre tombeau : cette pratique affirme leur autonomie par rapport au reste de la famille et s'impose comme une manière ostentatoire d'exprimer leur réussite matérielle.

Le souvenir des relations entre les groupes lignagers et de leurs subdivisions s'est donc peu à peu effacé. La réalité sociale de ces anciennes distinctions ne se retrouve plus, en ce qui concerne la répartition spatiale, qu'à l'occasion de rituels fédérateurs commandés par les gardiens des lieux de culte. Aujourd'hui, les Bezanozano se regroupent au sein de *tarika,* mais même cette dernière subdivision de l'ethnie tend, du fait de la perte de signification des rites cérémoniels, à s'effacer au profit de la seule cellule familiale. Les symboles qui marquent l'espace sont tombés dans l'oubli, la cohésion sociale au sein des subdivisions ethniques a disparu. Il existe cependant encore des autorités coutumières en pays bezanozano. Quelles sont donc aujourd'hui leurs fonctions ?

Le rôle de l'autorité coutumière

Aujourd'hui, le rôle conféré aux autorités coutumières est le reflet de la capacité de la coutume[27] à s'adapter aux réalités économiques et sociales.

27. Si la tradition fait davantage référence à la transmission et au maintien d'une certaine doctrine, la coutume, plus souple, renvoie aux pratiques et aux usages qui se sont perpétués et qui sont, à un moment précis, adoptés par une population donnée.

Les rapports avec les astrologues *(mpanandro)* et les devins guérisseurs sont plutôt d'ordre économique que politique. Ce sont des spécialistes auxquels on fait appel pour répondre à des situations précises. Ils se sont constitué une clientèle hétérogène habitant des villages parfois éloignés. Bien qu'ils soient influents auprès de certains individus et que leur rôle soit essentiel dans certaines situations, ils ne peuvent être considérés, en pays bezanozano, comme de véritables autorités car ils agissent contre rémunération dans l'intérêt d'un client et de manière ponctuelle.

Les astrologues sont consultés lors de la construction et de l'ouverture des tombeaux, lors des rares érections de pierres sacrées et au moment du choix de l'orientation des nouvelles maisons. Ils exercent leur don sans pour autant en faire une profession à part entière, les personnes qui sollicitent leurs services ne leur offrent que l'indemnité de leur choix et les font venir parfois de très loin car ils sont peu nombreux dans la région.

Quant aux devins guérisseurs, outre leur rôle de gardien du culte, ils sont parfois appelés pour intervenir auprès d'un esprit (*vazimba,* qui désigne à la fois les ancêtres lointains et les esprits de la forêt) encombrant ou pour distribuer des remèdes *(ody).* Mais les esprits ne se manifestent que rarement dans la région. A Tsaramiafara par exemple, cela fait plus de trente ans que le devin guérisseur n'a pas été sollicité pour traiter ce genre de cas. Quant aux remèdes, ils tendent à être remplacés par les médicaments manufacturés, lorsqu'ils sont accessibles.

Les *tangalamena,* en revanche, sont présents dans toutes les concentrations bezanozano. Dans chaque hameau et dans chaque village, il existe un ou plusieurs hommes âgés qui portent ce titre. Il faut cependant distinguer les *tangalamena* de famille et les *tangalamena* de village.

Le *tangalamena* de famille est généralement le représentant des premiers occupants des lieux, le plus âgé de la branche masculine du groupe lignager. L'homme désigné ne peut refuser cette charge sanctionnant son grand âge, qui est considérée comme un devoir qu'il doit exercer jusqu'à sa mort. Son rôle est de veiller aux intérêts familiaux. C'est en ce sens que l'on s'adresse à lui en cas de conflit familial interne — lors d'une succession, par exemple — ou lorsque de nouveaux individus sont introduits — lors d'un mariage.

Les conflits fonciers sont fréquents. D'une part, parce que les droits de succession ne s'éteignent ni avec le temps, ni avec la distance : un héritier pourra toujours revendiquer les biens légués après quelques années d'absence, même si sa résidence principale est éloignée. D'autre part, parce que les transactions foncières ne sont enregistrées par aucune autorité administrative et ne sont pas toujours écrites. L'intervention du *tangalamena* est alors sollicitée puisque, de par ses fonctions, il est en quelque sorte la mémoire du groupe. Les généalogies rapprochées sont mises en avant, mais du fait des multiples options relatives à la répartition des biens de l'héritage, les pourparlers peuvent durer plusieurs mois jusqu'à ce que les parties trouvent un terrain d'entente. Lorsque les conflits font intervenir des individus de plusieurs groupes lignagers, une autre autorité intervient. Il s'agit du *tangalamena* de village.

A la fin du XVIIIe siècle, MAYEUR (1785) indique que « les villages sont gouvernés par les plus anciens chefs de famille, d'un commun accord, sans primauté, sans préférence ; que, lorsqu'il y a guerre ou affaires de police intérieure à régler, tous les habitants du lieu s'assemblent à la publication ou par criée, ou par le son du tambour, que les délibérations sont prises publiquement, les décisions portées sur l'avis du plus grand nombre et, dans les affaires contentieuses, la justice rendue par les mêmes procédés, sans que le condamné puisse revenir sur ce qui a été prononcé contre lui ».

Avec la disparition des villages[28] et le discrédit des anciens chefs fédérateurs, les *tangalamena* de famille devinrent les seuls représentants de l'autorité coutumière. Du fait de leur dispersion dans une multitude de petits hameaux, il devint rapidement nécessaire de désigner des *tangalamena* fédérateurs pour représenter une partie de la population qui dépassait le simple noyau familial. Cette nouvelle forme d'autorité a alors choisi de s'établir sur une légitimité mixte.

Aujourd'hui, il semble que le conseil de sages décrit par MAYEUR (1785) se soit effacé puisqu'on désigne actuellement des *tangalamena* de village qui président les débats et tranchent en dernier ressort en cas de conflit ou de pourparlers dépassant le cadre des hameaux. Il est vrai qu'à Andapa on a évoqué l'élection du *tangalamena* de village (qui n'est pas nécessairement issu de la branche masculine d'une famille de premiers occupants des lieux) par les *tangalamena* de famille réunis en collège. A Tsaramiafara, en revanche, le *tangalamena* de village est le *tangalamena* de la famille la plus nombreuse et la plus puissante ; il a été désigné directement par la communauté villageoise. Dans le cadre de l'exercice de leurs fonctions — qu'ils accomplissent à titre gratuit sans qu'aucune indemnité ou rémunération ne leur soit théoriquement versée — et en cas de différends entre membres de hameaux distincts, les *tangalamena* de village sont parfois amenés à se déplacer jusqu'au chef-lieu de la commune.

Le *tangalamena* de village, s'il n'est pas invité à toutes les manifestations familiales de sa circonscription, reste en étroite relation avec les *tangalamena* de famille. Sa parole prendra valeur de témoignage et, au moins dans la commune, sera considérée en premier lieu si aucun acte écrit ne peut attester les faits avancés. Par ailleurs, les représentants officiels de l'administration ont validé cette autorité et consultent aujourd'hui encore les *tangalamena* de village avant d'engager une quelconque intervention auprès de la population.

---

28. Il s'agit ici des villages dans lesquels les Bezanozano se concentraient avant qu'ils ne se répartissent en hameaux, et non des villages centres administratifs, de création récente et sans aucun rapport avec ceux d'antan.

L'autorité des *tangalamena* intervient, par conséquent, sur les liens qui s'établissent entre les divers membres d'une même famille, entre deux familles ou entre deux ordres de référence. Ce sont des médiateurs entre les vivants. Leur charisme ne repose donc pas sur la connaissance d'incantations ésotériques, mais sur leur capacité à enregistrer les actes dont ils ont été témoin et sur leur discernement. Mais leur statut, qui repose sur des capacités (et non sur un savoir) qui sont, de plus, censées être indissociables de la maturité acquise au fil des années, souffre d'une certaine faiblesse : les *tangalamena* peuvent être jugés par la population qu'ils représentent, même si ce jugement n'est pas ouvertement exprimé. Les jeunes commencent d'ailleurs à remettre en question le fait que les plus âgés puissent être les plus compétents.

Il n'en reste pas moins que cette autorité coutumière hybride, qui intervient en fonction des divisions administratives, est le fruit d'une adaptation efficace de la coutume aux nouvelles contraintes socio-économiques. Elle symbolise le lien entre les Bezanozano d'hier et ceux d'aujourd'hui, c'est une passerelle entre la coutume et le droit de l'Etat.

Dans ce contexte, on peut s'interroger sur les conditions à remplir pour accéder au *tavy* sur défriche de forêt naturelle.

Tout le monde ne pratique pas ce mode de culture en pays bezanozano. Il n'a pas été possible, par manque d'informations, d'établir le pourcentage de tavistes sur forêt naturelle pour les groupes lignagers de la vallée de Beparasy-Andapa, mais ce pourcentage a pu être fixé à 13 % pour le village de Tsaramiafara[29].

Du fait des longues distances qui séparent les habitations de la forêt, mais aussi de l'investissement physique que ce mode de culture implique, seuls les individus entre 18 et 45 ans défrichent la forêt. En effet, le travail est pénible et exige une bonne condition physique. De plus, les Bezanozano ne séjournent pas sur le *tavy :* même si certains construisent un abri sur leurs champs, qu'ils occupent pendant les périodes de travail intense, ils ne le font que s'ils ont entrepris d'effectuer le travail sans faire appel à des salariés, ce qui est assez rare. La force physique est, cependant, loin de constituer l'unique facteur limitant l'accès aux parcelles à défricher. La mise en culture de la forêt naturelle est aussi contrôlée par la population elle-même.

La forêt naturelle bezanozano est extrêmement réduite. Seuls quelques lambeaux subsistent entre la forêt Betsimisaraka au sud-est et l'avancée du front pionnier merina à l'ouest. La forêt est donc fortement convoitée, non seulement par les tavistes, mais aussi par les détenteurs de pâturages coutumiers dans la vallée de Beparasy-Andapa. On comprend par conséquent que l'accès au défrichement relève d'une certaine assise sociale.

---

29. Bien que 82,97 % des habitants de Tsaramiafara éprouvent des difficultés à atteindre la sécurité alimentaire grâce aux seules terres qu'ils mettent en culture.

A Tsaramiafara, où les bœufs ne sont plus parqués dans la forêt depuis bien longtemps, les habitants voient la forêt essentiellement comme une réserve de *tavy*. A l'approche de leurs 18 ans, les jeunes, lorsqu'ils fondent un foyer, veulent s'émanciper de leur famille. Le *tavy* de forêt naturelle, c'est avant tout la possibilité de constituer un patrimoine foncier, qui pourra faire vivre le ménage dans un futur proche et qui pourra, le cas échéant, être cédé en héritage aux descendants. Une véritable course à l'appropriation foncière est alors engagée. C'est pourquoi nombreux sont les tavistes qui se contentent d'exploiter une fois leur champ, pour ensuite y planter un unique bananier, qui témoignera de l'appropriation du sol. Il n'est pas rare que le taviste décide ensuite de défricher beaucoup plus haut, dans le couloir délimité par son premier champ et étendu jusqu'à la crête de la colline. Dans ce cas, la surface incluse entre les deux parcelles défrichées lui revient automatiquement, et le pan supérieur de la colline lui est réservé. Le premier défricheur devient alors propriétaire coutumier de la parcelle défrichée ou réservée. Mais ensuite peuvent intervenir d'autres acteurs qui se font prêter le terrain pour y faire pousser des cultures annuelles, comme la majorité des fonctionnaires immigrés. Il est à noter que même ces derniers, qui pourtant sont très influents, n'ont pas la possibilité de défricher en première main. Cela tient au fait que presque tous les lambeaux de forêt qui subsistent appartiennent déjà, grâce à ce procédé, à un taviste.

A la lumière de ces pratiques, on comprend l'enjeu de l'accès au foncier et tous les conflits qui peuvent découler, non seulement de l'achat de terres par des étrangers, mais aussi de l'implantation de ménages bénéficiant de l'usufruit ou de la propriété des femmes héritières, lorsque les parcelles concernées se trouvent à proximité de la forêt.

Ces conflits sont quelque peu limités dans la vallée de Beparasy-Andapa, où les *tangalamena* de famille ont connaissance des droits que les détenteurs de pâturages coutumiers font valoir auprès de tous les cultivateurs qui interviennent sur l'espace dévolu au groupe lignager de référence. Mais lorsque, comme c'est le cas dans la région de Tsaramiafara, la forêt n'est plus utilisée pour parquer les bœufs, des pressions apparaissent : il existe alors une forte concurrence entre les héritiers de ceux qui se sont jadis partagé la forêt, et ceux qui ont eu récemment accès, par des transactions contractuelles ou du fait de relations matrimoniales, à des terres limitrophes de la forêt. Parfois, dans la région de Tsaramiafara, un compromis est trouvé lorsque certains, qui ne considèrent le *tavy* que comme une culture de rente, sont davantage intéressés par les terrains relativement accessibles, où le transport à dos d'homme s'effectue sur une courte distance jusqu'à la piste charretable. Mais lorsque aucun compromis ne peut être trouvé, la menace intervient : on n'hésite pas à dénoncer au service des eaux et forêts une personne qui passe outre les conventions sociales et empiète sur une terre qui ne lui est pas réservée. Ce recours à la législation forestière n'est, bien entendu, effective que dans les villages qui se sont établis à proximité de la route, là où la visite du garde forestier reste envisageable[30]. Cette récupération du droit de l'Etat, utilisé comme une mesure coercitive visant au respect de la coutume, est surprenante.

Ainsi l'accès au *tavy* est solidement contrôlé par les autochtones. Chaque chef de famille veille au morceau de forêt qu'il s'est attribué et en interdit la mise en culture à toute personne étrangère. Une bonne assise sociale est donc indispensable à celui qui désire défricher la forêt naturelle. Il doit appartenir à une famille de premiers occupants des lieux ayant un charisme et des pouvoirs reconnus, qui lui permettent d'échapper à la menace de dénonciation. Ceux qui ne répondent pas à ces critères doivent soit s'abstenir, soit ouvrir des *tavy* au-delà des parcelles de forêt déjà revendiquées. Cette situation se rencontre dans la vallée de Beparasy-Andapa, où certains doivent marcher plusieurs heures pour accéder à leur terrain de culture. Mais ces terrains sont eux aussi extrêmement rares, du fait des limitations coutumières des ethnies limitrophes.

Cette course à l'appropriation foncière est certainement intervenue pour une grande part dans le phénomène de déforestation. Mais aujourd'hui, la situation tend à se stabiliser, non pas du fait que l'on ne brûle plus la forêt, mais plutôt parce que les parcelles de forêt restantes appartiennent déjà, pour la plupart, à quelqu'un. Toute intervention sur la forêt ne peut donc être envisagée que dans la mesure où les pâturages coutumiers et les réserves de *tavy* sont considérés en tant que tels.

Bien que l'on ne puisse parler de territoire bezanozano et malgré l'atomisation et le repliement sur elle-même de cette société, une certaine organisation sociale apparaît. Le pouvoir coutumier n'étant plus en mesure d'asseoir sa légitimité sur une structure sociale coutumière, les individus qui voulaient préserver leurs acquis se sont immiscés dans les rouages de l'administration locale. Cette récupération du pouvoir administratif s'est effectuée soit directement, en remplissant les fonctions de président du comité local de sécurité, de garde mobile et même de garde forestier[31], soit indirectement, en imposant des *tangalamena* élus capables de sauvegarder et même d'accroître la sphère d'influence des *tangalamena* de famille. Cette volonté de sauvegarder au profit du seul noyau familial, voire des seuls individus, les acquis issus de l'organisation coutumière de l'espace semble relativement efficace[32]. Elle a deux conséquences inévitables. D'une part, ceux qui, en cumulant les terres et en concentrant les ressources monétaires, ont acquis le plus d'influence ne voient leurs entreprises contrecarrées par aucun contre-pouvoir, ce qui a pour résultat

30. A Andapa par exemple, personne n'a recours à cette menace de dénonciation, car le garde ne se rend jamais dans cette zone difficilement accessible. En revanche, ceux qui désirent avoir un acte écrit concernant leur possession vont faire enregistrer leur défrichement, et cet acte tient lieu de titre.

31. En 1996, lorsque le garde forestier d'Anjiro a pris sa retraite, et en attendant que son successeur ne se manifeste, le plus grand taviste de Tsaramiafara s'est vu accorder par les autres villageois le droit de le remplacer.

32. Lorsqu'il s'est agit de faire un relevé topographique à Berano, les membres du *tarika* s'y sont fermement opposés.

d'accroître les écarts entre les populations, tant du point de vue de la reconnaissance sociale que de la répartition des richesses. D'autre part, cette tendance à sauvegarder les intérêts individuels au détriment de la cohésion sociale inhibe l'expression de l'identité bezanozano : certains Bezanozano se disent Merina ou Sihanaka. Ces ethnies limitrophes influentes ont en effet acquis un certain prestige et prétendre leur appartenir, du fait d'une ascendance avérée ou supposée, confère une considération qui s'étend au-delà du pays bezanozano. Mais ce phénomène, cumulé à l'avancée de fronts pionniers de migrants venus des hautes terres, peut conduire, à terme, à un nouveau recul des frontières bezanozano. Et il n'est pas certain que la stratégie de conquête de l'espace des Bezanozano puisse, dans ce cas, résister sur le long terme à celle des ethnies limitrophes[33].

La vivacité des pratiques ancestrales à Manakana

Chez les Betsimisaraka de Manakana, le *tavy* est au centre de l'organisation sociale, car, plus qu'une technique agricole, c'est un véritable mode de vie. Les villageois, appuyés par les autorités coutumières, se constituent en une communauté homogène, qui exploite un terroir déterminé selon des paramètres légitimés par un système de références communes.

L'inscription des liens sociaux dans l'espace

Le *tavy* est intimement lié à la domestication de l'espace qui est elle-même, dans ce contexte, indissociable du processus identitaire mis en œuvre. Par conséquent, les habitants des villages alentour considèrent le terroir de Manakana comme un tout, dont ils ne font pas partie. De même les habitants de Manakana, lorsqu'ils désignent, aux frontières de leur terroir, les *tavy* de leurs voisins, parlent des gens d'Andazoana. Des précisions apparaissent cependant lorsqu'ils désignent des parcelles incluses dans leur propre terroir.

A Manakana, la domestication de l'espace ne peut être envisagée sans prendre en considération les éléments du monde invisible : les esprits telluriens et les ancêtres, qui ont précédé les vivants dans l'exercice du travail de la terre.

Même si aujourd'hui les nains *(kalanoro)* et les nymphes *(zazavavindrano)* semblent avoir disparu, les formations naturelles n'en restent pas moins des lieux de prédilection d'entités relevant de l'organisation mystique du monde

33. Déjà, certains commerçants merina (et cela s'est déjà vu pour les maires) ont fait immatriculer des terres. Le droit coutumier n'a alors plus pu être opposé à celui de l'Etat.

invisible (COTTE, 1947 ; ALTHABE, 1982). L'origine des esprits (*jiny, lolo* et *vazimba*) reste confuse pour les villageois, et souvent les termes se substituent les uns aux autres (RAMAMONJISOA, 1985-1986). Globalement cependant, ils sont assimilés aux premiers occupants d'un lieu et le *vazimba* est sans aucun doute le plus terrible d'entre eux, le plus puissant et le plus craint.

Lorsqu'on bouleverse l'ordre établi, en défrichant un terrain par exemple[34], on prend le risque de déclencher le courroux de ces esprits, qui sont assez tolérants tant que l'on ne s'attaque pas directement à leur habitat, généralement des buissons touffus, des amas rocheux, des nœuds de lianes. Si le défricheur ne prête pas attention à cet habitat, il peut provoquer l'irritation des esprits peu enclins à déménager : un accident, une maladie touchant l'ensemble des membres de la famille surviennent, la croissance du riz est perturbée... Il est alors grand temps de faire appel au devin guérisseur[35] (*mpisikidy,* en pays betsimisaraka), le seul homme du village capable d'entrer en communication avec ces esprits telluriens. Il ne s'agit pas de les combattre, mais au contraire de se ménager leur faveur et de les convaincre d'accepter la cohabitation avec les humains. L'arrangement est toujours envisageable. Parfois, le sacrifice d'un zébu est nécessaire, mais le cas reste rare et généralement la seule intervention du devin guérisseur suffit. Les esprits telluriens et les hommes font un pacte. Les paysans seront alors autorisés à cultiver, pour cette fois et dans l'avenir, la parcelle en question. Cet accord ne concerne cependant que les initiateurs du pacte, c'est-à-dire les esprits telluriens qui se sont manifestés et les membres du lignage du défricheur. Fidèles à la famille, ces esprits s'imposeront alors comme les gardiens de la parcelle et la préserveront de toute intrusion étrangère.

Le pacte est suivi de prescriptions[36] faites par le devin guérisseur aux victimes et dont le respect minutieux est indispensable pour pérenniser l'arrangement scellé avec ces hôtes tatillons.

La présence d'esprits telluriens ne s'oppose donc pas à une intervention humaine dans le paysage. Elle pérennise au contraire, grâce à l'intervention du devin guérisseur, l'anthropisation du milieu. Ces entités restent cependant très

34. Lorsqu'on défriche un espace à Manakana, c'est toujours pour cultiver du riz pluvial. Sa culture est une condition nécessaire à l'humanisation de l'espace, et jusqu'à présent personne ne s'est risqué à planter autre chose sur une terre jamais encore cultivée par l'homme. C'est seulement les années suivantes que l'espace s'ouvre aux autres cultures.

35. Né à Manakana de père inconnu, il a hérité son pouvoir de son grand-père maternel. Il possède une connaissance approfondie des plantes et de leurs vertus et il les utilise fréquemment pour préparer des remèdes. Il exerce également la fonction de circonciseur officiel, c'est-à-dire qu'il est muni d'un certificat de capacité délivré par les instances étatiques. Sa réputation dépasse les frontières du terroir, il lui arrive même d'intervenir chez les Bezanozano voisins.

36. L'éventail des prescriptions est très large : amulettes à disposer sur le lieu de culture ou à porter sur soi, traitement constitué par la prise régulière d'une mixture végétale dont seul le devin guérisseur connaît le secret, sacrifice, comportement à suivre... Dans tous les cas, le cultivateur devra, une fois la récolte effectuée, laisser au milieu du champ du riz nouveau, cuit de différentes manières pour les esprits.

susceptibles, et si elles semblent aujourd'hui de plus en plus conciliantes, il est probable qu'un jour, non satisfaites du comportement des hommes qui commencent à douter de leur existence, elles décident de partir s'installer ailleurs.

Le monde invisible ne comprend pas uniquement les esprits telluriens. Les ancêtres participent également au quotidien des habitants de Manakana et leur tutelle est sollicitée lors de chaque entreprise.

Manakana existe aujourd'hui parce qu'un passeur y avait élu domicile. Il a brûlé l'exubérante végétation qui rendait le lieu difficile d'accès, et le riz de *tavy* qu'il a planté a trouvé là un terrain propice à sa croissance. Le riz de *tavy,* le riz de montagne, le riz qui rend fort occupe une place prépondérante, non seulement il est la base de l'alimentation, mais sa culture modèle le paysage. Détruire la forêt prend à Manakana le sens de rendre « clair » *(mazava),* de permettre la diffusion de la lumière : les collines dénudées qui entourent le village témoignent de l'effort accompli par les ancêtres pour dompter un environnement *a priori* hostile, pour marquer le paysage de l'empreinte humaine. Le contraste entre la parcelle cultivée et l'environnement resté boisé est déjà un élément de civilisation (LE BOURDIEC, 1974).

Il est de coutume à Manakana de dresser une pierre pour ces ancêtres qui ont contribué à façonner le paysage. Ces pierres sont toutes rassemblées en un même endroit, à l'est du village, sous les caféiers qui entourent l'école, alignées d'est en ouest sur plusieurs rangées. C'est là que se formulent les vœux[37] aux ancêtres car les lieux de sépulture sont interdits *(fady),* et les habitants ne s'y rendent que pour y ensevelir un nouveau corps ou, à l'occasion du 1er novembre, pour enlever les mauvaises herbes (FOUCART, 1889)[38]. Depuis Vangy, on élève des pierres et on en compte aujourd'hui plus de 200 de tailles diverses. Chaque individu du village connaît l'emplacement des pierres élevées pour ses ascendants directs, pour ceux avec lesquels la communication peut être établie. En revanche, seul les *tangalamena* sont censés connaître l'ensemble des ancêtres auxquels on a dédié une pierre. Lors des cérémonies, les discours prononcés devant les pierres levées font mention de l'ensemble

37. Il existe deux formes de vœux : le *tsikafara,* dans lequel la demande porte sur une chose ou un événement que l'on désire voir se réaliser ; l'*arianina,* quand un ancêtre se manifeste en rêve pour suggérer une cérémonie en son honneur. Pour effectuer le premier, on entoure les pierres de son lignage de bandelettes de tissu symbolisant le linceul qui habille le défunt. Quant au second, il est souvent l'occasion d'une fête qui réunit tous les habitants du village et même de la région, au cours de laquelle un bœuf est sacrifié.

38. Selon de nombreux auteurs, les Betsimisaraka avaient coutume d'inhumer leurs morts dans des troncs d'arbres : les morts sont déposés dans des abris élevés de deux mètres au-dessus du sol ; ils sont tantôt isolés, tantôt groupés et toujours un peu éloignés des habitations et des sentiers (FOUCART, 1889). Les villageois font remonter très loin leur division en deux groupes possédant chacun un tombeau *(fasana).* Ce serait les enfants de Vangy qui, après une querelle, auraient décidé de se faire enterrer séparément : le sage s'abstient, pour ne pas avoir de problèmes il construit son propre tombeau *(Mandefitra ny hendry mba tsy hisy ny olana ; aleony manao fasana manokana).*

des ancêtres communs, qui forment ainsi le ciment de la communauté quel que soit leur lieu de sépulture.

Les pierres levées symbolisent la présence des défunts dans le monde des vivants. Lorsque les agriculteurs quittent le village pour s'installer sur leur *tavy,* ils dressent au nord-est de leur habitation provisoire une pierre levée qui prend l'apparence d'un pieu planté dans le sol : le *faditra.* C'est à cet endroit que, sur le *tavy,* sont déposées les offrandes aux ancêtres. Lors des grandes occasions, ces offrandes sont constituées de rhum et de miel et, quotidiennement, on prélève sur les repas la part des ancêtres. C'est le chef de famille qui se charge des relations quotidiennes avec les ancêtres. Mais lorsque le riz est prêt à être récolté, l'intervention du *tangalamena* s'avère indispensable car il lui revient de cueillir les premiers épis mûrs de la parcelle qui seront ensuite accrochés aux côtés d'un petit sac d'épis verts, bouillis, pilés et mélangés à du miel *(lango)* dans le coin nord-est de la maison du village.

C'est en effet les *tangalamena* qui sont les médiateurs officiels entre les morts et les vivants. Ils ne sont pas trop de deux pour effectuer toutes les tâches qui leur incombent et une permanence doit être tenue car le village ne peut se passer de leurs services. On fait indifféremment appel à l'un ou à l'autre en fonction de sa disponibilité. Les *tangalamena* en fonction sont relativement jeunes : leurs aînés leur ont cédé leur bâton lorsqu'ils se sont aperçus que leurs vieilles jambes ne pouvaient plus les porter sur les *tavy* pour célébrer les cérémonies des prémices de récolte. Or c'est à cette occasion que l'on remercie les ancêtres d'avoir légué à leurs descendants les moyens de nourrir leur famille.

Les coutumes relatives à la gestion du foncier recouvrent également les relations entre les vivants. D'autres autorités interviennent alors pour organiser une gestion du terroir qui permette à l'ensemble de la population de pratiquer la riziculture itinérante sur brûlis.

Pour des raisons de commodité dans le travail, les habitants de Manakana se sont répartis en six segments de lignage, au sein desquels il est interdit de partager la terre. La division est relativement ancienne puisque le plus vieil homme du village, qui a 86 ans, l'a connue dès son plus jeune âge. Le nombre d'individus qui compose ces six groupes n'est pas homogène, car il reste fonction de leur capacité de reproduction. Mais le nombre d'hommes adultes résidents y varie de 6 à 13.

Chacun de ces six segments de lignage possède son propre ensemble de terres défrichées par des ancêtres rapprochés *(tanindrazana)* où tout membre du groupe peut envisager d'établir son *tavy.* Ainsi donc, si le *tangalamena* invoque, lors de la cérémonie de prémices des récoltes, l'ensemble des ancêtres de la région, réactualisant la communauté formée par le village, le système d'exploitation des sols relève de l'autorité des chefs de famille *(raiamandreny),* qui eux font référence à une communauté d'ancêtres beaucoup plus restreinte. Ces chefs de familles sont les hommes et les femmes qui, sans forcément être très âgés, ont acquis suffisamment d'expérience et d'assurance pour être respectés et écoutés. Ils sont plusieurs à être dotés de ce statut dans le segment de lignage, mais celui que l'on désigne comme le chef de famille est généralement celui qui, au regard de son âge et de sa condition physique, est le plus apte à faire valoir son autorité. Il va donc sans dire qu'il s'agit toujours, dans cette société patrilinéaire, d'un homme. L'autorité que l'on confère à ces chefs de famille correspond essentiellement à un pouvoir de représentation et non à un pouvoir de décision. Leur rôle est de veiller à ce que les membres de leur segment de lignage puissent jouir en exclusivité de la terre de leurs ancêtres et d'assurer le faire-valoir des sols à l'intérieur et à l'extérieur du groupe détenteur.

Les conflits sont rares entre les six familles car, bien que les terres des différents segments de lignage ne constituent pas des blocs homogènes, les limites en sont parfaitement connues par les parties mitoyennes. Il n'existe bien entendu pas de cartes ou de documents écrits y faisant référence, mais il appartient justement à ces chefs de famille de faire vivre les droits de leur segment de lignage. Une fois introduite dans le patrimoine foncier, la terre ne sort plus du domaine du groupe détenteur. Elle est inaliénable aussi longtemps qu'elle reste inscrite dans la mémoire collective. Même si l'on n'a pas retenu le nom de celui qui a défriché le premier, et même si l'on ne se souvient pas exactement de l'année, le seul fait de se remémorer que c'était un ancêtre du segment de lignage a force probatoire.

Une seule fois il est arrivé que l'on désigne une parcelle en jachère en expliquant que l'on avait oublié à qui elle appartenait. Dans ce cas, n'importe qui pouvait à nouveau s'y installer. Mais personne n'avait encore osé, de peur d'offenser les ancêtres ou les esprits telluriens alliés du prédécesseur ou de soulever un conflit. En effet, même si les jeunes ou les nouveaux venus (comme l'instituteur qui a exercé durant vingt-quatre ans en dehors de son village avant d'y être muté) ne connaissent pas toujours exactement l'agencement des terres qui ne font pas partie de leur patrimoine foncier, ils ne prendraient pas l'initiative de s'installer sur une parcelle sans consulter le chef de famille, non pas pour en obtenir une autorisation, mais pour s'assurer de la légitimité de leur acte. Or l'approbation du chef de famille entraîne une responsabilité collective de l'ensemble du groupe (ancêtres compris). Toute erreur serait une source de conflit qui impliquerait presque l'ensemble de la communauté de Manakana, troublant ainsi l'ordre établi et remettant en cause les fondements du système foncier. L'enjeu est trop important pour que les membres des six segments de lignage le prenne à la légère.

Par ailleurs, les droits d'accès exclusifs d'un segment de lignage peuvent être corrigés au regard de l'appréciation du statut d'une personne postulant pour le défrichement d'un espace. Il arrive, par exemple, que pour arranger une femme déjà vieille et lui permettre de faire son *tavy* près du village, une famille dont elle ne fait pas partie lui prête un espace à proximité pour la saison. Il arrive également que l'on refuse l'accès des terres du segment de lignage à certains jeunes en pleine force de l'âge en les envoyant défricher des espaces de forêt naturelle. Ils s'assureront ainsi la reconnaissance des autres membres du groupe car ils auront augmenté les superficies réservées aux membres du segment de lignage.

Cette division en six groupes n'est mise en avant que lorsqu'il est question de la gestion de l'espace foncier. Elle rend viable un mode de culture itinérant, qui impose une exploitation éphémère du sol et une longue jachère. Cette organisation permet aussi une décentralisation qui interdit la constitution d'un groupe privilégié de propriétaires terriens car l'interdiction du partage de la terre s'applique non seulement aux cultures itinérantes sur brûlis, mais aussi à la riziculture inondée[39] et aux plantations : il est interdit de partager les récoltes.

Ces pratiques et ces règles coutumières engendrent un continuum dans le temps et valorisent une identité qui se fonde incontestablement sur la pratique du *tavy*[40]. Le devin guérisseur et le *tangalamena* sont les garants respectifs des bonnes dispositions des esprits telluriens et des ancêtres, et les chefs de familles intercèdent auprès des vivants pour autoriser la pérennisation des modes de culture ancestraux et minimiser les conflits. Leurs actions et leur influence conditionnent l'harmonisation et le respect de la coutume, et contribuent à l'homogénéisation des comportements individuels, suscitant ainsi une meilleure cohésion sociale.

La valorisation individuelle préconisée par le système communautaire

Les habitants de Manakana n'en sont pas pour autant étouffés par la communauté. Le système en vigueur autorise au contraire l'autonomie des ménages et une grande marge de liberté, pourvu qu'on le respecte.

39. Bien que les rizières de Manakana soient peu nombreuses, certaines restent en friche. La plupart du temps, ce sont les aînés qui les mettent en culture, mais n'importe quel membre de son groupe peut en revendiquer l'accès. Dans la pratique, ce genre de demande reste plutôt rare car le travail des rizières n'est pas très apprécié : le calendrier des travaux de la riziculture inondée n'est pas compatible avec celui du *tavy*, les techniques de production et d'irrigation sont mal maîtrisées, et le riz de rizière est nettement moins recherché.

40. Bien entendu, aucune terre n'est immatriculée à Manakana. Dans les années 60, un homme du village qui avait été adjudant dans l'armée a bien essayé de faire valoir ses droits pour obtenir une concession à titre gratuit (il s'agissait d'un tombeau et de quelques terres environnantes), mais la procédure n'a pas abouti et elle n'a pas eu de suites. Quant à la marchandisation de la terre, on ne peut affirmer qu'elle est inexistante, mais elle reste très rare. Seuls deux cas ont été signalés lors de l'étude, tous deux marginaux : une femme, la seule héritière du gouverneur qui avait fait aménager les bas-fonds, a vendu sa résidence au village et la plupart de ses rizières, mais il est vrai qu'elle ne sera pas enterrée sur le terroir ; trois Bezanozano ont acheté des rizières à certaines personnes du village et des environs. Aucun cas n'a été signalé parmi les autres membres du village, ce qui paraît compréhensible à la lumière du droit foncier coutumier.

Pourtant, à Manakana, certains individus se sont personnellement appropriés les terres du segment de lignage. Le cas mérite d'être exposé pour mieux comprendre la dynamique sociale sur laquelle s'appuie la coutume. Il y a trois générations, une femme bezanozano est venue se marier avec un homme de Manakana. Elle avait apporté avec elle un fils né dans son village d'origine. Ce dernier fut adopté par son beau-père, et cela fut heureux car ils n'eurent pas d'autres enfants. Une fois en âge de se marier, le jeune homme choisit une femme de Beparasy (une Bezanozano) comme épouse, et l'amena vivre à Manakana. De cette union, naquirent quatre enfants, une fille et trois fils. La fille s'est mariée avec un homme du village et les fils avec des femmes betsimisaraka. Cependant, chez les Bezanozano, le régime foncier diffère considérablement de celui des Betsimisaraka. Les fils, en accord avec leur père, ont donc revendiqué leurs origines bezanozano afin de pouvoir s'approprier et se partager une partie des terres que leur père avait utilisé au sein du segment de lignage de son propre père adoptif. Aujourd'hui donc, ces trois descendants possèdent en propre un espace qu'ils se réservent et qu'ils gèrent de façon autonome. Cela leur vaut une certaine rancune de la part des autres habitants, d'autant plus qu'ils ont adopté d'autres traits caractéristiques des pratiques bezanozano (parcage des bœufs, meilleure maîtrise de la riziculture inondée, spéculation sur le riz), ce qui leur a permis de s'enrichir bien plus rapidement que les autres membres du village. Ils sont nés à Manakana et, malgré leurs différences, ils ont été intégrés dans la communauté villageoise. L'un de ces hommes a été désigné pour exercer la fonction d'orateur *(mpikabary)*. Sa maîtrise de l'art oratoire fait de lui la voix du groupe et sa fonction est de le représenter auprès des étrangers (il en existe deux à Manakana, pour éviter que l'on se retrouve sans orateur en cas de besoin). Se voyant ainsi désigné comme représentant des villageois betsimisaraka, l'homme a dû s'investir et participer pleinement à la vie communautaire. Un consensus a finalement été établi afin de préserver l'identité du village. Il est entendu que les descendants de ces trois frères seraient Betsimisaraka à part entière et qu'ils devraient par conséquent se plier aux coutumes et aux usages en vigueur sur le terroir.

Cette anecdote témoigne de la volonté qu'ont les Betsimisaraka de préserver leur mode d'exploitation du sol. Plutôt que d'imiter les pratiques de ces trois frères, qui sont d'ailleurs les seuls à avoir des rendements appréciables dans leurs rizières, ils prennent des distances en avançant leur différence ethnique. Ils vont même jusqu'à user de la stratégie d'assimilation, en attribuant une fonction représentative à l'un d'entre eux, pour éviter que ces pratiques ne soient reprises par la descendance de ces hommes. Au-delà des critères de rationalité économique, cet exemple prouve la primauté donnée au respect de l'identité d'un village et l'importance accordée au *tavy* dans le processus identitaire.

Si la terre reste le patrimoine de la communauté, celui qui prend l'initiative de faire un *tavy* s'approprie la récolte dans sa totalité : il est interdit de partager les récoltes. Il en découle une autonomie prononcée parmi les membres du village. Cultiver son propre *tavy* est synonyme d'émancipation. C'est ainsi que les jeunes, dès qu'ils sont suffisamment forts pour prendre en charge un terrain, s'adonnent à cette pratique. Certains commencent dès 14 ans. De même les vieux, bien qu'ils soient pris en charge par leurs enfants, tiennent à avoir leur propre *tavy,* tant pour rester en activité que pour prouver qu'ils sont encore valides. C'est également en vertu de ce principe que les femmes seules du village ont également leurs champs de riz de montagne. Dans ces deux derniers cas, incapables de faire face à tous les travaux (en particulier au défrichement), les cultivateurs font appel à l'entraide familiale[41]. Cette entraide n'est pas un dû et elle n'est pas compensée par une contrepartie en nature prélevée sur la récolte. Mais le bon sens et le respect des aînés restent suffisamment ancrés dans les mœurs pour éviter qu'une personne affaiblie par l'âge ou l'isolement soit livrée à elle-même. Cette pratique permet à chaque ménage de disposer au mois d'avril d'un stock de paddy qu'il devra gérer jusqu'à la saison prochaine. Elle incite également chacun à s'impliquer dans la culture car les produits ne seront pas redistribués à ceux qui, parce qu'ils n'auront pas travaillé, manqueront de riz. Ceux qui se consacrent à d'autres activités et qui délaissent leur *tavy* entrent donc dans la catégorie des pauvres. Ils sont peu considérés par le reste de la communauté, non pas parce qu'ils sont pauvres, mais parce qu'ils n'ont pas pris la culture du riz de montagne au sérieux. C'est le cas, par exemple, d'un homme qui se consacre à la pêche et d'une femme seule qui s'adonne au tissage. De ces activités ils tirent pourtant des revenus ou des ressources alimentaires qui leur permettent de faire face à leurs besoins, même en période de soudure.

Ce principe d'interdiction de partager les récoltes ne se limite pas au riz de montagne. Il s'applique à toutes les autres cultures : celui qui sème (ou plante) récolte le fruit de son travail. Il en va ainsi des cultures sèches (manioc, haricots), mais aussi des plantes pérennes (eucalyptus, caféiers, bananiers, cannes à sucre). Lorsque, comme c'est le cas pour l'eucalyptus, l'introduction d'un individu de l'espèce entraîne l'apparition de nombreux rejetons, c'est sur l'ensemble que porte l'appropriation.

Même si les plantations survivent à la mort de leur initiateur, l'interdit *(fady)* est respecté. Les héritiers ne peuvent ni se partager la terre, ni se partager la récolte. Deux cas de figure, qui peuvent coexister sur une même parcelle, se présentent alors : soit les produits sont destinés directement (comme le café) ou indirectement (comme la canne à sucre que l'on utilise pour la confection du rhum) à la vente, soit les produits sont destinés à l'usage domestique. Dans le premier cas, c'est l'aîné de la descendance directe du défunt qui, pour

41. L'entraide familiale peut également être pratiquée entre des ménages tout à fait capables d'autonomie, mais dans ce cas elle est distribuée à charge de retour. C'est-à-dire que deux ménages dont les *tavy* sont à proximité décident de cumuler leur force de travail sur leurs champs respectifs. Mais, même si les récoltes sont disproportionnées, il n'y aura pas de mise en commun. Chacun reste tributaire de son propre champ.

mieux assumer son rôle[42], s'approprie les fruits de la cueillette ou de la coupe. Dans le second cas, c'est l'ensemble des descendants directs du défunt qui exerce son droit d'accès aux ressources et qui s'approprie les produits par la cueillette ou la coupe. Ainsi, on dissocie parfaitement la terre des végétaux qui y poussent.

Contrairement donc à ce qui se passe par exemple à Didy (LEMALADE et DEWAELE, 1996), ce n'est pas la présence de parasites qui conditionne le déménagement de l'agriculteur qui pratique la riziculture itinérante sur brûlis. Il existe bien des insectes (*sakivy* et *behatoka*) qui s'attaquent au riz et de petits lémuriens *(kontrina)* qui vivent en bande de dix à douze individus et qui le matin ou le soir sortent de la forêt pour s'aventurer parfois très loin sur la portion de terroir cultivée et grignoter les panicules. Les habitants de Mankana disent qu'ils sont terribles, car lorsqu'on les chasse, ils font exprès de revenir au même endroit le lendemain, uniquement parce que ça les amuse et qu'ils considèrent cette chasse comme un jeu. Il y a aussi les rats, qui peuvent dévaster une culture entière de *tavy*. Mais les dégâts causés par ces animaux sont considérés comme relevant d'un mauvais sort lancé par un esprit, que la présence d'un individu dérange, ou tout simplement du mauvais sort dont est victime le paysan. Dans ce cas, il ne sert à rien de s'éloigner, il faut plutôt faire appel au devin guérisseur. Cependant, certains jeunes utilisent depuis peu des raticides qu'ils rapportent de Moramanga.

La mobilité ne semble pas s'inscrire à Manakana dans une démarche défensive, mais vise à privilégier l'autonomie et la liberté des individus. Les déterminants du choix de la parcelle de *tavy* conduisent à une multitude de combinaisons possibles, qui offrent à chacun la possibilité de s'installer dans les conditions qu'il considérera comme les plus favorables. Cette dynamique, qui ne serait pas envisageable dans un système d'appropriation individualisée et permanente de la terre, semble adaptée à la pratique du *tavy* — parce qu'elle autorise une gestion de la jachère sur le long terme — et engendre la reproduction de ce mode de culture, dans le sens où elle est incontestablement liée à la réalisation sociale des individus (figure 18).

La cinquantaine de *tavy* recensés sur le terroir se concentrent à l'intérieur d'un périmètre de 9 kilomètres carrés autour du village. Il faut aux cultivateurs au maximum 1 heure et demie de marche pour les rejoindre. Cette proximité n'est pas fortuite car le village, bien qu'abandonné par la plupart de ses habitants pendant de nombreux mois, reste le cœur du terroir, le ciment de la communauté. C'est à cet endroit que s'élèvent les pierres sacrées et que se tiennent toutes les festivités. Le village est un lieu de rassemblement pour les gens du terroir, qui peuvent d'ailleurs y trouver un endroit où dormir — s'ils ne sont

42. Les aînés *(zoky)* ont le devoir de protéger et de représenter les cadets *(zandry)*. En cas de force majeure ou d'accident, leur devoir est, si les conditions matérielles le leur permettent, d'aider le membre de la famille qui se trouve en difficulté.

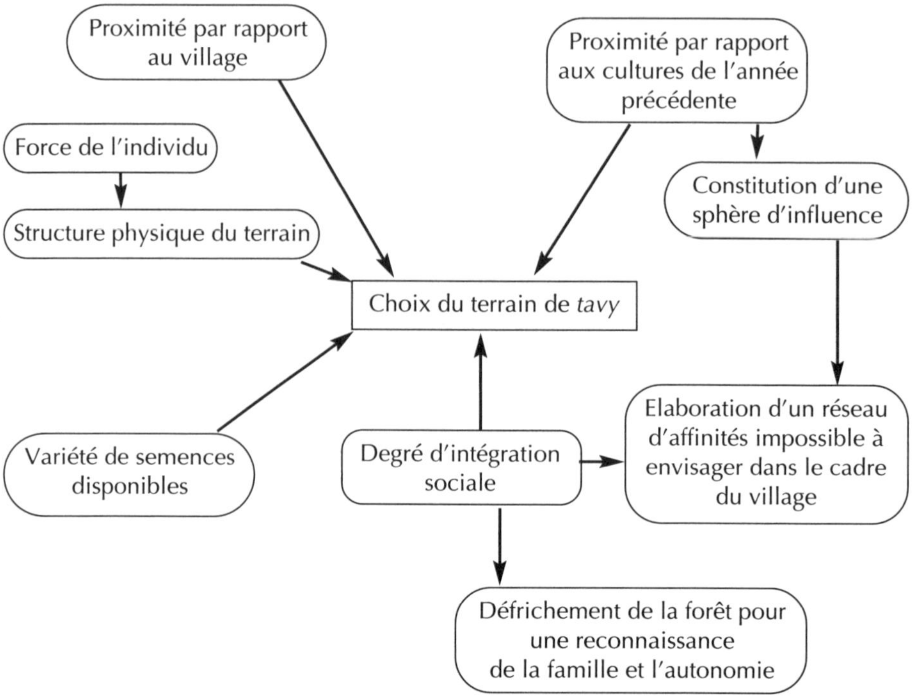

Figure 18. Critères de choix du terrain de tavy *à Manakana.*

pas propriétaires d'une case, tous ont un parent qui ne peut leur refuser l'hospitalité. Même si de nombreuses maisons sont dépouillées de leurs meubles, transportés sur les terrains où s'établissent des cultures pérennes *(tanimboly)*[43] ou sur les *tavy,* quatre murs et une natte suffisent à une installation temporaire. Manakana doit également son importance à sa qualité de chef-lieu de hameau. On se rend à la maternité lorsque l'on a besoin des soins de la sage-femme et on envoie les enfants suivre les leçons de l'instituteur dans l'école au nord du village. Ces infrastructures sont autant de lieux qui permettent à la communauté villageoise — l'ensemble des individus qui peuplent le hameau — de se réunir, que ce soit pour des questions d'entretien, d'information ou de discussion. De plus, il se tient à Manakana un marché hebdomadaire et, chaque jeudi, le village se peuple de commerçants et de producteurs qui viennent

43. Certains paysans construisent une maison en dur à proximité de leurs cultures pérennes (plantation de canne à sucre ou verger). Il existe donc à Manakana trois type d'habitation : la maison au village, la maison sur la plantation et celle du *tavy*. Tous les individus ne possèdent pas une construction de chaque type, et certains possèdent plusieurs constructions du même type, mais cette situation témoigne de la mobilité et de l'autonomie de ces agriculteurs, qui n'hésitent pas à séjourner avec toute leur famille sur leurs champs ou leurs plantations en fonction du travail à accomplir.

vendre leurs produits et d'une multitude de clients potentiels. Tous ces éléments plongent le village dans une activité quasi permanente et en font un lieu de rassemblement qui dépasse les frontières du terroir.

Il faut abandonner ce cliché de l'homme isolé sur son champ de riz, perdu dans la forêt. En effet, la concentration des *tavy* autour du village a pour effet de rapprocher les tavistes les uns des autres. Si les agriculteurs vivent dans leur champ, ils n'en sont pas pour autant isolés. La communication ne s'interrompt pas, les nouvelles circulent avec une rapidité stupéfiante car non seulement on s'interpelle de *tavy* en *tavy* d'une voix forte (qui parvient même à traverser le Mangoro !), mais en plus personne ne passerait à côté d'une habitation sans signaler sa présence aux éventuels occupants.

D'autre part, l'installation coïncide avec l'élaboration d'un réseau d'affinités sélectives qu'il ne serait pas possible d'envisager dans le cadre circonscrit du village. Certains préféreront s'éloigner d'un frère pour se rapprocher d'un oncle avec lequel ils entretiennent de meilleures relations, d'autres, surtout parmi les jeunes, préféreront s'établir, avec l'autorisation des autochtones, dans un terroir limitrophe pour mettre plus de distance entre eux et leur famille qu'ils jugent trop envahissante... Cette marge de liberté que la culture itinérante autorise est chère aux gens de Manakana, et contribue pour beaucoup à la perpétuation de ce mode de vie, donc à la prépondérance attribuée au *tavy*.

Ainsi, si le régime foncier coutumier concède la propriété de la terre à la famille, les individus qui la composent ne sont pas soumis à des règles strictes d'occupation des parcelles, et les affinités (ou les différends) qui s'établissent entre les personnes contribuent à l'éparpillement des terres familiales.

Les terres familiales n'en sont pas pour autant atomisées car l'agriculteur, s'il s'est trouvé bien dans un lieu qu'il a initialement choisi, va établir ses *tavy* des années successives à proximité. Cette volonté va le pousser à gérer la jachère des terrains qu'il a occupés. Cela lui permet d'établir une maison plus confortable et, surtout, de s'assurer un accès (et une surveillance) plus aisé à son grenier. C'est alors que l'on retrouve la prévalence des aînés. Plus l'agriculteur est âgé, plus les terres qu'il a cultivées sont nombreuses, et donc mieux il est à même de gérer l'espace, surtout s'il s'est réservé des terrains en y plantant des cultures permanentes, voire une seule plante *(tsifo)* dont le but est de signifier l'appartenance du terrain. Cette gestion s'organise principalement en fonction de la force physique de chaque homme que le plus âgé a rassemblé à ses côtés, même si parfois les variétés de semences mises à disposition interviennent. Les espaces difficiles à défricher (forêt, jachère forestière, jachères de *radriaka*)[44] sont confiés aux plus jeunes, alors que les plus âgés se réservent les

44. Lorsqu'il s'agit de déterminer la parcelle sur laquelle on va cultiver le riz pluvial, le relief n'est presque pas pris en considération et il est fréquent de trouver des *tavy* établis sur une forte pente pouvant aller jusqu'à 40°. L'ensoleillement, donc l'orientation de la pente à cultiver, n'est pas non plus un critère de choix du *tavy*.

jachères de *harongana,* de *dingadingana* et de *bakobako.* Ainsi se constituent des sortes de sphères d'influence, qui permettent aux plus anciens d'inviter des proches ou d'éloigner les indésirables. C'est ainsi que s'entend la phrase de LE BOURDIEC (1974) : « La répartition des parcelles se poursuit en fonction de l'ancienneté de chacune des familles ». L'intégration des individus dans la vie sociale du village entre donc pour une grande part dans le choix de leur terrain de *tavy.* Elle conditionne leur accès aux sphères d'influence ou leur volonté d'émancipation, qui les conduit à tenter l'ouverture de nouvelles sphères, par exemple, en défrichant la lisière de la forêt.

L'organisation sociale et foncière des villageois de Manakana repose donc sur la pratique du *tavy.* Ce mode de culture est apprécié par la population, qui ne semble pas vouloir en changer, même si l'on constate qu'avant le *tavy* était moins loin, et le miel moins rare.

Chaque nouveau cycle cultural est l'occasion pour les autorités coutumières d'actualiser la communion villageoise, mais c'est aussi l'occasion pour chacun de s'affirmer en tant qu'individu responsable et autonome.

Le droit foncier coutumier est tout à fait adapté à l'exercice de ces modes de culture extensifs, qui n'utilisent pour régénérer le sol que la jachère : la terre ne fait pas l'objet d'une appropriation individuelle mais appartient au patrimoine inaliénable des communautés, qui la dissocient nettement des produits qui y poussent. Dans ce contexte, les problèmes fonciers ne se posent pas encore : il est vrai qu'il reste encore beaucoup d'espace et de forêt, suffisamment pour éviter les conflits, même si la population continue d'augmenter.

Démographie galopante, *tavy* et déforestation

Alain Bertrand, Jean-Luc Lemalade

Tous les chercheurs qui ont travaillé sur les *tavy* s'accordent sur le fait que la déforestation qu'ils engendrent est plus ou moins directement liée à la dynamique démographique. Les discours sur la « démographie galopante », cause première de toutes les dégradations environnementales, se multiplient. Il importe de sortir de ces discours simplistes et des mythes qu'ils véhiculent. A partir des études réalisées dans l'Ankay, à Didy et dans la cuvette d'Andapa, il est possible de préciser les relations qu'entretiennent la démographie et le *tavy*.

La croissance démographique

La croissance démographique sur la façade orientale de Madagascar est réelle, mais elle ne peut à elle seule expliquer la dégradation des forêts imputées aux *tavy* : il faut nuancer l'évaluation de la déforestation. A la fin des années 60 et au milieu des années 70, deux auteurs, dont le sérieux ne peut être mis en doute, arrivent à une conclusion presque identique.

« Considérons donc que, dans les régions intéressées, les conditions de climat rendent la forêt envahissante ; en revanche le développement démographique tend à faire reculer la forêt. Mais, sauf en des points particuliers, il semble bien que le cri d'alarme poussé par les techniciens ne soit pas justifié. Depuis la fin du XVIIIe et le début du XIXe siècle, d'après ce que nous en savons par de vieux récits, les limites de la forêt ne paraissent guère avoir bougé. Il est vrai que l'expansion démographique est très récente, qu'elle date d'une vingtaine d'années environ. [...] Le problème du *tavy* ne serait alors qu'un faux problème » (DEZ, 1968).

« Enfin, la protection des sols n'est pas un problème de second ordre. A propos de l'espace forestier, maints auteurs ont déjà jeté l'alarme en dénigrant la pratique du *tavy* et son incidence sur l'érosion des sols. » R. Chabrolin conclut que « la culture sur brûlis est un mode d'exploitation extensive et improductive qui ne présente des dangers notables d'érosion qu'en cas d'accélération de la rotation des cultures. Cette accélération s'est malheureusement trouvée menaçante pour la côte est malgache, où dans la seule province de Toamasina, les surfaces cultivées sur brûlis auraient doublé en dix ans, de 1950 à 1960, en relation avec l'expansion démographique. Notre attitude personnelle, pour bien des raisons, apparaît moins pessimiste. En premier lieu, parce que les surfaces cultivées sur brûlis semblent avoir nettement régressé depuis 1960. [...] Ensuite il faut le reconnaître, un *tavy* abandonné est immédiatement recolonisé par une végétation secondaire exubérante. [...] Par ailleurs, plusieurs faits prouvent que la menace d'aggravation des phénomènes d'érosion n'est pas immédiate. L'enquête nous a montré, par exemple, que dans bien des villages la pression démographique se traduit généralement, non par une rotation accélérée des cultures, mais par un éloignement de plus en plus prononcé des *tavy* par rapport au lieu de résidence » (LE BOURDIEC, 1974).

Le discours sur la démographie galopante n'est qu'une succession de clichés, de lieux communs : la « pression démographique » induit une « saturation foncière » sur les terres de culture (y compris les jachères), qui entretient une dynamique de défrichement (le *tavy* défricheur) et étend la déforestation.

Ainsi, la « situation d'origine » de la zone forestière orientale selon GREEN et SUSSMAN (1990), qui aurait couvert au début de la colonisation la totalité de la zone orientale de Madagascar[45], paraît hautement contestable, manifestement fausse et contraire aux observations de terrain (LE BOURDIEC, 1974), de même que la déforestation de 50 % en un demi-siècle qu'ils en déduisent. Elle relève de ce travers, dénoncé pour l'Afrique de l'Ouest par FAIRHEAD et LEACH (1998), qui consiste à considérer que « partout où la forêt peut exister aujourd'hui, elle existait effectivement à l'origine, à l'état vierge ». A partir de 1950 les données cartographiques sont plus sérieuses mais l'utilisation des données démographiques paraît aussi discutable.

---

45. GREEN et SUSSMAN (1990) présentent d'ailleurs leur évaluation sans référence sérieuse ni démonstration convaincante, sous la forme d'une « pseudo-photographie satellitaire reconstituée » (pour permettre la comparaison avec les photographies satellitaires récentes) et situent l'origine des temps malgaches à la fin du XIXe siècle.

A l'inverse, LE BOURDIEC (1974) distingue nettement trois critères démographiques :
– la densité globale de population, qui mélange pour une région donnée population rurale et population urbaine et ne tient donc pas compte de l'effet de l'urbanisation qui n'est pas négligeable (Toamasina, Antalaha ou même Sambava, etc.) ;
– la densité de la population rurale, qui est un critère plus intéressant mais qui doit être manipulé avec précaution en excluant les zones vides (qui sont nombreuses à Madagascar) — ce critère fait apparaître que la façade orientale avait dans les années 70 une densité rurale moyenne de l'ordre de 10 habitants au kilomètre carré avec une répartition très inégale entre une frange côtière peuplée et un arrière-pays presque vide, à l'exception de zones particulières comme la région de Vavatenina et la cuvette d'Andapa ;
– la densité par rapport à la superficie cultivée, qui apparaît, de façon surprenante, forte, mais qui témoigne, non pas d'une intensification des cultures, mais au contraire de la pauvreté rurale.

Le *tavy* défricheur et le *tavy* cultivateur

Il convient de reprendre la distinction entre *tavy* cultivateur et *tavy* défricheur (ALLAIN, 1997). L'exemple de Manakana dans l'Ankay est caractéristique du *tavy* cultivateur dans une situation de faible densité. C'est un système agraire en équilibre avec le milieu naturel (moins de 30 % du terroir défriché en un siècle). Au contraire, dans le cas de Tsaramiafara, il s'agit du *tavy* défricheur : une dynamique de front pionnier fait régresser progressivement la forêt dans toutes les zones accessibles et proches de la RN2.

Le *tavy* défricheur reste encore marginal à Manakana — il est pratiqué par les jeunes opposés aux autorités coutumières. A Tsaramiafara, en revanche, c'est un élément essentiel du système agraire, qui se combine à la réduction de la durée des jachères sur les *tavy* cultivateurs.

Le *tavy* défricheur ne dépend pas uniquement de la démographie, mais son impact n'est sensible que dans les zones où les dynamiques migratoires constituent un élément important de modification de la situation démographique locale : Didy, Andapa, RN2.

A Didy, les migrations internes aux terroirs vers la forêt d'Ambohilero ont des répercussions limitées parce qu'il faut être autochtone pour pouvoir migrer vers l'est. A Andapa, le peuplement de la cuvette et de ses versants a longtemps été alimenté par le courant migratoire de l'excédent de population tsimiety venant de l'ouest. Le long de la RN2, c'est l'accessibilité et le développement économique grâce à la route qui ont de longue date fixé les populations et attiré les migrants.

Les tensions, la cohésion sociale et les ressources renouvelables

Les systèmes de production et d'organisation de l'espace et de la société que nous venons d'évoquer se trouvent perturbés par l'apparition de tensions latentes ou exprimées.

Ces tensions proviennent des différends déjà anciens qui sont actualisés dans certaines circonstances, mais elles peuvent aussi résulter de la coexistence d'ordres de référence concurrentiels, avec lesquels les individus jouent pour en tirer un profit direct et personnel au détriment non seulement de la cohésion sociale, mais aussi d'une gestion rationnelle des ressources naturelles renouvelables.

Quelles sont les relations qui, dans le sud de l'Ankay, peuvent s'établir entre des communautés rurales clairement différenciées, mettant chacune en œuvre des représentations originales de la forêt ? Les tensions qui émergent sont-elles exprimées dans le processus démocratique, qui a débuté avec la décentralisation des services de l'Etat ? Comment, dans un tel contexte, l'intervention des services administratifs (service des eaux et forêts et service des domaines) est-elle perçue par les populations ? En quoi l'accès au marché, l'accès au foncier et les migrations participent-ils à la régulation des interactions qui s'établissent entre ces situations litigieuses et la dynamique des systèmes agraires ?

Dans certains cas, la coutume n'est plus en mesure de régir le groupe car la complexité dynamique des sociétés conduit les sujets de droit à agir dans des sphères juridiques multiples. À terme ce processus aboutit à l'incertitude et à la confusion. L'exploitation des peuplements d'eucalyptus, notamment à Tsaramiafara, traduit ces difficultés.

Ces circonstances permettent, mais en même temps limitent, l'intervention. Elles la permettent car la capacité d'organisation des communautés rurales peut servir de base à une gestion viable des ressources forestières. Elles la limitent dans le sens où les logiques à l'œuvre absorbent inévitablement les éléments nouveaux sans pour autant perdre de leur autonomie.

Les tensions relatives à la représentation de la forêt

Sigrid Aubert, Serge Razafiarison

L'émergence de conflits liés à la représentation de la forêt

Si l'identité ethnique ne trouve pas toujours sa justification dans l'affirmation d'un territoire ou dans la reconnaissance d'une parenté, elle est fréquemment mise en avant quand il s'agit de critiquer ceux dont les coutumes et les usages sont différents. Dans le sud de l'Ankay, ces différences portent essentiellement sur les modes de mise en valeur de l'espace. Dès lors les représentations que les autochtones se font de la forêt doivent inévitablement être prises en compte.

Les usages coutumiers de la forêt

Les représentations de la forêt diffèrent considérablement d'une région à l'autre. Ce n'est pas surprenant lorsqu'on connaît les disparités des systèmes de production et les modalités d'appropriation de l'espace en usage dans les différentes communautés.

La forêt sacrée

Il existe, dans les régions étudiées, des forêts sacrées. Celles-ci sont parfaitement délimitées, mais leur nombre et leur superficie varient en fonction de la vivacité des croyances qui s'attachent à ces lieux. La forêt qui entoure les lieux de sépulture est encore aujourd'hui préservée.

En pays bezanozano, bien que certains auteurs qualifient ce peuple de forestier (POIRIER, 1968), les sépultures sont construites principalement sur des espaces découverts, à proximité des terres agricoles. Les sites historiques qui abritent un esprit vénéré *(sampy)* s'établissent cependant sur des monts boisés d'essences sauvages et la vénération des personnalités *(masa)* enterrées vivantes interdit aux agriculteurs le défrichement de cet espace. C'est par respect que l'on se refuse à défricher la végétation que les mânes pourraient prendre pour abri. Préserver cette forêt du feu viserait alors à retenir les âmes des défunts pour lesquels on n'a pas élevé de pierre.

A Manakana, en revanche, les tombeaux sont toujours situés dans un espace de forêt. C'est la robe des ancêtres *(simbon-trano)* que l'on doit préserver de toute destruction. La présence de tombeaux dans la forêt traduit la symbiose qui s'est établie entre l'homme et la forêt, source de vie. Sans elle, le *tavy* serait impossible, le riz manquerait et la communauté se désintégrerait. Pourtant, lors de chaque cycle cultural, une partie de la végétation est détruite. On comprend donc que les corps des défunts soient confiés à la forêt. Il s'agit là d'un contre-don, qui s'inscrit dans une logique d'échange, assure la pérennité des relations et vise implicitement à stimuler la réapparition de la végétation.

On évite de rentrer en contact direct avec le tombeau si l'on n'y est pas obligé car la proximité de la mort n'est pas favorable aux vivants. En revanche, même les plus jeunes n'ont aucune appréhension à se rendre dans l'espace de forêt alentour. Les gens qui ont établi leur lieu de résidence à proximité s'y rendent même fréquemment pour chercher le bois qui servira à la préparation des repas. Mais les mânes des ancêtres veillent à protéger le tombeau de toute personne étrangère ou malveillante. Seuls les membres admis dans la communauté des descendants sont autorisés à se rendre sur ces lieux.

Les espaces de forêt qui n'incluent pas de tombeaux sont quant à eux le domaine des esprits errants et des esprits telluriens. Cela n'empêche pas les gens de Tsaramiafara de se rendre en forêt et même de défricher sans autre précaution que celles décrites précédemment. C'est d'une certaine manière l'aboutissement d'un processus où, poussé par l'évolution des besoins, le paysan est amené à transformer progressivement la nature et à maîtriser d'une façon ou d'une autre les phénomènes surnaturels.

Dans la vallée de Beparasy-Andapa, la croyance selon laquelle des forces invisibles brouillent les pistes dans la forêt s'avère toujours vivace, et ceux qui désirent s'y rendre doivent prendre de nombreuses précautions. Ces contraintes engendrent une certaine réticence de la part de la population, et les intrusions dans la forêt sont, dans la mesure du possible, évitées.

Les gens de Manakana, quant à eux, n'éprouvent pas ce sentiment. Ils se rendent fréquemment et sans appréhension dans la forêt qui s'étend sur leur terroir. La plupart d'entre eux connaissent parfaitement cet espace. Les montagnes, les cours d'eau et toutes sortes de formations naturelles portent des noms que l'on peut immédiatement localiser. Cette connaissance de la forêt est transmise de génération en génération lors des déplacements. Il arrive que certains jeunes, parce que, par exemple, leurs parents sont trop vieux pour se déplacer aisément, ne soient pas initiés. Cette carence ne les empêche cependant pas de circuler, ils ne s'éloignent alors pas trop des sentiers par peur de se perdre. Si l'on sait que de nombreux esprits ont établi leur résidence dans la forêt, on pense, au moins dans l'espace boisé qui entoure le village, connaître suffisamment leurs mœurs pour éviter de provoquer leur courroux. En revanche, il ne fait pas bon s'aventurer dans la grande forêt, méconnue, qui s'étend au-delà du terroir. Les voyageurs manquent alors de repères et craignent de se perdre, de s'infiltrer dans un espace appartenant à d'autres communautés ou de perturber accidentellement des esprits inconnus.

La forêt sacrée est donc intimement liée aux relations que les communautés entretiennent avec le monde invisible. Tant que les mânes des défunts enterrés dans la forêt sont vénérés et tant que les esprits errants et telluriens sont craints, un certain mysticisme plane sur la forêt. Bien que la maîtrise de l'espace boisé échappe aux hommes, ces derniers ne demeurent pas insensibles aux bienfaits qu'ils pourraient en tirer. Il en résulte un mélange de crainte et de respect plus ou moins entretenu par les usages des communautés qui se sont établies à proximité de la forêt.

La forêt protectrice

Que ce soit à l'occasion des guerres interclaniques ou des conquêtes merina et françaises, la densité de la végétation a permis aux habitants qui se trouvaient à proximité de trouver refuge dans la forêt. Si les Bezanozano ont gardé un mauvais souvenir de ces séjours, les Betsimisaraka y ont vu un moyen efficace de se soustraire aux travaux forcés et corvées ordonnés par l'Etat. Mais le rôle protecteur de la forêt se vit également au quotidien, au moins dans la vallée de Beparasy-Andapa et à Manakana.

On y puise en effet les essences dont sont construites les habitations. Que ce soit dans les villages ou les hameaux, sur les plantations ou sur les *tavy,* les maisons se dressent et se meublent essentiellement à partir de matériaux ligneux. En pays bezanozano, le bois sert à la fabrication des charpentes. En pays betsimisaraka, il peut être l'unique matériau utilisé, que ce soit pour les pilotis, le plancher et les murs, même les toits lorsqu'ils ne sont pas en tôle, sont fabriqués avec des plantes issues de la forêt, comme les bambous et les roseaux.

Le relatif isolement des populations de Manakana et de la vallée de Beparasy-Andapa les contraigne à trouver dans leur environnement immédiat la plus grande partie des matériaux qu'elles utilisent. Au cours des siècles, la connaissance des essences utiles s'est donc développée et transmise. A Manakana, tout le monde peut reconnaître plus d'une centaine d'essences et les affecter à la fabrication d'une multitude de petits objets utilisés quotidiennement. Or, la majeure partie de ces essences se trouve dans la forêt naturelle.

Lors de la saison sèche ou lorsque les corps sont affaiblis par la maladie, la vieillesse ou la maternité, le bois sert au chauffage, qui permet de se protéger du froid. Ce même bois est d'ailleurs utilisé quotidiennement par l'ensemble de la population, même à Tsaramiafara où l'on produit du charbon, pour la cuisson des repas.

Le ramassage du petit bois à Manakana

Le petit bois *(kitay)* fait à Manakana l'objet d'une prescription formelle : il y a un interdit qui frappe, durant toute la saison de culture, la coupe des bois calcinés qui subsistent sur le *tavy*. Selon les paysans, le cycle du *tavy* débute par le défrichement et il n'est plus question de couper quoi que ce soit après le semis car cela reviendrait, dans l'esprit des ancêtres, à recommencer le défrichement alors que la saison culturale n'est pas terminée. Ce serait une transgression de l'ordre établi, qui pourrait être préjudiciable à ceux qui oseraient s'y risquer. Les paysans s'approvisionnent alors à proximité du *tavy* sur les espaces dévastés par le feu mais non mis en culture, sur les parcelles en jachère, dans la forêt naturelle ou aux alentours du tombeau de leur groupe familial lorsqu'ils s'établissent à proximité. (SR)

Ce rôle essentiel du bois utilisé comme matériau de construction ou comme combustible pour se protéger des intempéries subsiste à Tsaramiafara. Mais la présence de peuplements importants d'eucalyptus, dont le bois trouve de multiples usages, réduit considérablement les prélèvements dans la forêt naturelle, et la connaissance des essences utiles tend à se perdre.

Les habitants de Manakana bénéficient aussi des bienfaits de nombreuses plantes médicinales, essentiellement forestières. Bien que certaines de ces plantes soient connues de la population, ce sont les guérisseurs qui détiennent jalousement les savoirs sur cette pharmacopée. Les devins guérisseurs utilisent les feuilles, les fleurs, les racines et les écorces pour lutter indifféremment contre les maux qui affectent le corps ou l'esprit. Certains, comme c'est le cas à Manakana, se déplacent fréquemment en forêt pour chercher les composants des préparations qu'ils prescrivent. Dans la vallée de Beparasy-Andapa, du fait de la réduction du nombre des devins guérisseurs et de leurs connaissances imparfaites, on fait parfois appel aux guérisseurs betsimisaraka pour soigner certains maux. Mais à Tsaramiafara, les circonstances et la proximité de la RN2 font que les gens se détournent des vertus des plantes médicinales. Peu à peu, les connaissances disparaissent. Elles sont aujourd'hui fragmentaires et seule une infime partie de la population en conserve le secret.

Enfin, le rôle protecteur de la forêt est aussi lié au fait qu'on lui confie ses plus grandes richesses : les zébus. Lorsque les bœufs ne sont pas utilisés pour les travaux des champs, les propriétaires les parquent dans la forêt espérant ainsi limiter les dégâts aux cultures et se passer des services d'un bouvier. Les animaux sont livrés à eux-mêmes et regroupés une fois par semaine, pour qu'ils restent en contact avec les hommes et ne deviennent pas sauvages. Afin de limiter les déplacements, les propriétaires regroupent souvent leurs troupeaux. Si les pâturages coutumiers de la vallée de Beparasy-Andapa sont parfaitement limités, il n'en est pas de même à Manakana : on met traditionnellement les bœufs dans la forêt de l'est ou dans celle de l'ouest, avec pour seul objectif qu'ils ne ravagent pas les *tavy* qui pourraient se trouver à proximité. Mais que ce soit dans en pays bezanozano ou en pays betsimisaraka, les bœufs portent tous des marques distinctives, qui permettent de savoir à qui ils appartiennent. Si un promeneur rencontre un zébu égaré, il peut prévenir son propriétaire et lui indiquer l'endroit où il l'a aperçu[46]. Les habitants de Tsaramiafara n'ont pas recours à ces pratiques puisqu'ils ne parquent pas leurs bœufs dans la forêt.

Le rôle protecteur de la forêt est associé par les habitants de Tsaramiafara au fait qu'elle est confusément liée à la pérennité des sources qui, par résurgence, alimentent les canaux d'irrigation des rizières. Les agents de la vulgarisation agricole n'ont cessé de répéter le rôle majeur que jouait le couvert forestier, et l'expérience prouve qu'ils avaient raison. Ce sont en particulier les plus âgés qui, riches de ces enseignements, insistent sur la nécessité de maintenir la forêt, au moins sur les sommets et à proximité des sources. La protection de la forêt est particulièrement sensible dans les zones boisées qui s'étendent à proximité des habitations et dans les zones affectées à certains usages. Mais lorsque ces usages tombent en désuétude, que ce soit dans l'espace ou dans le temps, la forêt retrouve ses caractéristiques premières, qui la rendent hostile aux hommes.

La forêt nourricière

La forêt, puisqu'elle satisfait nombre de besoins fondamentaux, apparaît aux autochtones comme un don du dieu procréateur, Zanahary.

Bien que le gibier et le poisson soient particulièrement appréciés, personne ne se consacre entièrement à la chasse ou à la pêche (une personne qui négligerait ses cultures serait rapidement déconsidérée et qualifiée d'irresponsable). Ces activités sont considérées comme un loisir et un moyen de lutter contre les animaux sylvestres, nuisibles aux cultures pour la plupart. Ce sont souvent les

46. Le parcage dans la forêt rend difficile l'évaluation du cheptel sur le terroir. Toutefois, à Manakana, il existe environ une dizaine de propriétaires de bœufs et, si certains ne possèdent que deux ou trois têtes, le plus grand propriétaire en a plus d'une vingtaine. Officiellement, selon le recensement de 1995, le nombre de zébus de la commune est de 1 900. Mais ce chiffre doit être relativisé car il provient du décompte effectué par les vétérinaires qui, une fois par an, viennent vacciner quelques têtes sélectionnées par le propriétaire du troupeau.

jeunes qui les pratiquent, pour en tirer quelques revenus ou pour leur consommation.

Le gibier se compose d'oiseaux et de petits mammifères — bien qu'il existe des sangliers, il ne semble pas qu'ils soient chassés —, qui sont chassés essentiellement en forêt et parfois à proximité des *tavy*.

Les lémuriens *(varika, simpona, ataka, babakoto)* sont appâtés avec des goyaves dans des pièges construits avec des lianes ou des fibres recueillies entre l'écorce et le bois de certains arbres *(ladia, valo, somongena, tsifantabahiny, diavorona)*. Ils sont généralement consommés par les ménages car, contrairement à ce qui se passe dans d'autres régions, il n'existe pas d'interdits concernant leur consommation. Cependant, depuis une époque récente, le bruit court qu'à Moramanga des acheteurs sont prêts à verser des sommes considérables pour se procurer des lémuriens vivants. Certains jeunes ont donc tenté, avec succès, d'alimenter ce trafic. Les hérissons *(tandraka)* sont pour leur part chassés grâce au flair des chiens. Une fois débusqués, ils sont déterrés et abattus pour le repas du soir. Les mammifères volants *(konga, fanihy gavo)* et les oiseaux *(boezasiketry, sohihy, ramanjerika, parafody, benana)* sont tirés au lance-pierres ou à la sarbacane, à moins qu'ils ne soient capturés dans des filets de lianes suspendus aux arbres.

La pêche en forêt se limite aux anguilles, que l'on va chercher la nuit dans les ruisseaux, et aux petits crabes, que l'on trouve aux abords des cours d'eau sous les rochers. Les poissons (*lavakavy, besisika, telomolotra,* une espèce de tilapia très gras, *trondro gasy, atoho, lapialelo, fibata*) sont plutôt pêchés à la ligne dans la Saha ou dans le Mangoro. C'est également dans ce fleuve que l'on capture dans des casiers les grosses crevettes d'eau douce *(orana)*. A Manakana, ce type de pêche est particulièrement apprécié car, durant certaines périodes de l'année, les casiers peuvent contenir jusqu'à vingt pièces à chaque levée, que les jeunes vont vendre aux restaurateurs de Moramanga.

Dans la forêt, on peut aussi trouver du miel sauvage. S'il existe parfois des ruches au village, le miel sauvage est plus apprécié car il possède une saveur particulière qu'il tire des fleurs que les abeilles butinent. A Manakana, de nombreuses ruches sont même installées dans la forêt dans l'espoir d'y accueillir des essaims. Le miel est largement consommé : il sert, avec le jus de canne, de succédané au sucre et fait le bonheur des enfants et des gourmands. Mais surtout, il tient une place fondamentale dans les offrandes rituelles, que ce soit sous sa forme initiale ou sous une forme liquide que l'on obtient après fermentation (tel est le cas de la bière de miel). Mais le miel se fait plus rare aujourd'hui avec le recul de la forêt. Dans la plupart des cérémonies, il est même supplanté par le rhum local. A Tsaramiafara, un autre phénomène a accéléré la disparition des essaims : il y a quelques années, la forêt qui s'étendait à proximité du village a été passée au peigne fin à la suite d'une demande de reines émanant de Manjakandriana, et nombreux sont ceux qui n'ont pas su résister à ce gain facile.

Enfin, on collecte en forêt quelques tubercules sauvages qui servent de complément alimentaire lors des périodes de soudure, comme l'igname sauvage *(ovy fotsy, ovy tanga),* ou d'accompagnement du riz (champignons...). Mais seuls les plus démunis s'aventurent occasionnellement en forêt pour ce type de collecte.

La fonction nourricière de la forêt est avérée pour l'ensemble des communautés. Les prélèvements qui sont destinés à satisfaire la consommation locale n'apparaissent pas dangereux pour les écosystèmes, mais il en va autrement de ceux qui visent à répondre à une demande extérieure, si aucune mesure d'accompagnement n'est mise en place. Les autochtones puisent alors inconsidérément dans l'espace auquel ils ont traditionnellement accès. Ce déficit de gestion pourrait, comme c'est déjà le cas à Tsaramiafara pour les abeilles, entraîner la disparition de nombreuses espèces : récemment, une forte demande d'écorce de *kotofihy* est apparue à Manakana, elle émanait d'entreprises pharmaceutiques nationales ou internationales qui utilisent cette essence et se tournent actuellement vers des zones de plus en plus enclavées pour s'approvisionner car de nombreux peuplements, dont celui de la forêt de Didy, ont été irréversiblement ravagés.

La forêt n'est pas seulement une zone de chasse, de pêche ou de collecte du miel. Elle est avant tout considérée, quelle que soit la communauté de référence, comme une réserve de terres arables. Tant que la forêt existera, on pourra continuer à pratiquer la culture sur brûlis, à étendre les *tavy*. C'est une assurance-vie et cette fonction prime sur toutes les autres car, pour l'instant, il n'existe aucune autre possibilité concrète pour mettre sa famille et sa descendance à l'abri de la famine. De plus, malgré la déforestation intensive, la forêt est aujourd'hui encore considérée par la plupart des autochtones comme une ressource inépuisable. Ne dit-on pas que la forêt de l'est ne se tarira jamais *(Rahoviana no ho lany ny ala atsinanana)* ?

Les fonctions sacrées, protectrices et nourricières de la forêt renvoient à des usages qui sont indissociables des représentations que les hommes ont de la forêt. Si les communautés rencontrées apprécient cette qualité et ces fonctions à des degrés divers, toutes considèrent la forêt comme une réserve de terres arables. Compte tenu de la régression rapide des surfaces de forêt naturelle, il existe une certaine compétition pour l'appropriation des surfaces boisées. Même si elle ne se traduit pas par des conflits ouverts, elle alimente les animosités.

Les tensions et les conflits

Dans la vallée de Beparasy-Andapa, les Betsimisaraka sont appelés *olona ambany ravin-kazo,* c'est-à-dire ceux qui vivent sous les feuillages. Ce terme est péjoratif dans le sens où il sous-entend qu'ils n'ont pas su civiliser l'espace pour en exclure la forêt, qui semble là-bas, du fait de l'existence de longues jachères, toujours reprendre le dessus sur les entreprises humaines. Les Bezanozano n'acceptent pas le fait que les Betsimisaraka dédaignent la riziculture inondée, qu'ils ne cherchent pas à valoriser durablement les terres déboisées et qu'ils préfèrent défricher chaque année de nouveaux espaces. Confusément, on pressent même une certaine jalousie car, pour les Bezanozano, chaque nouveau défrichement est assimilé à l'appropriation d'un espace qui leur échappe. Or en pays bezanozano l'accès au *tavy* est relativement limité du fait de la quasi-disparition des surfaces encore inoccupées.

Les Bezanozano dénoncent ouvertement les nuisances occasionnées par les fumées dues aux défrichements, qui forment, pendant la saison des brûlis, un épais nuage qui se propage jusque dans la vallée. Ils se plaignent alors de la lourdeur de l'air, qui est devenu irrespirable, et des minuscules particules de cendres, qui se répandent un peu partout.

Ils reprochent aussi aux Betsimisaraka d'être trop expansifs. Leur manière de parler fort et ce comportement qui les pousse à contredire ou à interrompre leur interlocuteur en fait des rustres aux yeux des Bezanozano, qui en viennent même à les qualifier de « sauvages » (c'est alors le mot français qui est utilisé). On cherche plutôt à les éviter car leur franc parler dérange dans ce pays où l'on cultive au contraire la discrétion et l'effacement.

Enfin, les Bezanozano attribuent fréquemment aux Betsimisaraka des pouvoirs de sorcellerie. Cela tient essentiellement à la conduite des devins guérisseurs, qui détiennent des connaissances que les Bezanozano ne partagent pas et sur lesquelles plane une certaine suspicion. On fait appel à leurs services, mais ils n'en sont pas moins craints.

De leur côté, les Betsimisaraka de Manakana ignorent les Bezanozano. Ils restent cependant vigilants car ils savent que les Bezanozano manquent de terres et qu'ils ne pourront bientôt plus satisfaire leurs besoins grâce aux seules rizières. Ils craignent donc qu'un jour ils ne débordent sur leur territoire.

Les relations entre les deux ethnies sont donc plutôt tendues, ce qui explique en partie que les échanges matrimoniaux sont rares. Chacune des populations entérine même l'existence d'une zone tampon — une zone de forêt qui évite justement une trop grande proximité — et reste sur ses positions par peur de déclencher un conflit ouvert. Jusqu'à présent, cette zone tampon, qui se réduit à une étroite vallée encastrée entre deux collines, a été respectée car chacun reconnaît les crêtes comme étant les limites de son pays respectif. Il en résulte que dans la vallée de Beparasy-Andapa la déforestation progresse plus rapidement vers le sud et l'ouest que vers l'est. Mais qu'adviendra-t-il lorsque seule la forêt de l'est subsistera ?

Les relations entre les Merina et les Bezanozano doivent également être mentionnées. Si les gens des hautes terres ne sont pas venus en grand nombre s'installer dans la région betsimisaraka, ils ont largement investi le pays bezanozano. Dans les années 20, des marchands ambulants merina qui reliaient le centre de l'île à la côte est se sont installés dans la vallée. Ils ont été suivis, dans les années 50, par d'autres migrants, attirés par les possibilités d'exploitation forestière — il y en a eu jusqu'à quatre dans la commune de Beparasy. Mais c'est surtout après la colonisation française que les Merina sont descendus en masse dans l'Ankay.

Certains, en particulier les fonctionnaires, considèrent leur installation dans la région comme provisoire. Bien qu'ils cherchent à se faire prêter des terres ou à louer des rizières, ils ne désirent pas vraiment investir. En revanche, les Merina établis depuis plus d'une génération dans le pays, les Merimonina, cherchent continuellement le moyen de s'approprier de nouvelles terres, et nombre d'entre eux figurent aujourd'hui parmi les plus grands propriétaires terriens. Ils utilisent pour ce faire divers procédés : les anciens exploitants forestiers ont profité de l'attribution de permis délivrés par le service des eaux et forêts pour accaparer des terres qu'ils ont mises en culture ; certains ont vu leurs locations de rizières transformées en baux emphytéotiques rapidement assimilés à la propriété privée ; d'autres, les plus nombreux, ont pu accéder à la propriété foncière grâce à leur activité d'usurier. L'accumulation de richesse par les Merina a fait naître un ressentiment chez les Bezanozano. Les Merina ne se sont par ailleurs jamais intégrés, même si certains ont fait des pactes de sang avec les Bezanozano ou se sont mariés avec des femmes de l'ethnie autochtone. Ils se regroupent le plus souvent en quartiers dans les villages, et le culte protestant est l'occasion pour la communauté de se retrouver chaque dimanche dans une certaine intimité (il y a très peu de Bezanozano protestants dans la région). Ils entretiennent leur spécificité et s'assimiler complètement aux Bezanozano apparaît contraire à la vision qu'ils ont de leur rôle de missionnaires : les Merina, parce qu'ils détiennent des techniques culturales plus performantes et qu'ils appartiennent à l'ethnie politiquement et économiquement dominante à l'échelle nationale, développent à l'endroit des autres ethnies — les côtiers — un certain paternalisme. D'autre part, le front pionnier merina avance rapidement à l'ouest, et presque chaque défrichement est l'occasion de construire une maison en dur, qui servira de base de ralliement aux familles venues des hautes terres à la recherche de terres libres.

Bien que les Bezanozano se sentent relativement proches des Merina, le comportement de ces derniers suscite une certaine animosité, qui, cependant, est moins prononcée que celle qu'ils éprouvent envers les Betsimisaraka. Les Bezanozano pressentent confusément que de bonnes relations avec les Merina leur sont profitables.

Les tensions relatives à l'appropriation des terres boisées ne se limitent pas à des animosités interethniques. Dans la vallée de Beparasy-Andapa, elles se traduisent au sein de la population autochtone par des conflits entre les éleveurs, qui lâchent leurs zébus dans la forêt, et les agriculteurs, qui ont entrepris des cultures à proximité. Des conflits ouverts dont les conséquences peuvent être graves — empoisonnement ou convocation au tribunal — apparaissent entre ceux qui se plaignent de voir dévaster leurs cultures par le bétail et ceux qui revendiquent le pâturage coutumier limitrophe. Là encore, le problème évoqué trouve sa source dans la concurrence visant l'appropriation de l'espace boisé. En effet, si l'éleveur décide finalement de parquer ses bœufs au village, il n'y a plus aucune raison de fermer le pâturage coutumier à la culture sur brûlis. Dans ce cadre, ce sont donc les propriétaires de bœufs, donc ceux qui font économiquement partie de la classe dominante, qui sont pris comme boucs émissaires par les plus défavorisés, plus nombreux.

Ces comportements s'observent dans toutes les zones étudiées. Ils traduisent une certaine anxiété quant à l'avenir, une anxiété qui va croissant tandis que les réserves de terres arables que constitue la forêt disparaissent.

Pâturages coutumiers et conflits dans la vallée de Beparasy

L'élevage bovin à Ankazondandy et à Anbohimiarina, comme dans l'ensemble de la vallée de Beparasy, est extensif. Chaque hameau possède son propre pâturage coutumier, situé à l'est ou à l'ouest de la vallée, la forêt de l'est étant plus favorable car elle est plus épaisse et plus humide par que celle de l'ouest. Les pratiques liées aux pâturages coutumiers révèlent les stratégies des usagers au sein de la collectivité. Certains trouvent avantageux d'amener leurs troupeaux en forêt, où ils pourront prélever leur ration facilement. Cette situation correspond à un manque d'espaces de pâture à proximité des villages. La répartition classique des pâturages coutumiers est devenue incontournable. Toutefois, la détérioration des rapports entre les usagers à tendance à pousser ceux-ci à privatiser les pâturages coutumiers et à installer des *tsiga,* piquets de croix. D'autres sont attachés à la vocation agricole de ces espaces et voient dans le déplacement prolongé des troupeaux en forêt un moyen de fertiliser le milieu. La destruction des cultures de haricots par les bœufs dans les zones de *tavy* est alors douloureusement perçue. La superposition des usages contribue ainsi à amplifier les multiples conflits. (RR)

Processus démocratique et dialogue

Si l'optimisation de la gestion des terroirs est, grâce à la décentralisation, l'objectif de la politique environnementale nationale, il est indispensable de trouver un espace de dialogue, qui autorise la convergence et la coordination des différentes représentations de la forêt en vue d'établir un projet de société viable sur le long terme au sein duquel chacun des acteurs puisse trouver son intérêt propre. Le processus démocratique pourrait-il remplir ce rôle ?

Démocratie et organisation coutumière

Les rouages du régime démocratique parlementaire sont mal connus par la population rurale. Les personnalités élues se voient attribuer par les paysans des rôles particuliers, qui ne s'inscrivent pas dans une vision d'ensemble. Il faut dire qu'aucun enseignement civique n'est dispensé et que les informations sur les structures ne parviennent à la population que déformées par les discours de propagande qui précèdent les élections. C'est seulement à ce moment que les populations rurales se sentent impliquées dans la vie politique de la nation. Toutes les manœuvres transitoires — changement de gouvernement, lobbying, travail parlementaire, projets et propositions de lois... — sont pour les paysans des intrigues tananariviennes dont ils ne saisissent ni le sens ni la portée.

En près de quarante ans d'indépendance, le jeu électoral n'est pas entré dans les mœurs à Madagascar. En pays bezanozano comme en pays betsimisaraka, le pouvoir, bien que légitimé par la communauté de référence, ne s'obtient pas par le vote de l'ensemble de la population. Il se fonde sur une série de critères, parmi lesquels la naissance, les compétences affirmées par l'expérience, le charisme... A cela s'ajoute, plus particulièrement en pays bezanozano, le fait que le représentant d'une communauté quelconque ne peut être destitué de ses fonctions que par la mort ou la sénilité. Cette manière de percevoir le pouvoir se retrouve à l'échelon national.

L'identité nationale a été entretenue au cours de l'histoire depuis les rois unificateurs, et largement cultivée par les différents partis, qui ont joué sur la fibre nationaliste, comme le Psd, l'Arema, l'Undd. Depuis la présidence de Tsiranana, la fête nationale est célébrée le 26 juin dans tout Madagascar et donne lieu à de nombreuses réjouissances. Il est vrai que cette identité nationale repose sur l'existence d'une base linguistique commune à l'ensemble des dialectes parlés dans le pays, mais aussi sur l'isolement relatif de l'île, qui l'a préservée de l'influence des pays limitrophes et a permis à ses habitants d'élaborer une culture originale qui les a rapprochés. Ce sentiment s'est encore renforcé depuis l'intervention d'étrangers, dont les mœurs sont très éloignées de celles des autochtones. D'autre part, l'intérêt que les étrangers montraient pour les richesses du pays a fait prendre conscience du danger que pouvait constituer leur présence au regard de la perpétuation d'un certain mode de vie. C'est sur la terre que s'est focalisée l'attention. Face à l'intrusion étrangère, le concept de terre des ancêtres, qui est une réalité au sein du terroir, a été virtuellement étendu à l'ensemble du territoire malgache jusqu'à être assimilé à la patrie.

Ainsi, le président de la République est entendu comme le *raiamandreny,* le père de la nation, il personnifie l'unité de la Grande Ile. Il est entouré d'un immense respect et il est difficilement concevable qu'il soit contesté après son arrivée au pouvoir. Sa remise en cause reviendrait à rompre la cohésion de l'ensemble des Malgaches *(fihavanana).* Selon la conception des paysans, on devrait le laisser en place même s'il fait des erreurs car elles seront, avec le temps, sources d'expériences enrichissantes. Sa charge ne peut donc se concevoir que sur le long, voire le très long terme. On préfère par conséquent faire confiance aux vieux politiciens, déjà rompus aux arcanes de la vie politique, plutôt qu'aux jeunes arrivistes, plus enclins à faire fortune qu'à défendre la population.

Les représentants de la population auprès de l'administration

Il en va différemment des représentants locaux, qui sont davantage perçus comme des personnalités de l'Etat et de son administration *(fanjakana)*. La population sait qu'elle a, grâce aux élections, un rôle déterminant dans le choix de ces représentants. Elle ne se prive pas de sanctionner un mandat qu'elle n'a pas approuvé par une non-réélection, mais ne s'investit pas directement dans les affaires courantes de la commune et du département. Les représentants locaux sont mandatés pour défendre les intérêts des électeurs auprès des diverses instances de l'administration, mais les méthodes et les moyens employés n'intéressent pas la population. Seuls les résultats comptent.

La position des élus locaux est par conséquent assez difficile à tenir car, d'un côté, ils doivent préserver leur position sociale au sein de leur communauté d'appartenance et, de l'autre, ils doivent exécuter les directives des instances administratives supérieures. Or ces deux fonctions sont parfois difficilement conciliables, ce qui explique que les élus ne sont pas nécessairement des personnes ayant une forte assise sociale coutumière. Au contraire, du fait d'une certaine méfiance envers l'Etat, ceux qui ont un rôle coutumier préfèrent ne pas donner à la communauté villageoise de raisons de contester leur emprise.

Du fait de l'absence de programmes politiques, on ne conçoit la politique[47] qu'à travers ses personnalités et le vote se résume à un plébiscite, sans que la fonction à pourvoir ne soit parfaitement cernée. Les députés[48] sont essentiellement chargés de gérer les fonds nécessaires à la construction d'infrastructures telles les routes ou les écoles (en 1995, 302 millions ont été attribués par l'Etat à chaque département à cet effet). C'est donc avant tout leur qualité d'homme d'affaire qui est déterminante. S'ils ne font pas ce que la population attend d'eux, ils seront molestés et leur mandat ne sera pas renouvelé. Les électeurs votent plutôt pour un candidat dont la résidence se trouve à proximité ou qui est natif de la région, car ils espèrent ainsi que, s'il est élu, il défendra mieux les intérêts de son fief auprès des autorités, comme c'est d'ailleurs souvent le cas.

Les maires sont élus par les conseillers municipaux, qui sont élus au suffrage direct[49]. Bien que rien ne soit stipulé dans les textes, les conseillers devraient

47. Politique se traduit en malgache par *pôlitika,* mais ce terme est péjoratif dans le sens où il renvoie aux magouilles, à la ruse et à la traîtrise.

48. Pour le département de Moramanga, trois députés ont été élus : un Merimonina originaire de la commune de Beparasy, un Bezanozano Merimitatra originaire d'Anjiro et un Merina établi à Moramanga.

49. Sur les deux anciennes communes d'Anosibe-Ifody et de Beparasy, trois communes ont été établies en 1995. L'une, à Beparasy, correspond en fait aux anciennes limites administratives de la commune. Les deux autres se partagent l'ancienne commune d'Anosibe-Ifody : les hameaux d'Ambodinifody, d'Anosibe et de Tsaramiafara ont été rassemblés dans la commune d'Anosibe-Ifody, et ceux d'Antanajaza, de Vodiriana et de Fatakana, dans celle de Vodiriana. Lors des élections communales de Beparasy, il y a eu 2 001 votants sur 3 719 inscrits.

être choisis au sein de chacun des hameaux qui composent la commune. La propagande électorale comprend discours et visites dans les hameaux de la circonscription. Le charisme joue un rôle prépondérant. Pour les populations, les conseillers doivent avant tout faire valoir l'intérêt des hameaux auprès de la délégation communale (approvisionnement en médicaments, répartition des impôts et des recettes fiscales...). Cette fonction suppose de nombreux déplacements, non seulement au chef-lieu de la commune, mais aussi à Moramanga, et seuls ceux qui ont les moyens d'employer des salariés postulent.

Le vote se fait à bulletin secret dans les chefs-lieux de hameau. Mais le réseau d'affinité qui désignera le candidat élu se conçoit selon une hiérarchie particulière calquée en premier lieu sur les relations parentales (noyau familial ou lignage), puis sur la préférence ethnique. Les paysans votent le plus souvent pour une personne qui a été désignée par les membres respectables de la communauté de référence, généralement des anciens, parce que leur expérience vaut toutes les garanties. Les jeunes qui se déplacent hors du territoire villageois et écoutent la radio expriment pourtant de plus en plus leur opinion personnelle et leurs choix sont souvent divergents. Mais leurs opinions ne se retrouvent pas dans le résultat des élections. Des proverbes malgaches soutiennent qu'il vaut mieux adhérer aux groupements qui rassemblent le plus grand nombre : Le plus grand nombre forme le peuple et le plus grand nombre forme le fusil — ce dernier étant le symbole de la force *(Izay maro no vahoaka et Izay be no basy)*. De ce fait, les partis les plus puissants ont de plus grandes chances de remporter les élections. Ils ont de plus les moyens de porter leur propagande jusque dans les lieux les plus reculés de Madagascar.

La démocratie est perçue à travers le prisme de l'organisation coutumière, et les tensions relatives aux représentations de la forêt se retrouvent dans la politique. Les mêmes clivages apparaissent, mais cette fois exprimés par les affinités politiques. La démocratie est davantage considérée par la communauté villageoise comme un moyen de contrer les exigences de l'Etat que comme la possibilité de participer effectivement à la vie communale ou départementale. Dans une perspective de gestion optimale des terroirs, les élus doivent donc être relayés à l'échelon local par des instances qui traduisent une réelle participation de l'ensemble de la communauté villageoise. Ces instances peuvent, lorsque la cohésion sociale est forte comme c'est le cas à Manakana, se concevoir directement à partir de la structure coutumière. Mais lorsque la structure coutumière est remise en question, comme c'est le cas à Tsaramiafara[50], il devient

50. Les éléments qui sont habituellement considérés comme générateurs de liens sociaux sont particulièrement réduits en pays *bezanozano :* les activités rituelles tendent à se modifier, voire à disparaître, le rôle des autorités coutumières devient de plus en plus fonctionnel, sans que l'on puisse véritablement y distinguer les tenants et les aboutissants, la structure de la population reflète cette atomisation de la société tout en laissant présager des difficultés auxquelles la population est confrontée.

indispensable de faire émerger une répartition des pouvoirs capable de rassembler les personnes au sein d'une véritable communauté d'intérêt.

Les élus locaux, particulièrement ceux qui sont issus des élections communales, établissent des liens entre les communautés et l'Etat, qui peuvent, grâce à l'intervention des conseillers municipaux, engendrer une certaine homogénéité parmi les hameaux qui composent la commune. Mais leur action est limitée — le domaine privé de l'Etat reste géré par ce dernier sans que les communes soient directement impliquées —, en particulier du fait de l'absence de rapports suivis avec les services administratifs, qui, par leurs actions, interfèrent directement dans les dynamiques sociales qui se nouent localement autour du foncier et de la conversion des espaces de forêt en espaces agricoles.

Les conflits de génération à Tsaramiafara

A Tsaramiafara, les jeunes, lorsqu'ils désirent s'émanciper, reçoivent le don d'avance. Le plus souvent, ce sont de petites parcelles de jachère dégradée ou de rizière difficilement irrigable, qui ne peuvent réellement leur permettre de s'affranchir de leur dépendance. Lorsqu'ils en ont la possibilité, ils se tournent donc vers la forêt. Le *tavy* leur permet alors de se libérer de la tutelle économique de leurs parents, et même de devenir plus riches qu'eux, puisqu'ils vont pouvoir pratiquer des cultures de rente. Les représailles de l'administration, qui ont profondément marqué l'ancienne génération et découragé ses entreprises de défrichements clandestins, préoccupent moins les jeunes. En dépit des directives du *tangalamena* de village, ils investissent des terrains forestiers pour les défricher. Ils courent bien entendu le risque d'être dénoncés au garde forestier. Mais pour quelques-uns, qui occupent des postes dans l'administration locale, comme le garde mobile, ou qui font partie des familles dominantes, le fait de choisir un site de *tavy* autorisant une exploitation optimale soulignera leur indépendance et leur force. Le silence de la population est une adhésion implicite à ces nouvelles pratiques. Il est vrai qu'à Tsaramiafara l'ouverture de *tavy* est bien souvent synonyme d'embauche de salariés et donc de source de revenus pour la partie la plus pauvre de la population. De nouveaux leaders, jeunes et relativement aisés, s'imposent donc, et leurs desseins se trouvent en concurrence directe avec ceux des vieux *tangalamena* de village. Les jeunes, qui préfèrent rester au village plutôt que d'aller travailler en ville, trouvent dans cette organisation des pouvoirs de nouvelles perspectives pour l'avenir. Il devient possible de rester sur place, de s'enrichir et de cultiver les terres défrichées : le manioc de chez nous n'est pas encore amer. Chez les jeunes, l'appât du gain et la considération sociale l'emportent sur le respect des autorités coutumières et ces dernières tendent aujourd'hui à s'effacer. (SA, SR)

Les services administratifs et la gestion du terroir

Sigrid Aubert, Serge Razafiarison

De nombreux services administratifs de l'Etat interviennent dans la gestion des ressources, mais seule l'activité du service des eaux et forêts et de celui des domaines sera abordée.

L'intervention du service des eaux et forêts

« Du moment que c'est Zanahary qui a donné cette forêt, comment l'Etat peut prétendre se l'approprier puisqu'il ne l'a pas plantée ? »

Les forêts classées, les stations et réserves forestières et les périmètres de reboisement et de restauration sont théoriquement gérés par le service des eaux et forêts. Il définit et promeut la politique sous-sectorielle relative à cette gestion et la fait exécuter par les différentes instances hiérarchiques qui se trouvent sous son autorité :

– le service provincial, dont le bureau pour la zone d'étude se trouve à Toamasina ;
– la circonscription du service des eaux et forêts (Moramanga) ;
– le cantonnement forestier (Moramanga) ;
– le triage forestier (Anjiro).

Chacun possède théoriquement ses propres domaines de compétence, mais la restriction de budget dictée par la conjoncture a limité certaines procédures et interventions (MINISTÈRE DE LA PRODUCTION ANIMALE ET DES EAUX ET FORÊTS, 1987).

Les effets pervers des permis de défrichement

Le garde forestier responsable du centre de triage étudie les demandes d'autorisation de défrichement et délivre les permis. C'est à lui qu'il appartient d'apprécier la valeur de la forêt à défricher, son rôle protecteur et la nécessité du défrichement. A Anjiro, il exerce sa profession sans qu'aucun moyen de locomotion n'ait été mis à sa disposition. Il est seul pour gérer la forêt des sept communes — Beparasy, Antanandava, Sabotsy-Anjiro, Belavabary, Ambosy-dronova, Mandialaza et Anosibe-Ifody — qui se trouvent dans son périmètre. Il lui est par conséquent impossible de se rendre dans tous les villages qu'il devrait contrôler.

Les paysans savent qu'ils doivent théoriquement demander une autorisation avant d'entreprendre un quelconque défrichement, mais à Manakana, cela fait vingt ans qu'on n'a pas vu de représentants des eaux et forêts, et aucune demande de défrichement n'a été déposée depuis bien longtemps. Dans la vallée de Beparasy-Andapa, il arrive occasionnellement qu'une demande soit déposée. En revanche, pour les villages qui s'établissent à proximité de la route, comme Tsaramiafara, des demandes arrivent chaque année au centre de triage d'Anjiro. Loin de viser à établir une réelle politique de gestion des défrichements, les permis sont utilisés, par les fonctionnaires de certaines administrations, comme un moyen d'enrichissement personnel et, par les populations, comme le moyen de faire entériner par l'administration une appropriation foncière.

Durant la saison sèche, la population du hameau de Tsaramiafara se réunit et chaque chef de famille intéressé inscrit sur la demande collective de défrichement son nom, son prénom, le nombre d'individus de son foyer, le nom et la situation géographique approximative (sur un croquis du hameau) du lieu qu'il entend défricher, ainsi que la surface des rizières qu'il détient, car la surface attribuée l'est en fonction des besoins alimentaires du ménage. Il est possible de faire une demande individuelle auprès du garde, mais cette pratique n'est pas encore utilisée sur ces terroirs.

Un représentant de la communauté villageoise collecte auprès des personnes inscrites sur la liste les sommes dues pour l'enregistrement de la demande — 1 000 francs malgaches pour le président du comité local de sécurité, 2 000 francs pour la commune et une somme, que les paysans ont préféré passer sous silence, destinée au garde forestier. Il se rend ensuite à Anjiro, où le représentant des eaux et forêts évalue la surface autorisée et l'inscrit face au nom de chaque demandeur. Ces surfaces n'atteignent jamais un hectare quels que soient le nombre d'individus du foyer et la surface de rizière cultivée. Le garde forestier signe et tamponne la demande de défrichement, qui tient ainsi lieu de permis.

Cette procédure soulève cependant de nombreux problèmes. Le premier est lié au fait qu'il est difficile de localiser les parcelles. Officiellement, il n'est possible de défricher que les forêts secondaires qui se situent dans les deux tiers du bas des pentes inférieures à 15 %. Mais l'imprécision des croquis et le fait que le garde forestier ne se déplace pas sur le terrain avant le brûlis rend cette règle difficilement applicable. De plus, la surface inférieure à un hectare attribuée par le service des eaux et forêts ne peut matériellement pas satisfaire les besoins alimentaires d'une famille. Une fois l'autorisation délivrée, le paysan défriche la surface qu'il désire. Il en résulte que les *tavy,* même lorsqu'ils sont légaux, sont rarement inférieurs à un hectare.

Lors de la colonisation et de la mise en place de la législation forestière, de nombreux débats avaient porté sur le statut qu'il fallait attribuer à la forêt secondaire (BERTRAND, 1994). Aujourd'hui, on considère que son caractère arboré la place sous l'autorité du service des eaux et forêts, ce qui est contraire aux principes établis par le droit coutumier, qui attribue au premier défricheur des droits à durée indéterminée sur la parcelle. Il s'ensuit que le caractère temporaire de l'exploitation n'est pas pris en compte par les paysans. L'autorisation de défrichement, lorsqu'elle est sollicitée, est perçue comme une accréditation de l'administration à s'établir définitivement sur une parcelle. Elle équivaut dans l'esprit des agriculteurs à un titre foncier. Ce procédé est utilisé, non seulement par les propriétaires coutumiers qui veulent légaliser leur occupation, mais aussi par les spéculateurs fonciers. En effet, il arrive, malgré le caractère collectif de la demande, que le service des eaux et forêts attribue un permis à une personne qui n'a aucune relation de filiation avec le premier défricheur. Cela engendre des conflits, dont l'issue dépend des autorités amenées à le résoudre.

La repousse d'une végétation arborée sur une parcelle constitue donc une menace pour son propriétaire coutumier, qui pourrait se voir déchu de ses droits par l'intervention du service des eaux et forêts. La solution consiste généralement à réduire le temps de jachère, ce qui contribue à épuiser les sols. Dans ce contexte d'insécurisation foncière, on ne peut envisager d'attribuer un lot de parcelles à une population afin qu'elle puisse y établir une rotation culturale. A Tsaramiafara, le garde forestier a fait une tentative dans ce sens et l'ensemble du lot a immédiatement été défriché.

Les autorisations de défrichement ne peuvent pas, théoriquement, concerner des parcelles de forêt naturelle. Les *tavy* qui s'ouvrent dans les replis du relief boisé sont donc illégaux. Le garde forestier n'a pas *a priori* connaissance de leur existence et il n'intervient que sur dénonciation. Le taviste est alors verbalisé[51] et son champ abandonné.

51. En 1995, le garde forestier a dressé près de quatre-vingts procès-verbaux. Officiellement, selon la réglementation générale des autorisations de défrichement, les amendes sont converties en journées de travail obligatoire et un minimum de cinquante pieds d'eucalyptus doivent alors être plantés par les réfractaires. Les personnes interrogées disent quant à elles que les amendes sont fréquentes et élevées.

Dans ces conditions, l'autorisation de défrichement ne semble pas répondre aux objectifs politiques pour lesquels elle a été créée. Elle semble même paradoxalement aller dans le sens d'une détérioration de l'environnement et d'une paupérisation des agriculteurs les plus pauvres.

La gestion des forêts secondaires : problème technique ou légal et social ?

L'approche agronomique, longtemps négligée depuis CHABROLIN (1965), est remise à l'honneur pour résoudre le problème des *tavy* (BERTRAND *et al.*, 1996). C'est cette même approche qui permet de lister les actions envisageables pour améliorer les systèmes culturaux sur *tavy* (ALLAIN, 1997) :
- généraliser la technique des bandes d'absorption ;
- améliorer les techniques de brûlis et de minéralisation ;
- favoriser la production de litière ou de compost, principalement grâce à l'agroforesterie ;
- encourager et développer les associations et les rotations de cultures, en particulier avec des légumineuses comme les lentilles, et proposer des solutions techniques culturales fondées sur la gestion agrobiologique des sols (plantes de couvertures et culture sans labour) ;
- encourager les systèmes agroforestiers existants ;
- expérimenter des jachères améliorées avec des plantes améliorantes locales ou agroforestières ;
- développer éventuellement des systèmes de culture en couloirs.

Des opérations de développement et d'enrichissement des jachères ont été entreprises il y a une dizaine d'années pour améliorer les forêts secondaires, dans le cadre du projet de la Fao sur les vallées forestières. Ces opérations n'ont pas eu de suite. En effet, pourquoi s'intéresser à la régénération des forêts secondaires tant qu'il est possible de défricher la forêt sans contrainte ? En règle générale (sauf dans certaines parties de la cuvette d'Andapa), on est loin d'une réelle saturation foncière et les possibilités d'extension des *tavy* sont réelles.

Mais le statut des forêts secondaires pose un autre problème majeur : les forêts secondaires sont-elles des forêts dégradées ou des jachères ? font-elles parties des espaces forestiers ou des finages ? qui doit les gérer ?

Si les forêts secondaires sont des forêts dégradées, comme le prétend l'administration des eaux et forêts, alors il faut en exclure les paysans et les aider à se reconstituer par des actions sylvicoles. On sait aujourd'hui que ce serait utopique.

Si les forêts secondaires sont, comme le montrent les pratiques paysannes des jachères, partie intégrante des finages, alors il faut y développer des actions agronomiques.

L'exemple du projet de la Fao prouve que toute action de développement visant à améliorer les forêts secondaires est conditionnée par la reconnaissance préalable du statut agricole des forêts secondaires. C'est là que la politique actuelle de gestion locale des ressources renouvelables, mise en place avec l'adoption de la loi 96-025, trouve l'une de ses raisons d'être. On sait, en effet, qu'un contrat de gestion locale sécurisée combine le transfert contractuel de la gestion locale d'une ressource renouvelable (en général une forêt) et la sécurisation foncière relative de l'ensemble des occupations foncières (y compris les jachères) sur le terroir de la communauté rurale signataire (BERTRAND *et al.*, 1997).

Il apparaît donc que le statut des forêts secondaires et des forêts naturelles est au cœur de la problématique des *tavy :* les contrats de gestion locale sécurisée, par le cloisonnement de l'espace et l'arrêt des défrichements qu'ils entraînent, peuvent contribuer à faire évoluer les systèmes agraires vers l'intensification si des solutions techniques sont proposées aux paysans pour augmenter la productivité agricole. Il ne sera possible de transférer la gestion des ressources forestières et d'assurer la sécurisation foncière relative des terres cultivées, y compris des forêts secondaires, que s'il existe des solutions techniques autres que l'extension des *tavy* défricheurs pour répondre à la croissance démographique. La négociation et la mise en place d'un contrat de gestion locale sécurisée peuvent constituer un cadre intéressant pour conduire de façon simultanée l'amélioration immédiate de la production agricole et l'investissement à long terme dans la restauration de la fertilité des sols sur un terroir donné pour une communauté rurale. (AB)

L'exploitation forestière comme revenu d'appoint

Les demandes d'exploitation forestière suivent, théoriquement, la procédure suivante. La demande sur papier libre est déposée par celui qui désire exploiter auprès du hameau, puis un repérage des lieux s'effectue avec la communauté rurale. Un croquis sommaire de l'emplacement destiné à l'exploitation est porté au service topographique de Moramanga. Le demandeur, accompagné d'un certificateur et de deux cautionnaires, chacun muni d'une attestation d'emploi et de papiers d'identité, remplit un formulaire au cantonnement des eaux et forêts de Moramanga. Le service du cantonnement des eaux et forêt réalise, aux frais du demandeur, une reconnaissance sur le terrain et répertorie les différentes catégories d'essences présentes sur le lot. Le dossier ainsi constitué est déposé par le demandeur au bureau des eaux et forêts de Toamasina, si la surface de la parcelle est inférieure à 100 hectares, ou à la direction des eaux et forêts d'Antananarivo, si elle est supérieure à 100 hectares. Le service concerné répond au demandeur, le plus souvent de manière affirmative, dans un délai de trois mois à trois ans, délivre le permis d'exploitation et le signale aux services inférieurs. L'exploitant peut ensuite exercer et devra payer sa redevance au service de la circonscription : des barrages sont posés sur les routes, et les transporteurs laissent aux agents en poste un papier stipulant la nature de leur chargement et les références du permis d'exploitation, l'ensemble de ces papiers est ensuite porté au service du cantonnement, qui en dresse une comptabilité. Le service de la circonscription envoie la facture de la redevance à l'exploitant forestier, et ce dernier vient la régler tous les mois ou tous les trimestres selon ses disponibilités. Si la redevance n'est pas payée, le permis est suspendu et les agents en poste au barrage routier réquisitionnent le bois (ils peuvent s'en servir pour fabriquer des meubles destinés à l'aménagement des bureaux, mais ils n'ont pas le droit de le vendre). Le chef de cantonnement délivre après une visite sur les lieux l'attestation de reboisement nécessaire au renouvellement du permis.

Dans la pratique, cependant, les exploitants forestiers ne discutent pas les modalités de l'exploitation avec la communauté rurale où ils désirent s'installer. Bien souvent, comme l'ont déjà relevé LEMALADE et DEWAELE (1996), les lots sont inventoriés « sur la table » et les comptages et cubages sont faussés selon le montant des pots-de-vin offerts aux agents forestiers. En revanche, contrairement à ce qui se produit à Didy, les exploitants forestiers — un dans la commune de Beparasy et quatre dans celle d'Anosibe-Ifody — sont tous des migrants merina. En effet, la procédure est extrêmement coûteuse — de 100 à 500 000 francs malgaches selon les critères retenus par le garde forestier, auxquels s'ajoute le montant des transactions et des déplacements. De plus, il est nécessaire d'avoir de nombreuses relations bien placées si l'on veut obtenir les autorisations dans un délai minimal (le délai peut atteindre une vingtaine d'années pour ceux qui ne remplissent pas ces conditions). Les autochtones n'ont ni les moyens ni la possibilité d'exploiter le bois pour leur propre compte car, outre les sommes considérables qu'il faut débourser pour obtenir un permis, le circuit de la distribution est totalement fermé aux petits exploitants qui ne font pas partie du milieu (RAKOTONDRASOLO, 1989). Au cours de leur histoire, les Bezanozano ont souvent dû se salarier et ils ont su s'imposer dans les emplois journaliers de bûcheron, bien que les Betsimisaraka aient une meilleure réputation dans ce domaine. Ce sont eux qui exercent majoritairement dans la région de Tsaramiafara. Les qualités de cette main-d'œuvre encourage par ailleurs l'exploitation illicite.

C'est au chef du centre de triage que revient la tâche de vérifier que les exploitants titulaires de permis respectent bien la réglementation et de contrôler la circulation des produits forestiers. Il doit constater les délits éventuels et verbaliser. Cependant, le manque de moyens et la mauvaise circulation des informations d'un service à l'autre jouent en faveur des exploitants peu scrupuleux, qui, de plus, ont obtenu leurs autorisations d'instances hiérarchiques supérieures.

Pour le bûcheron, la distinction entre l'exploitant licite et l'exploitant illicite n'est pas vraiment importante car, qu'il travaille pour l'un ou l'autre, le salaire et le travail sont les mêmes : il est payé en fonction du nombre de madriers coupés — 3 000 francs malgaches pour des madriers de 18 centimètres d'épaisseur taillés dans des espèces communes (*hazo domoina* ou *famelona*) et 5 000 francs pour ceux de même taille coupés dans des espèces plus recherchées *(varongy)*. Un bûcheron peut faire jusqu'à 5 madriers dans un seul arbre, il atteint ainsi le nombre maximal possible en une semaine de travail à temps plein.

Les deux exemples suivants d'exploitation forestière concernent la commune d'Anosibe-Ifody. Dans le hameau de Vodiriana, du mois de janvier au mois de mars, le tracteur vient ramasser le bois une fois par semaine, chaque jour dans un village différent. C'est à ce moment que les ouvriers perçoivent leur salaire. Ils sont payés soit en nature (le tracteur arrive chargé de nourriture et de produits de première nécessité), soit en argent liquide. Les bûcherons vont chercher les arbres à couper où bon leur semble, sur toute la forêt qui s'étend sous leurs yeux, c'est-à-dire dans la limite de leur terroir[52]. Il faut seulement choisir un endroit suffisamment accessible pour pouvoir transporter les madriers à dos d'homme. Dans le hameau de Tsaramiafara, tout au long de l'année certains hommes vont louer leurs services à un exploitant forestier. Le tracteur vient également ramasser le bois une fois par semaine aux points de collecte convenus et distribue alors les salaires (uniquement en argent). Les bûcherons vont chercher les arbres à couper sur un espace délimité, qui leur a préalablement été indiqué par le responsable de l'exploitation, et il ne doit couper que les arbres marqués.

Dans les deux cas, le statut du bûcheron et la représentation qu'il a de la forêt naturelle sont les mêmes. Il est communément admis que le garde forestier et l'exploitant se mettent préalablement d'accord lorsqu'il s'agit d'attribuer les parcelles de *tavy*. L'exploitant merina et l'administration ne font qu'un et semblent tous deux avoir les même droits prioritaires sur l'espace forestier. Malgré les conventions établies par la coutume, le paysan n'a aucun recours contre l'exploitant qui viendrait lui présenter un papier stipulant que telle ou telle parcelle lui est réservée. Dans ce cas, il n'a plus qu'à attendre que l'exploitant abandonne son lot pour espérer pouvoir y revendiquer l'installation d'un *tavy*. Cette mainmise apparaît d'autant plus pesante que les redevances qui devraient être versées aux chefs-lieux administratifs n'existent pas en cas d'exploitation illicite et sont minimes dans les autres cas.

Malgré les liens de parenté, l'individualisme est de rigueur. Les objectifs de la population sont fragmentaires et à très court terme. Chacun exploite les ressources ligneuses pour en tirer un profit immédiat et maximal — ce qui est pris aujourd'hui ne le sera pas par un autre demain —, ce qui conduit à une exploitation anarchique et irrationnelle, dont la forêt est la principale victime.

Les paysans perçoivent par conséquent l'intervention du service des eaux et forêts comme une manœuvre de l'administration destinée à les destituer de leurs terres et de leurs ressources ligneuses au profit des fonctionnaires et des exploitants forestiers[53]. Ils ne trouvent aucun intérêt à protéger leur forêt. Tant que celle-ci ne sera pas entièrement défrichée, elle attirera des étrangers qui perturberont l'ordre social établi par la coutume.

Les représentations multiples et concurrentes que les différents acteurs qui interviennent dans la gestion des ressources renouvelables se font de la forêt

52. Cette exploitation repose aux yeux des paysans sur l'obtention de permis de coupe délivrés par l'exploitant forestier ; ces autorisations proviennent bien entendu d'une interprétation frauduleuse du permis de coupe légalement reconnu.

53. Les relations entre la population et le garde forestier dépendent de la conjoncture politique : le garde forestier déclare d'ailleurs travailler dans un contexte dangereux depuis la fin de la seconde République.

s'affrontent sans parvenir à une gestion durable. Une majorité de paysans ne trouvent que peu d'intérêt à préserver une forêt dont ils ne tirent de profits substantiels qu'en la mettant en culture, et le service des eaux et forêts entend lutter pour conserver le monopole de l'exploitation des produits forestiers.

L'insécurisation foncière

Les terres enregistrées restent l'exception dans le sud de l'Ankay. Aucune n'a été répertoriée à Tsaramiafara et à Manakana, et quelques-unes l'ont été dans la vallée de Beparasy-Andapa. Cette situation tient aux modes d'appropriation foncière coutumiers originaux, mis en œuvre par les communautés autochtones. Leur reconnaissance par toutes les personnes amenées à intervenir sur le terroir semblait constituer une sécurisation suffisante des terres. De plus, la communauté villageoise évitait l'implication de l'Etat dans ses affaires personnelles et échappait ainsi à la pression fiscale. Mais ce type de sécurisation foncière peut être remis en cause dès l'apparition de facteurs perturbateurs.

La remise en cause des modes d'appropriation coutumiers

D'une part, le droit coutumier peut être contesté si des scissions apparaissent au sein de la communauté. Le cas s'est déjà produit à Tsaramiafara. En effet, une incertitude règne sur les règles à respecter quant à la prolifération des eucalyptus, par exemple : le propriétaire des arbres voit-il son terrain s'étendre lorsque des rejets apparaissent aux alentours de sa plantation, ou bien le propriétaire de la parcelle limitrophe est-il en droit de revendiquer les arbres qui s'y établissent ? Le problème n'a pas été résolu à Tsaramiafara, et on s'efforce de le contourner en arrachant systématiquement les jeunes pousses qui apparaissent, quitte à les replanter quelques mètres plus loin.

Par ailleurs, les eucalyptus, dont on dit qu'ils ont été plantés par un Sénégalais lors de la colonisation, sont censés appartenir à la communauté villageoise, leur gestion fait cependant l'objet d'âpres discussions. Le produit de leur vente a été utilisé sous le régime de Ratsiraka pour construire l'école, mais depuis la transition les pouvoirs de la communauté villageoise ont considérablement diminué et aucune structure ne possède désormais suffisamment d'autorité pour assurer la gestion de ce parc. Des intérêts particuliers se sont donc manifestés au détriment des intérêts généraux. Certains villageois ont tenté de s'approprier des surfaces. C'est ainsi que le *tangalamena* de village est en conflit ouvert avec l'instituteur car le premier revendique l'exploitation des arbres pour son propre compte et le second, pour le compte de l'école — une disposition coutumière stipule qu'il est interdit de commercialiser le bois des eucalyptus de la communauté villageoise à titre privé, seuls des droits d'usage sont autorisés. Peu à peu un statu quo s'est instauré et le sujet, véritable cause de discorde, est devenu tabou. Pourtant, on a pu observer des fours à charbon récents, sans que le nom de leur initiateur n'ait été prononcé.

D'autre part, le droit coutumier peut être remis en question par l'arrivée d'éléments étrangers, tels les migrants ou les représentants d'organismes publics. Dans le pays bezanozano du sud de l'Ankay, les divers faire-valoir indirects de la terre sont fréquemment utilisés par les migrants merina comme un moyen d'accéder à la propriété foncière. Le fermage et le métayage ont été interdits sous la IIe République et n'ont aujourd'hui toujours pas de bases légales (KARSENTY *et al.*, 1996). Par conséquent, l'exploitant agricole ne trouve aucun obstacle, si ce n'est financier, pour acquérir légalement auprès de l'Etat, propriétaire présumé de toute terre non immatriculée, la parcelle qu'il met en valeur. C'est ainsi que plusieurs cas se sont présentés où un exploitant a fait immatriculer en son nom les rizières qu'il travaillait, sans que les propriétaires coutumiers qui avaient été dépossédés n'aient de recours.

Il arrive également que des individus non établis sur le terroir revendiquent les terres de leurs ancêtres. Or cette demande ne peut être remise en cause lorsque les généalogies ne sont pas maîtrisées. Ainsi, à Tsaramiafara, un homme venu de Moramanga a réclamé un lot important d'eucalyptus en se réclamant de la descendance du Sénégalais et, malgré les mécontentements suscités, il a pu faire du charbon.

Les parcelles d'eucalyptus plantées à Tsaramiafara en 1981 par le service des eaux et forêts et destinées à inciter les villageois à pratiquer cette culture, de même que celles plantées par la Fanalamanga, une société semi-publique, ne sont pas exploitées par la population. Personne n'entreprend d'y couper les arbres car on craint les représailles du garde forestier ou d'un mandataire de la Fanalamanga. Ce sont des territoires interdits. La population se contente d'en limiter l'extension par la technique de l'arrachage des plants. Pourtant, ni la plantation des eaux et forêts, ni celle de la Fanalamanga[54] ne sont officiellement répertoriées dans leurs services respectifs. Il faut dire que l'information ne circule pas aisément entre les différentes instances hiérarchiques d'un même service et, à plus forte raison, entre les différents services administratifs — service des eaux et forêts, service topographique, domaines, service de la vulgarisation agricole et autorités administratives décentralisées[55]. La répartition

54. La Fanalamanga possède un fichier sur lequel apparaissent toutes les terres que la société a mises en valeur. En effet, la majorité des terres plantées par la Fanalamanga ne lui appartiennent pas. La société ne possède que les arbres qui y sont plantés. De graves conflits ont d'ailleurs éclaté plus au sud, vers Beparasy, où des centaines d'hectares ont été brûlés par les agriculteurs qui manifestaient ainsi leur mécontentement face à ce qu'ils considéraient comme une spoliation.

55. Ainsi, dans le département de Moramanga, la non-immatriculation des forêts, même classées, pose un certain nombre de problèmes. Les zones boisées gérées par le service des eaux et forêts ne sont donc pas clairement délimitées. Il s'est présenté des cas où les compétences des services forestiers et domaniaux se sont directement opposées car ces services avaient engagé des procédures inconciliables sur un même espace.

des tâches entraîne parfois un manque de cohérence dans les actions. De plus, la réduction des moyens de l'administration engendre non seulement des difficultés concernant le personnel (beaucoup de postes restent à ce jour inoccupés), mais également des difficultés concernant l'archivage et la communication.

Par conséquent, le droit de l'Etat supplante le droit coutumier. Même si les procédures ne sont pas respectées, un papier portant un en-tête ou un sceau officiel ou la présence d'un représentant de l'administration impose les dispositions foncières promulguées par l'Etat à la communauté villageoise.

Les procédures d'immatriculation foncières

L'altération de la cohésion sociale liée au processus de production de la coutume et la concurrence qui se manifeste entre les deux ordres juridiques distincts (droit de l'Etat et droit des communautés) engendrent un climat d'insécurité foncière, qui se traduit par une extrême méfiance à l'égard des étrangers qui s'intéressent de trop près aux paysans et à leurs possessions. Cette méfiance s'accroît naturellement à mesure que l'on se rapproche de la RN2. Il devient donc indispensable pour les paysans de remédier à cette situation, qui engendre des conflits et les dissuade de mettre en valeur les terres. Les agriculteurs connaissent la procédure d'immatriculation foncière car elle a été utilisée aux dépens de certains de leurs voisins. Même s'ils ne se sont pas directement impliqués dans les contentieux[56], ils en ont beaucoup discuté. Ils savent qu'ils pourraient soit faire officiellement établir leur mise en valeur, soit acheter eux aussi directement leurs terres à l'Etat. Certains pourraient même se voir attribuer des terrains domaniaux de moins de 10 hectares gratuitement : ce sont ceux qui ne cotisent pas aux impôts généraux sur le revenu au titre d'une possession foncière[57], les anciens combattants ou les anciens militaires, les anciens élèves agronomes ou simplement les jeunes mariés. Mais la procédure actuelle est trop coûteuse et beaucoup trop longue (plus de dix ans) : tous les frais sont à la charge du demandeur, depuis les indemnités de déplacement de la commission qui viendra à plusieurs reprises sur le terrain jusqu'à l'achat des bornes et aux photocopies d'imprimés administratifs à remplir et à joindre au

56. Il n'a pas été possible de retrouvé de traces de ces contentieux au service des domaines. Il est vrai qu'aucune recherche n'a été ménée au tribunal de première instance d'Ambatondrazaka, et que les propos des villageois se faisaient très vagues sur ce sujet. Selon la législation en vigueur, il est possible de s'opposer à une demande d'immatriculation soit en produisant un titre foncier existant, soit en fournissant la preuve que le terrain a été mis en valeur par l'opposant durant les dix années précédant la demande.

57. Ils sont nombreux car, pour la commune de Beparasy par exemple, les listes n'ont pas été révisées depuis 1987 et, depuis, nombreux sont ceux qui sont décédés, qui ont atteint la majorité, sans compter que les surfaces cultivées ont évolué.

dossier. Il faut compter plus de 2 millions et plusieurs années pour immatriculer une surface de 2 hectares, alors que le prix de vente d'une rizière est de 1 million l'hectare.

Les modes d'appropriation coutumiers de la terre prévalent aujourd'hui encore dans la majorité des campagnes malgaches, et moins de 10 % de la surface du pays est actuellement enregistrée au service des domaines. Dans certaines communautés rurales où les conditions se prêtent à leur efficacité, comme Manakana, ces modes d'appropriation ne sont pas dommageables. Mais face aux scissions observables dans d'autres communautés, à Tsaramiafara par exemple, où les comportements tendent à s'inscrire dans une logique individualiste et non plus communautaire, et surtout face à l'intrusion de facteurs exogènes, notamment l'arrivée de migrants ou d'initiés pour lesquels la procédure d'immatriculation foncière est envisageable, les modes d'appropriation coutumiers de l'espace sont remis en cause. L'insécurisation foncière engendre alors non seulement une recrudescence des conflits, mais aussi une certaine réticence de la population à envisager une réelle mise en valeur de l'espace. Les procédures de sécurisation foncière actuellement proposées par l'Etat ne sont donc pas adaptées au monde rural, la preuve en est la généralisation des occupations illégales du domaine tant public que privé de l'Etat. Des procédures plus simples et moins coûteuses pourraient être envisagées.

Le monopole de la gestion étatique

La décentralisation a déjà, grâce à la démocratisation de l'administration locale, autorisé les paysans à établir un lien avec l'Etat et son administration. Mais la marge de manœuvre des élus reste étroite, ce qui contribue à les cantonner aux yeux des populations rurales dans un rôle d'intermédiaire sans qu'une réelle participation de l'ensemble de la population aux activités communales ne se développe. Face à la réduction des moyens de l'Etat et à l'incapacité des services administratifs à intervenir d'une manière efficace et coordonnée sur le terrain, les terres régies par le principe de domanialité ont été investies par les populations rurales. Celles-ci ont mis en place des dispositifs susceptibles de satisfaire leurs intérêts directs, dont était exclue, du fait de la mainmise du service des eaux et forêts, l'exploitation rationnelle et coordonnée des produits principaux et secondaires de la forêt sur une échelle qui dépassait celle de leur terroir.

Il devient par conséquent impératif de repenser le monopole de la gestion étatique des ressources et du foncier. Le processus de décentralisation en cours pourrait constituer la base d'un nouveau mode de fonctionnement, qui s'appuierait sur la capacité de gestion des communautés rurales, largement occultée jusqu'à présent. Ce nouveau mode de fonctionnement n'est cependant envisageable que dans la mesure où les droits et les obligations qui pèsent sur les ressources sont clairement identifiés et attribués, au cas par cas, aux acteurs de la gestion des ressources sur un espace déterminé, qui pourrait être qualifié de terroir. Cette perspective repose sur une redéfinition du rôle de l'Etat qui, loin d'être relégué au second rang, serait investi d'une véritable fonction d'encadrement et de coordination des politiques : d'une part, les fonctionnaires des services techniques de l'Etat ont acquis au cours de leur formation et de leur vie professionnelle des connaissances et une maîtrise des techniques dont les paysans ne pourront se passer s'ils sont amenés à prendre la gestion de leur terroir en main ; d'autre part, il est évident que de nombreuses mesures d'accompagnement sont indispensables et indissociables d'une action à l'échelle nationale : distribution coordonnée des droits et obligations aux acteurs, coordination et stimulation des initiatives liées à l'aménagement du territoire, fiscalité, appui à l'initiative privée et aux investissements, encadrement du commerce régional, national et international grâce à la mise en place d'outils économiques adaptés.

Accès au marché, accès au foncier et migrations

Alain Bertrand, Jean-Luc Lemalade

Accessibilité et migrants

Madagascar a connu au cours des vingt dernières années une forte régression économique, qui le place parmi les pays au plus faible produit intérieur brut. Mais cette régression économique, qui se traduit aujourd'hui par une extrême pauvreté rurale, ne s'est à aucun moment transformée en une quelconque atonie sociale. Partout sur la Grande Ile, de puissantes dynamiques sociales et agraires sont à l'œuvre et transforment progressivement les modes de vie et les paysages.

La façade orientale n'a bien évidemment pas échappé à cette évolution, qui a pourtant alimenté les discours catastrophistes sur la « déforestation et la démographie galopante ». OTTINO (1998) rappelle à juste titre que la fixation des habitats en pays betsimisaraka remonte souvent à moins d'un siècle : « De nombreuses personnes gardent le souvenir de cette période de grande mobilité qui, si elle a disparu au niveau des *fehitry* ou de leurs branches localisées dans les différents villages, se maintient pour une partie de la population. En gros, l'idéal de stabilité est respecté par le tiers des habitants qui, s'occupant des terres ancestrales et formant les noyaux des villages, ne bougent à peu près pas. Un deuxième tiers est plus mobile. Quant au dernier tiers, celui d'hommes et de femmes plus légers que l'herbe sèche, il ne cesse de se déplacer. »

Les travaux engagés par le Fofifa et le Cirad ont permis, pour l'est de Madagascar, de mieux comprendre les déterminants majeurs des dynamiques agraires et leurs relations avec les migrations. LE BOURDIEC (1974) soulignait déjà l'importance du phénomène migratoire pour la diffusion de systèmes de riziculture intensive des Betsileo, par exemple. Les populations betsimisaraka, bezanozano ou même sihanaka des régions de l'Ankay et du bassin de Didy sont généralement considérées à Madagascar comme celles qui migrent le moins. Au contraire, d'autres groupes développent une véritable stratégie à long terme d'expansion, par migrations individuelles puis familiales puis lignagères, comme les Betsileo, les Antandroy et les Merina.

Les travaux dans l'Ankay et dans la cuvette de Didy ont permis d'apprécier l'attrait de ces régions pour les différents groupes de migrants et les facteurs déterminants de leur installation.

L'accès au marché et les systèmes agraires

Les systèmes agraires varient selon les modalités réelles d'accès au marché. Les travaux réalisés dans l'Ankay et à Didy concordent et confirment ce rôle structurant du réseau routier sur les systèmes agraires.

A Beparasy, qui ne dispose pas d'un accès routier ou, du moins, d'un trafic routier régulier, les systèmes agraires sont orientés vers des productions commerciales qu'il est possible de transporter à dos d'homme à travers la falaise de l'Angavo vers le pays merina puis Antananarivo (HENRY, 1992) ou qui ont une forte valeur commerciale ou ajoutée (ANDRIAMBOLANORO, 1996). Il en est de même évidemment à Manakana. Ainsi les cultures de rente sont-elles le haricot, le café, qui ne sort que si les cours sont attractifs ou si le paysan a vraiment besoin d'argent, et surtout le rhum artisanal, produit de forte valeur ajoutée dont la production locale clandestine est favorisée par l'enclavement administratif (RAKOTO RAMIARANTSOA, 1994 ; JEGAT, 1997).

A Tsaramiafara, près de la RN2 Antananarivo-Toamasina, les cultures de rente sont plus nombreuses. Outre le riz lui-même, lorsqu'il y a des surplus dans l'exploitation, on trouve le maïs, le haricot, le manioc, la banane, le bois et le charbon d'eucalyptus. Les trois derniers produits, qui sont pondéreux et doivent être produits à proximité du réseau routier, se développent rapidement dans cette zone (MANITRA RAZAFINDRAZAKA, 1998).

A Didy, l'ouverture de la piste Ambatondrazaka-Didy en 1993 a entraîné une immigration rapide en provenance principalement du sud de Madagascar, du Betsileo et de l'Imerina. Les migrants ont bénéficié d'un accès plus facile aux terres des collines à l'ouest du terroir et ont commencé, ou fortement contribué, à développer des productions nouvelles dans la région, comme la pomme de terre, le haricot et le porc (LEMALADE et DEWAELE, 1996 ; RAVELOSON et CHALVIN, 1998).

Inaccessibilité et isolement

Il convient de dissiper la confusion qui existe entre inaccessibilité et isolement et de clarifier le sens de ces deux termes. Pour vivre heureux, vivons cachés, dit le proverbe. Il semble que, bien souvent, les populations rurales malgaches ne cherchent pas à être reliées physiquement au monde extérieur. Comment expliquer en effet que des communes comme Beparasy ou Didy soient restées pendant des années coupées du monde alors que des travaux limités, voire minimes dans le cas de Beparasy, suffisaient à les rendre accessibles. Ce souci d'inaccessibilité s'explique, dans l'Ankay, par le souvenir encore vivace de la répression de 1946. En 1995, Beparasy était toujours considéré comme inaccessible alors que, depuis une dizaine d'années, il était possible de l'atteindre avec un véhicule 4 x 4 après un trajet, certes difficile, mais somme toute « normal » dans un pays comme Madagascar. Les habitants de Beparasy n'encouragent pas les visites et cultivent leur isolement, craignant le retour de l'administration et de ses contraintes. A Manakana, en revanche, l'inaccessibilité est bien réelle, et les habitants compensent leur isolement physique en entretenant des liens — sociaux et familiaux — étroits avec des personnes originaires de la communauté intégrées dans les services de l'administration. C'est bien la preuve qu'une communauté peut être inaccessible (aux transports routiers) sans être véritablement coupée du monde. L'accessibilité n'en demeure pas moins un facteur important des dynamiques sociales et économiques. Ainsi, à Beparasy, moins d'une semaine après que nous avons montré par notre passage qu'il était possible d'emprunter la route, un camion et une voiture bâchée venaient collecter la récolte de café, ce qui n'était plus arrivé depuis une dizaine d'années. A Didy, la réouverture de la piste entre Ambatondrazaka et Didy a entraîné un développement rapide des dynamiques économiques, sociales et agraires (LEMALADE et DEWAELE, 1996) et un accroissement de la population par immigration. (AB, JLL)

Accessibilité et dynamiques migratoires

Avec l'accessibilité, le foncier devient un enjeu majeur pour les populations rurales et, selon les zones, toutes les contradictions de la problématique foncière malgache apparaissent (BERTRAND et RAZAFINDRABE, 1997).

A Didy, l'ouverture de la piste a fait de l'accès au foncier un enjeu majeur pour les autochtones et les migrants. Les autochtones autorisent les migrants, qu'ils emploient comme salariés agricoles, à s'installer définitivement[58] au bout d'un ou deux ans et leur proposent généralement de leur vendre une parcelle de *zetra,* zone de marais à défricher, à drainer et à transformer en rizière. Dans une zone où il n'y a pas de maîtrise de l'eau, c'est un travail colossal qu'il faut recommencer chaque année. Certains migrants, de plus en plus nombreux, cherchent donc à obtenir des terres à cultiver sur les collines à l'ouest

58. De plus en plus, à l'ouest du terroir de Didy, les migrants se regroupent en quartiers ou hameaux selon leur origine et au bout d'un certain temps les nouveaux migrants de même origine rejoignent directement ces hameaux sans demander l'autorisation d'installation aux autorités coutumières de Didy.

du terroir de Didy. Mais ces terres sont pour l'essentiel des pâturages lignagers coutumiers. Bien souvent, ce sont des membres des lignages autres que les chefs de pâturage coutumier qui vendent ces terres et il en résulte de nombreux conflits.

On assiste donc actuellement à un certain nombre d'évolutions significatives. Avec la remise en cause progressive du rôle des autorités coutumières, la disparition de l'entraide et le développement du salariat, le pouvoir oral des chefs de pâturage coutumier (chefs de lignages ou de segments lignagers) est de plus en plus souvent bafoué. Les lignages se divisent en segments, les pâturages coutumiers se fragmentent progressivement, la coexistence de plusieurs *tangalamena* pour un même segment de lignage fait naître des conflits. Cette situation favorise les « achats » contestés de terre des migrants à la recherche de parcelles de colline. Les autochtones, en particulier ceux des zones défavorisées du marais où la maîtrise de l'eau et l'aménagement de rizières sont impossibles, se retrouvent en compétition avec les migrants dans leur recherche de terres de colline pour pratiquer des cultures de rente intéressantes. L'immobilisme de l'administration foncière crée un terrain propice à la recrudescence des conflits fonciers (LEMALADE et DEWAELE, 1996 ; RAVELOSON et CHALVIN, 1998).

A l'est du terroir de Didy, l'extension des *tavy* traduit une dynamique différente. Ce sont des autochtones qui migrent de la plaine de Didy — en particulier de la zone sud, où la maîtrise de l'eau est impossible — pour assurer leur sécurité alimentaire et profiter de la bonne productivité du travail des *tavy*. Cette migration à l'intérieur du terroir est encore modérée (LEMALADE et DEWAELE, 1996). Dans ce cas, c'est le système agraire qui détermine la migration et non pas l'accessibilité qui détermine le système agraire (figure 19).

Les migrations ne sont pas nécessairement des migrations sur de longues distances : des implantations nouvelles se font souvent à proximité des zones où la densité rend plus difficile l'accès au foncier. Il s'agit là plutôt d'essaimage que de migration. A Tsaramiafara, le terroir villageois est presque saturé et ceux qui n'ont pas une position sociale suffisante pour avoir accès aux *tavy* sur le terroir sont contraints de s'installer quelques kilomètres plus au sud en direction de Beparasy. Cet essaimage des *tavy* en zone forestière s'accompagne d'une colonisation de nouveaux bas-fonds, défrichés progressivement pour la création de rizières irriguées (RAKOTOARIVONY, 1998). On voit donc se reproduire en pays bezanozano un phénomène comparable à celui décrit par RAKOTO RAMIARANTSOA (1994) à propos des Zanakandriambe d'Andranomisa. Plus précisément, le processus observé ressemble à celui décrit pour la migration merina vers l'ouest de l'Amoronkay et du Vakiniadiana, qui a abouti à une déforestation quasi totale (HENRY, 1992). Le défrichement des bas-fonds est associé à la culture temporaire de *tavy* sur les collines (en attendant que la rizière soit drainée et la sole rizicole mûre). La déforestation des collines est favorisée par les paysans pour permettre une mise en eau précoce des rizières (RAKOTOVAO, 1995a).

Mais l'isolement peut être aussi une stratégie d'accès au foncier pour certains migrants. Ainsi, dans la zone située entre Moramanga et Beparasy, de vastes surfaces sont occupées par des plantations de pins réalisées par la Fanalamanga. Lors de l'installation de ces plantations, les populations autochtones ont été chassées et y allument chaque année des feux en représailles. Il existe entre Moramanga et Beparasy un véritable *no man's land*. Les plantations de pins n'occupent pas tout l'espace, elles sont installées sur les meilleurs sols et ont laissé en place nombre de petits îlots ou massifs de forêt naturelle. La partie sud de ces plantations, qui est éloignée de la RN2, est laissée plus ou moins à l'abandon et on observe depuis quelques années un certain nombre d'installations « clandestines » de migrants individuels, qui défrichent progressivement ces petits massifs forestiers pour y faire des *tavy*.

Même dans les zones réellement difficiles d'accès, où il n'existe aucune installation de migrants, les stratégies paysannes s'organisent autour de la sécurisation à long terme de l'accès au foncier. Ainsi, dans la zone de Saviavy-Fito, à l'est de la forêt d'Ambohilero, dans le terroir de Didy, qui se trouve en pleine zone des *tavy* et à quatre jours de marche de la RN2 à proximité de Toamasina, on signale des tentatives d'accaparement foncier par des villageois, qui se rendent régulièrement à Toamasina et déposent des demandes d'immatriculation de terres à l'insu des populations et des autorités coutumières (DIARRA ZOUMANA et RAKOTOARISOA, 1998).

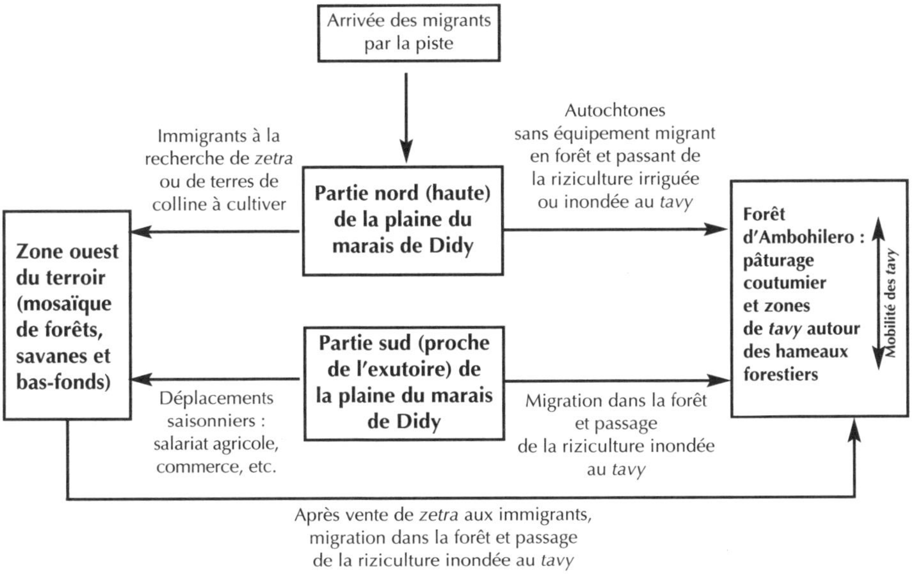

Figure 19. Les flux de populations à l'intérieur du terroir de Didy.

Dynamiques des cultures de rente

La façade orientale de Madagascar, qui s'organise autour du port de Toamasina et de la RN2 de Toamasina à Antananarivo, est traditionnellement l'une des principales régions des cultures de rente et des produits agricoles d'exportation. Cependant, depuis la crise économique des années 80, on y observe une recomposition rapide des systèmes agraires, en particulier du système riz-café (BLANC-PAMARD et RUF, 1992). Certains ont même soulevé la question de la pérennité de certaines cultures traditionnelles de type agroforestier, comme le girofle ou la cannelle, qui, du fait la chute des cours mondiaux, sont négligées, voire supprimées, par les paysans (VALADE, 1995).

Plus généralement, on voit se développer une dynamique de production agricole commerciale dans des zones qui étaient encore récemment orientées vers l'autoconsommation. Ainsi, dans la région de Beforona le long de la RN2, le *tavy* est devenu un système de culture commerciale pour la vente de riz pluvial (PROJET TERRE-TANY, 1997 ; GUIZOL *et al.*, 1996). Dans le même temps, des migrants installent sur les bas-côtés de la RN2, seul foncier qui leur soit accessible, des cultures de gingembre particulièrement rémunératrices. Vers Tsaramiafara, à proximité de la RN2 mais dans l'Ankay, on est passé de l'autoconsommation à la commercialisation de la majeure partie de la production agricole — excepté une partie du riz et parfois du maïs et des haricots. La monétarisation de l'économie est forte.

Cette orientation de l'agriculture vers les cultures de rente entraîne une modification des systèmes agraires, en particulier des pratiques de *tavy* (MANITRA RAZAFINDRAZAKA, 1998). La place du riz est moindre sur les *tavy*. Les paysans cultivent de plus en plus en association le maïs et les haricots, pour lesquels la demande d'Antananarivo est forte, et, lorsque les conditions exigeantes de sa culture sont réunies, des bananiers, dont la production est la plus rémunératrice. Le manioc est réservé aux sols les plus dégradés, dans les zones où l'évacuation des produits est possible. Les pratiques culturales évoluent : on observe dans certains cas un passage au « labour » des *tavy*, signe que les paysans cherchent à intensifier leur production dans une zone où l'accès au foncier est particulièrement difficile.

Il ne faut cependant pas confondre commercialisation de la production agricole et recherche de revenus monétaires. Les populations rurales cherchent systématiquement à se procurer des revenus monétaires, même dans les zones enclavées où l'autoconsommation est la règle, comme à Manakana : « tout ce qui peut se vendre se collecte » (RAKOTOVAO, 1995b). Cela explique l'importance des activités de cueillette. Le long de la RN2 et aux abords de Manjakandriana, les activités de cueillette sont multiples, intenses et systématiques (champignons, écrevisses, miel, plantes médicinales, fibres et même plaques de gazon...). A Manakana, compte tenu de la distance au marché (plus de 60 kilomètres pour atteindre Moramanga), les paysans préfèrent limiter la cueillette aux produits de forte valeur marchande comme les crevettes d'eau douce du Mangoro et les lémuriens vivants, qui sont vendus entre 100 et 200 000 francs malgaches pièce clandestinement. La recherche systématique de revenus est l'expression la plus forte de la pauvreté rurale malgache, qui contraint tous les paysans à la polyactivité.

Il convient de distinguer cultures de rente et cultures pérennes. Les cultures de rente profitent toujours d'une rente de situation géographique (accessibilité). Les cultures pérennes témoignent d'une vision et d'une stratégie paysanne à long terme, souvent avec des motivations foncières, comme en témoigne le cas de l'eucalyptus (BERTRAND et LE ROY, 1991).

Les plantations forestières paysannes d'eucalyptus ne se sont pas cantonnées aux hautes terres orientales mais s'étendent aussi le long de la RN2, presque jusqu'à Andasibe. Le massif forestier paysan d'eucalyptus s'allonge aussi vers le lac Alaotra, le long de la route Moramanga-Ambatondrazaka, hors de la zone des plantations publiques de pins de la Fanalamanga. Pour les paysans, l'eucalyptus est une culture de rente particulièrement attractive (BERTRAND, 1992). La plantation peut produire pendant près d'un siècle sans baisse significative de production, en étant exploitée en taillis tous les trois à cinq ans. Son installation consiste à planter une ou deux lignes de plants en haut de la pente — les paysans maîtrisent parfaitement la régénération naturelle de l'eucalyptus en brûlant la parcelle systématiquement tous les ans (colonisation par l'eucalyptus au détriment du *Philippia*) — et n'exige donc qu'un investissement limité en temps et en capital par rapport à une plantation de caféier, par exemple. Pour peu que l'accès à la parcelle soit assuré, le marché du bois-énergie (charbon de bois ou bois de chauffe), produit de première nécessité et d'usage quotidien, est constant et la vente à un prix connu est garantie.

On comprend donc que les plantations d'eucalyptus se soient multipliées aux bords des routes et des pistes. D'autant plus que la plantation d'eucalyptus représente le stade ultime de la mise en valeur des terres forestières défrichées pour le *tavy* puis progressivement épuisées par des cycles de culture et de forêt secondaire successifs. La plantation d'eucalyptus sur ces terres dégradées assure à la fois une nouvelle mise en valeur lorsque les cultures y sont devenues impossibles et la sécurisation foncière de la parcelle, où l'arbre a une fonction de marqueur foncier. Les plantations d'eucalyptus et de bananiers se développent rapidement au bord des routes de la Mandraka jusqu'à Beforona. Le marché de la banane est actuellement florissant car ce fruit correspond à une demande de l'agglomération d'Antananarivo.

Le caféier est, au contraire, une culture en mutation. Le cas de l'Ankay et de la vallée de Beparasy-Andapa est à cet égard significatif. En 1994, les cours du café étaient, pour la première fois depuis longtemps, particulièrement intéressants pour les paysans. Deux effets se combinaient alors : d'une part, la hausse soudaine des cours mondiaux, qui atteignaient des niveaux inégalés depuis une dizaine d'années au moins ; d'autre part, le flottement du franc malgache, qui se traduisait par une dépréciation de moitié de la monnaie et donc par un quasi-doublement en francs malgaches courants des prix des produits d'exportation (et même du riz puisque, Madagascar importe du riz et c'est le prix d'importation qui faisait référence). Pour les producteurs de café, ce fut « l'année du siècle ». Les plantations vieillissantes et mal entretenues furent exploitées jusqu'à la dernière cerise et les revenus de la vente du café permirent à certains paysans de la vallée de Beparasy-Andapa de construire une maison à étage. A partir de 1995, les cours ont de nouveau chuté, mais « l'année du siècle » a relancé la culture du caféier dans la vallée. De petites plantations ont été réalisées, comme si les paysans spéculaient à long terme sur le retour d'une nouvelle année miraculeuse.

Intensification et extensification des systèmes agraires

Les études réalisées dans l'Ankay comme à Didy ont conduit à poser de manière renouvelée le problème de l'intensification agricole sur la façade orientale de Madagascar. Le *tavy,* pratique agricole extensive, est au cœur de ces problèmes. On constate, sous des formes variées et dans de nombreux endroits, que les dynamiques d'extensification et d'intensification agricole se combinent. Les systèmes agraires d'abord extensifs passent à l'intensification de façon progressive et complexe, selon un véritable « métissage ».

Les premiers exemples d'intensification partielle des systèmes agraires concernent les migrants. Partout, les difficultés d'accès au foncier qu'ils rencontrent les contraignent à adopter des techniques intensives pour cultiver les terres qui leur sont « concédées ».

Le long de la RN2, dans la région de Beforona, par exemple, les migrants qui s'installent attirés par le trafic routier et par un marché prometteur établissent souvent leurs cultures sur les bas-côtés de la route, faute de mieux. Ils cultivent du gingembre, qui se vend un bon prix et qui procure des revenus élevés (GUIZOL *et al.,* 1996). A Didy, les migrants ont trois possibilités : soit ils louent des terres de rizière plus ou moins bien aménagées au prix fort dans les parties moyennes ou basses de la plaine (avec risque d'inondation) ; soit ils achètent des terres de marais non drainées à aménager au prix d'un labeur épuisant pour un revenu incertain (inondation possible) ; soit ils achètent, plus ou moins en marge du droit coutumier, des terres de colline sur des pâturages coutumiers à l'ouest du terroir. Sur ces terres de colline difficiles à obtenir, ils installent de préférence des cultures plus intensives : pommes de terre et haricots, triticale lorsque la société Kobama collectait encore cette céréale (Didy a été, en raison de son microclimat, l'une des zones importantes de production avec le Vakinankakaratra). Depuis peu, les migrants s'intéressent aux nouvelles techniques de culture sans labour et de gestion agrobiologique des sols, développées par l'Anae (Association nationale des actions environnementales) en liaison avec le Tafa (Tany sy Fampandrosoana, Terre et développement), le Fofifa et le Cirad.

Dans la vallée entre Beparasy et Andapa, les migrants (au sens habituel) sont pour l'instant peu nombreux. Les rizières de bas-fonds sont rares et ne suffisent pas pour nourrir les populations autochtones bezanozano. Les paysans doivent recourir à l'intensification dans les rizières, avec un deuxième cycle de culture de haricots systématique, et à l'extensification, avec la pratique des *tavy* cultivés soit en riz, soit de plus en plus souvent en haricots (ANDRIAMBOLANORO, 1996).

A Didy, les migrants sont contraints d'intensifier et de diversifier les cultures de colline, mais sur ce même terroir les populations autochtones ont des stratégies différentes (LEMALADE et DEWAELE, 1996 ; RAVELOSON et CHALVIN, 1998). Certains habitants des hameaux autour d'Ambohijanahary, qui possèdent des rizières bien aménagées avec une bonne gestion de l'eau et qui disposent de l'outillage et de l'équipement requis, intensifient leurs cultures dans la plaine avec, de plus en plus fréquemment, un deuxième cycle de riz ou de haricot. D'autres migrent vers les hameaux de la forêt pour développer des cultures de *tavy* et optent donc pour l'extensification, mieux adaptée dans ces conditions, où les terres ne sont pas vraiment aménagées et productives et où le capital est absent. D'autres, enfin, concurrencent les migrants en aménageant et en mettant en valeur les collines de l'ouest du terroir. Souvent moins limités dans l'accès au foncier, ils ont recours à des techniques moins intensives que les migrants.

Ce sont véritablement des déterminants économiques qui régissent les stratégies de reproduction à long terme des exploitations agricoles et orientent les systèmes agraires vers des combinaisons originales de pratiques intensives et extensives.

Une gestion viable des ressources naturelles

La gestion patrimoniale

Sigrid Aubert

L'étude de la manière dont les groupes humains conçoivent les ressources forestières, se les approprient et en usent fait apparaître que chaque type d'organisation sociale qui entend fonder une revendication quelconque sur une ressource ou un espace met en œuvre des représentations originales du milieu.

Pour une gestion optimale des terroirs, il est donc indispensable de prendre en considération les modes internes d'organisation des communautés de référence. Ceux-ci peuvent prendre des formes variées et engager des modalités d'appropriation de l'espace sur de multiples échelles.

La souplesse du cadre législatif à venir est l'un des éléments qui conditionnera son effectivité : le droit de l'Etat doit maintenir le particularisme des groupes s'il vise à impliquer réellement les communautés dans la gestion des ressources de leur terroir. Or un véritable investissement des populations est indissociable du processus par lequel les droits reconnus et garantis par l'Etat sont légitimés par les membres de la communauté de référence. Dans le contexte de la mise en œuvre d'une gestion viable des ressources forestières, le défit au législateur malgache est de légaliser le pluralisme juridique.

En effet, la formulation du droit par les différents acteurs amenés à intervenir sur le milieu étant indissociable des représentations, des pratiques et des discours relatifs au champ d'application concerné, la gestion des ressources naturelles renouvelables se fonde actuellement sur l'existence d'un pluralisme juridique informel. Or cette situation nuit à toute entreprise de gestion viable des ressources naturelles renouvelables, en général, et des ressources forestières, en particulier, puisque les activités engagées ne peuvent qu'occasionnellement s'inscrire dans un cadre à la fois légal et légitime. Elles se développent donc aux dépens de la préservation des écosystèmes, grâce aux marges de manœuvres autorisées par la concurrence qui existe entre les différents ordres juridiques de référence.

Face à cette situation, deux questionnements majeurs sont apparus, lançant les réflexions qui ont conduit à la promulgation de la loi 96-025 du 30 septembre 1996 : comment réconcilier l'homme et les institutions, c'est-à-dire comment mobiliser les acteurs impliqués dans la gestion des ressources naturelles renouvelables en vue d'élaborer un projet de société viable sur le long terme ? comment réconcilier l'homme avec la nature, en d'autres termes, comment maîtriser les relations qui existent notamment entre le développement agricole rural et la gestion viable à long terme des écosystèmes ?

Le caractère dynamique de toute société conduit à penser la gestion viable des ressources naturelles renouvelables dans une perspective multidimensionnelle : les espaces, les écosystèmes et les ressources qui les composent ont des dynamiques propres et font chacun l'objet de revendications émanant d'acteurs multiples. Chaque acteur a, par ailleurs, sa propre représentation du milieu sur lequel il entend exercer une maîtrise et, de plus, veut l'exercer selon une temporalité qui lui est propre.

L'enjeu de la gestion patrimoniale est de promouvoir un cadre de référence, à la fois légalisé et légitimé par les populations, qui soit suffisamment souple pour encourager une formulation harmonieuse du pluralisme juridique, et donc permettre l'exercice de plusieurs maîtrises sur un même espace pour gérer de façon viable et à long terme les ressources naturelles renouvelables (AUBERT, 1999).

Ainsi, grâce à la gestion patrimoniale, le droit peut organiser la multifonctionnalité de l'espace en prenant soin de considérer tous les systèmes d'exploitation et de prélèvement existants, sans forcement en exclure. Cette démarche implique cependant qu'au sein de chaque régime juridique, qui organise plusieurs activités anthropiques, soit intégrée la valorisation des diversités culturelles et biologiques, aux côtés des objectifs d'élimination de la pauvreté et d'essor du commerce.

> La nouvelle politique de transfert contractuel de la gestion des ressources renouvelables
>
> La politique de transfert contractuel de la gestion des ressources renouvelables aux communautés locales de base est née d'un triple constat : l'échec d'un siècle de gestion marquée par l'interventionnisme de l'Etat et par une réglementation répressive et centralisatrice sur l'ensemble des sols, des espaces et des ressources ; l'incapacité de l'administration à exclure, surveiller et punir partout et à tout moment ; la dégradation rapide des ressources naturelles, en accès libre.
> En septembre 1996, la loi 96-025 sur la gestion locale des ressources renouvelables a été promulguée. Elle a été suivie, en 1997, d'une composante « transversale » de

gestion locale sécurisée, instituée dans le cadre de la deuxième phase (1997-2001), du plan d'action environnemental (financé par plusieurs bailleurs de fonds dont la Banque mondiale, la Coopération française et l'Usaid). Cette composante est chargée de mettre en place tous les outils institutionnels, réglementaires, fiscaux et économiques nécessaires pour établir, sur l'ensemble du territoire dans un délai raisonnable de dix à vingt ans, des contrats de transfert de gestion des ressources aux communautés rurales de base, dits « contrats de gestion locale sécurisée ».

Ces contrats doivent, au terme d'une négociation entre l'administration et la communauté, assurer simultanément le transfert de la gestion des ressources renouvelables concernées sur le terroir, au bénéfice exclusif de la communauté signataire, et la sécurisation foncière « relative » (par opposition à une sécurisation foncière « absolue » censée être assurée par cadastrage) de l'ensemble des terres du terroir concerné. Ces contrats sont signés par l'administration, par la communauté rurale et par la commune, collectivité territoriale de base.

L'Etat et l'administration des eaux et forêts n'ont pas les moyens de la politique répressive de la colonisation. Si l'on veut fermer les espaces forestiers (les forêts naturelles, et non les jachères forestières que sont les forêts secondaires) aux défrichements agricoles, il faut réattribuer des droits exclusifs légitimes aux gestionnaires coutumiers de ces espaces que sont les communautés rurales, si vivaces en pays betsimisaraka. C'est l'objectif de la politique de gestion communautaire locale et de sécurisation foncière proposée dans le cadre de la deuxième phase du plan d'action environnemental. Bien entendu, ces transferts de gestion des espaces forestiers aux communautés rurales se feraient dans un cadre contractuel afin que les forêts naturelles soient dorénavant respectées et valorisées par les populations rurales à leur profit. (AB)

Les communautés locales devraient être ainsi amenées à formuler un projet de société viable sur le long terme. Elles ne sont cependant pas en mesure de s'acquitter seules de cette tâche : elles ne possèdent pas l'ensemble des connaissances techniques nécessaires et n'ont pas toujours la capacité de mobiliser l'ensemble des acteurs intervenant dans la gestion de leur terroir autour d'une réflexion commune. Il sera parfois indispensable d'envisager une restructuration sociale. Mais celle-ci ne pourra être acceptée que si les procédures de négociation et de recherche de consensus, que privilégient les modes d'organisation coutumiers, sont respectées. Le but de cette démarche est de rendre légitime cette nouvelle organisation sociale à l'ensemble (et non seulement à une majorité) des membres du hameau. L'élaboration de la gestion patrimoniale repose sur l'implication des acteurs et sur leur volonté de se regrouper autour d'un projet de société commun. Pour ce faire, le recours à la médiation semble incontournable. Au regard de la décentralisation de la gestion des ressources renouvelables, le médiateur environnemental introduit par la loi 96-025 est donc amené à jouer un rôle primordial.

La restitution de la gestion des ressources de leur terroir aux communautés rurales ne peut cependant à elle seule alléger la pression sur les espaces boisés. Outre les mesures d'accompagnement déjà mentionnées, il est indispensable de proposer aux populations des techniques culturales mieux adaptées au contexte physique et qui pourront facilement s'intégrer à leurs modes de gestion de l'espace.

Les recherches ont montré que la dégradation des sols n'était pas un phénomène irréversible. Des techniques novatrices pourraient trouver, selon le contexte, un écho favorable auprès des paysans, dans la mesure où elles s'appuient sur de véritables motivations et où elles demandent un minimum d'intrants.

Le principe de la gestion de la jachère adopté par les paysans de Manakana est, par exemple, favorable à l'introduction de plantes amélioratrices du sol, surtout si celles-ci empêchent la colonisation des adventices et impliquent, par conséquent, une réduction considérable du temps de sarclage.

A Tsaramiafara, où les bœufs ne vont plus en forêt, des espèces fourragères amélioratrices des sols pourraient être adoptées. De même que, dans un contexte de sécurisation foncière, l'introduction d'essences ligneuses exotiques à croissance rapide permettrait de subvenir aux besoins des paysans en bois de chauffage et de construction.

Le semis direct sur couverture permanente du sol est un autre exemple qui pourrait être adapté au contexte de Tsaramiafara et de la vallée de Beparasy-Andapa car il autorise une réelle réhabilitation des collines.

Le semis direct : une solution rentable et écologique pour fixer l'agriculture

La technique du semis direct, qui consiste à installer les cultures sans travailler le sol (excepté aux emplacements où sont déposées les semences), est bien connue des agriculteurs de toutes les régions tropicales forestières humides. Ils l'utilisent en effet traditionnellement dans leurs systèmes d'agriculture itinérante après défriche et brûlis. C'est une technique intéressante car économe en main-d'œuvre tant que les mauvaises herbes, problème majeur en agriculture tropicale, ne dominent pas définitivement les cultures. En revanche, en agriculture sédentaire, le semis direct n'a pu se développer qu'après l'apparition de désherbants chimiques totaux, dans les années 60. Ces produits permettent de griller totalement les végétaux avant le semis : celui-ci est alors effectué dans un paillis végétal, ou *mulch,* composé de mauvaises herbes desséchées et de résidus de la culture précédente. Cette combinaison des herbicides et du semis direct, développée sous climat tempéré ou subtropical, en Amérique du Nord, au sud du Brésil et en Europe, a cependant des limites en milieu tropical. Dans un climat chaud et humide, les résidus de récolte se décomposent trop rapidement pour couvrir le sol d'une campagne agricole à l'autre : au moment du semis, le sol est nu et offre un terrain idéal pour l'érosion provoquée par les vents et les précipitations du début de la saison des pluies. Ce système devait donc être amélioré pour être adapté aux conditions tropicales. Depuis une dizaine d'années, un certain nombre d'organismes de recherche, dont le Cirad, ont ainsi imaginé des systèmes qui permettent de maintenir une couverture végétale permanente sur le sol, efficace pour le protéger de l'érosion. Des expériences de grande envergure ont été conduites avec succès en agriculture motorisée dans le centre-ouest du Brésil, où il tombe 2 mètres d'eau en sept mois et où l'érosion est intense, même au sein d'aménagements antiérosifs importants. Cette expérience s'est étendue à l'Afrique et à Madagascar dans des conditions très diverses : au Gabon, en agriculture industrielle et en agriculture manuelle ; en Côte d'Ivoire, dans des régions de savane et de forêt en agriculture manuelle ou à traction animale ; à Madagascar, avec les petits agriculteurs des hauts plateaux et de la région semi-aride du sud-ouest.

Pour produire la matière organique en couverture du sol, il existe plusieurs solutions. Au Gabon, par exemple, on installe, après la culture commerciale (soja, maïs...), une culture destinée à produire le *mulch* comme le sorgho ou le mil. A Madagascar, on paille les parcelles avec des graminées fauchées dans la savane. En Côte d'Ivoire, on sème des espèces vivaces, qui restent en place quelques années et sont éventuellement pâturées par des animaux, puis on établit une culture en semis direct dans ce couvert pour un an. Les plantes cultivées dans les couverts, parfois très épais, sont nombreuses : maïs, riz, sorgho, mil, arachide, soja, haricot, cotonnier, igname, manioc.

La recherche, forte de ces travaux, est aujourd'hui en mesure de proposer une gamme d'itinéraires techniques adaptés à des situations agricoles très diverses. Les résultats obtenus sont en effet remarquables : l'érosion est totalement maîtrisée, la production est stable, l'utilisation des intrants (engrais, pesticides) est raisonnée et minimale, l'emprise des mauvaises herbes est limitée, la fertilité physique, chimique et biologique des sols est maintenue et même améliorée. Non seulement la productivité est au moins équivalente aux propositions plus classiques de la recherche avec travail du sol, mais la productivité de la main-d'œuvre et la flexibilité en matière de calendrier des travaux sont bien supérieures.

Pour l'agriculture de *tavy* à Madagascar, les défrichements non destructeurs proposés en forêt amazonienne au Brésil peuvent être une référence. Les arbres les plus petits et le sous-bois sont abattus, les plus gros arbres sont annelés à la base et laissés sur pieds. Une légumineuse de couverture *(Mucuna, Pueraria)* est alors semée dans la biomasse ligneuse laissée sur le sol. La parcelle est mise en culture la deuxième année en semis direct dans le *mulch* issu des organes séchés de la plante de couverture, des ligneux décomposés et des feuilles tombées des arbres. Le sol est dès le départ totalement protégé contre l'érosion et s'est même enrichi en azote grâce à la légumineuse. L'équilibre qui s'est établi au cours des années dans l'écosystème forestier est totalement préservé.

Ainsi, pour les régions forestières humides de Madagascar, la technique du semis direct associé à des défrichements non destructeurs, avec tout le cortège d'innovations qu'elle engendre, est une voie d'avenir. Elle permettrait de fixer l'agriculture sur les mêmes parcelles, en épargnant la forêt jusqu'alors défrichée et brûlée de façon itinérante. Elle garantirait une agriculture durable peu coûteuse en intrants et en travail, respectueuse du patrimoine naturel. (AC)

Il est possible de relever le défi de la stabilisation des zones de *tavy* et donc des espaces de forêt naturelle. Mais cela implique une profonde remise en question de l'ensemble des acteurs de la gestion des ressources d'un terroir. Madagascar, de par les orientations actuellement prises par les différences instances étatiques, semble déterminé à se donner les moyens de réussir.

Une problématique de recherche en milieu réel

Alain Bertrand, Jean-Luc Lemalade

En 1988, le plan d'action environnemental, mis en place pour quinze ans avec l'appui de divers bailleurs de fonds, comportait déjà un volet visant à assister la population dans la protection et l'amélioration de son environnement. Ce volet a pris de plus en plus d'ampleur du fait des dégradations spectaculaires dont était victime le milieu physique, en particulier les sols. Les recherches pour trouver les moyens de contrer l'érosion se sont multipliées mais les solutions préconisées n'ont jamais réellement rencontré l'adhésion des paysans. On pensait que le scepticisme des paysans résultait d'un attachement culturel aux pratiques traditionnelles, mais, actuellement, on attribue l'échec de ces transferts techniques à l'accentuation de la pauvreté rurale et à l'inadéquation des techniques proposées aux contraintes socio-économiques paysannes. La vulgarisation de nouvelles techniques est vouée à l'échec si pour les parcelles, notamment celles qui sont les plus rémunératrices, les techniques de conservation des sols ne contribuent pas à l'augmentation immédiate de la production.

Le contrat de gestion locale sécurisée est un préalable indispensable aux actions d'amélioration de la fertilité, car toute pratique d'intensification suppose que l'espace ne soit plus ouvert à de nouveaux défrichements. Par ailleurs, ce contrat repose sur l'existence effective d'une instance communautaire de concertation et de décision pour la gestion locale des ressources. C'est sur cette instance qu'il est prévu de s'appuyer pour lancer des expériences d'amélioration de la fertilité chez les paysans. « Le transfert de technologie signifie objectivement le transfert de toute une structure et d'une logique sociale. [...] Il n'y a pas de technologie neutre. La technologie est toujours associée à une structure globale déterminée par toute une vision du monde et de l'homme » (RAZAFINDRABE, 1999).

L'objectif est donc de renforcer les initiatives et les capacités de conception locales en entreprenant, avec les paysans, des expérimentations pilotes qui permettront de mettre au point de nouveaux systèmes productifs régénérateurs de la fertilité. C'est à travers l'échange d'expériences que sera engagée durablement l'évolution vers un système cultural sans brûlis. Il s'agira d'assurer la diffusion des résultats et la stabilisation spatiale des *tavy* en mettant en œuvre un plan de gestion communautaire qui associera la protection, l'amélioration et la sécurisation de la production agricole.

Dans les zones forestières, où les accidents du relief ont délimité des espaces dans les vallées hydrographiques, les dynamiques d'entraide et d'échange entre les paysans d'un même vallon s'intensifient pendant les périodes de grands travaux culturaux, lorsque les actifs du village quittent leur foyer pour s'installer à proximité de leurs champs. Cette vie collective, à l'écart du village, offrira une voie privilégiée pour introduire une évolution dans les pratiques agraires fondée sur la gestion communautaire.

Une première expérience de ce type est menée depuis 1998 dans le village de Belambo, en bordure de la réserve naturelle intégrale de Marojejy, à proximité de la cuvette d'Andapa. L'objectif est d'aider les paysans à tester, à adapter puis à adopter des techniques permettant de reconstituer la fertilité des sols sur les parcelles et d'enrayer la chute de la production agricole due à la dégradation des sols au cours des cycles successifs de culture. Pour diffuser les résultats des expérimentations volontaires des paysans réalisées sur des parcelles pilotes dans un certain nombre de vallées ou de vallons élémentaires, on envisage d'établir un schéma contractuel, qui sera inclus dans un contrat de gestion locale sécurisée (figure 20). Il semble important que ces expérimentations soient insérées dans un cadre communautaire plus large, qui prolonge la démarche vers l'aval : grenier communautaire et caisse communautaire (LEMALADE, 1999). D'autres actions pourraient se développer rapidement dans cette zone pour tester la démarche à une échelle plus large, si les financements nécessaires étaient mis en place.

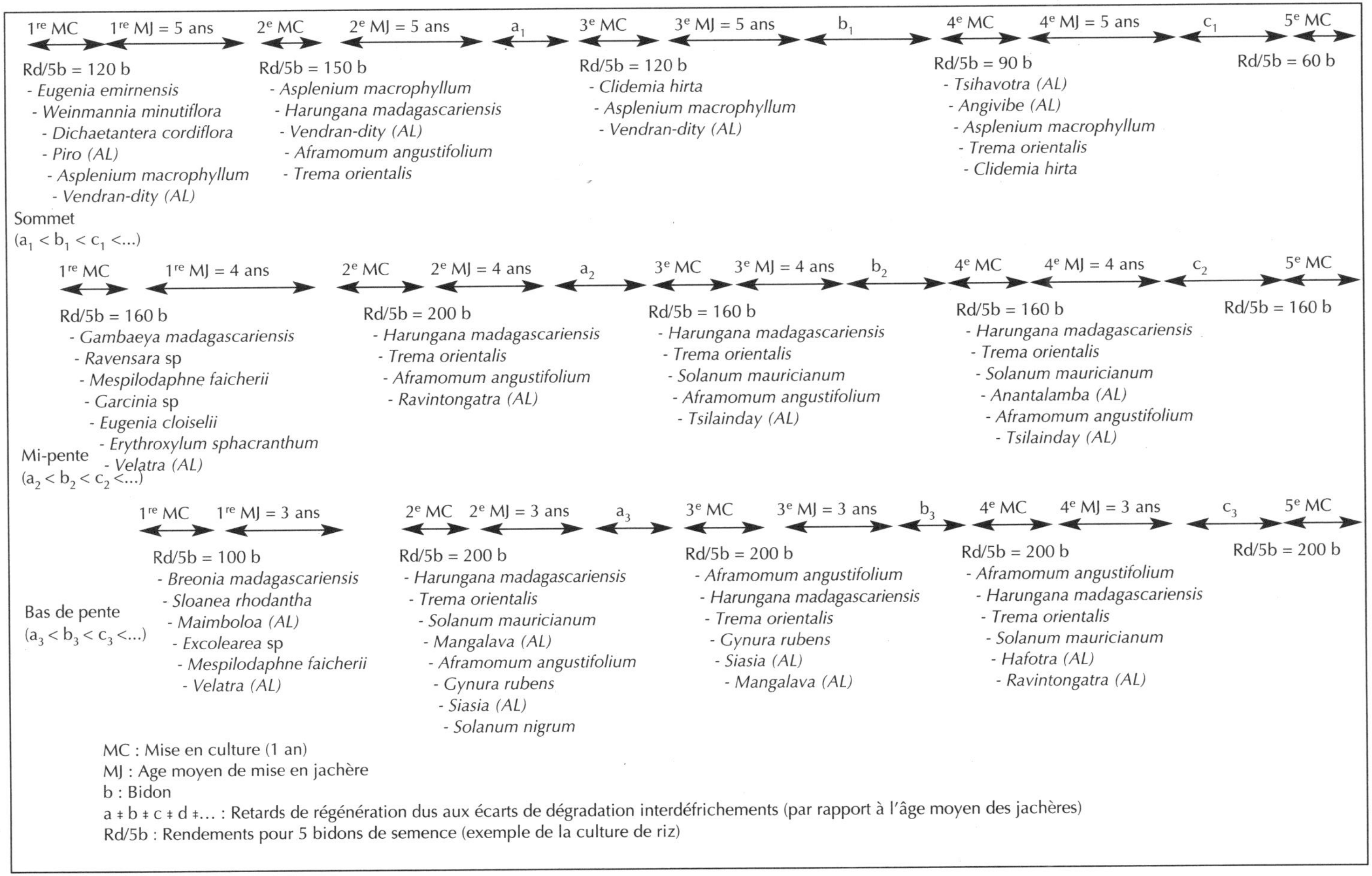

Figure 20. Extrait d'un diagnostic historique de dégradation d'une vallée.

Lexique
des mots malgaches

Afak'kilotra : disparition de la couverture forestière.

Ahipisaka : plante fourragère (*Digitaria* sp.).

Ahipody : sert à éloigner le mauvais sort jeté par un amoureux éconduit *(Panicum tricolladum)*.

Aina : littéralement, vie.

Akondro : banane.

Akondro lava : banane plantain.

Ala : forêt.

Alampona : plante de la forêt utilisée pour fabriquer des pirogues *(Hibiscus lasiococcus)*.

Alapetraka : plante des lieux humides utilisée contre les maux d'estomac *(Centella asiatica)*.

Amalomanta : plante de la forêt utilisée contre la sorcellerie *(Psychotria obfusifolia)*.

Ambava-fo : littéralement, bouche du cœur, c'est-à-dire l'épigastre.

Ambiaty : plante de la forêt secondaire dont la sève est utilisée en application sur les plaies *(Vernonia appendiculata)*.

Ambora : plante de la forêt utilisée pour fabriquer des cercueils *(Tambourissa thouventi)*.

Ampanga : plante de savane utilisée comme antiallergique *(Pteridium aquilinum)*.

Anamalao : brède.

Anamamy maritaina : brède.

Anamamy : brède.

Anandengo : brède.

Anandrambo : brède, plante de jachère dégradée utilisée aussi comme projectile pour sarbacane *(Crassocephalum sarcobasis)*.

Anatsingita : brède.

Andrarezina : arbuste de la forêt secondaire utilisé contre la foudre *(Trema orientalis)*.

Angady : sorte de bêche communément utilisée à Madagascar.

Angavodiana : bois utilisé pour les charpentes et les planches *(Agauria salicifolia)*.

Angitra : riz.

Anjamanjana : bois utilisé pour les charpentes *(Leptolaena paciflora)*.

Anjavidy : plante de savane indicatrice de la fertilité des sols *(Philippia floribunda)*.

Antsy : instrument que les Betsimisaraka ont toujours lorsqu'ils se déplacent, qui se compose d'une lame recourbée d'environ 15 centimètres fixée à un manche en bois dur. Antsy be : serpe.

Arahara : bois utilisé pour les charpentes *(Phylloxylon cusiflorum)*.

Arefo : plante des lieux humides utilisée pour fabriquer des nattes *(Heliocharis plantaginea)*.

Arianina : vœux réalisés quand un ancêtre se manifeste en rêve pour suggérer une cérémonie en son honneur.

Ataka : lémurien.

Atoho : poisson.

Baiboho : zone inondable

Bakobako : lémurien.

Bakobako : plante de la forêt secondaire dont les graines sont utilisées pour la fermentation du rhum *(Solanum auriculatum)*.

Behatoka : insecte.

Bemaimbo : plante des lieux humides utilisée comme régulateur de la tension. Pilée et diluée, elle sert aussi à soigner la dysenterie *(Ageratum conyzoides)*.

Benana : oiseau.

Besisika : poisson.

Betsabetsa : sorte de bière très douce obtenue à partir de la fermentation du miel.

Betsileo : ethnie majeure de Madagascar localisée sur les hautes terres.

Betsimisaraka : littéralement, les nombreux qui ne se séparent pas. Désigne un groupe ethnique qui habite actuellement la plus grande partie de la côte orientale.

Bezanozano : désigne un groupe ethnique qui habite actuellement l'Ankay. Cette dénomination viendrait de la manière dont ils tressaient leur chevelure, en petites nattes plus ou moins longues. Mais *zanozano* est également le nom générique des arbustes qui abondent dans l'Ankay (RAVELOJAONA et RAJONAH, 1946).

Biby : nom générique donné à tous les animaux.

Boaraboaka : banane plantain.

Boezasiketry : oiseau.

Boriboritany : terme utilisé en pays bezanozano pour désigner une subdivision territoriale du *fokontany*.

Bozaka : lande composée de graminées et d'éricacées.

Deka : sous la monarchie merina, les *deka* étaient des aides de camps recrutés parmi les parents pauvres des grandes familles merina.

Diavorona : plante de la forêt utilisée pour fabriquer des pièges.

Dina : convention ou accord entre les membres d'une communauté déterminée où chaque membre doit marquer son adhésion par des serments ou des imprécations et dans laquelle des sanctions ou malédictions sont prévues ou réservées à ceux qui ne respectent ou n'appliquent pas les termes convenus (RAZANABAHINY, 1995).

Dinampokonolona : les *dina* du *fokonolona* sont les décisions prises par l'assemblée du *fokonolona ;* elles sont traduites par conventions collectives par l'administration selon des modalités qui diffèrent en fonction des régimes politiques en vigueur.

Dingadingana : arbuste de la forêt secondaire utilisé contre la gale *(Psiadia altissima).*

Ditimena (Voamontotay) : bois utilisé pour les charpentes *(Prothorus ditimena).*

Faditra : pieux que l'on plante à Manakana sur le *tavy* au nord-est de l'habitation (*tsangambato* provisoire).

Fady : tabou, prohibition, interdit (mais qui peut toujours se retrouver aboli à la suite de pratiques particulières).

Fahefana : autorité, pouvoir, instance de décision.

Famadihana : cérémonie fédératrice pratiquée au sein de certaines ethnies autour de l'exhumation des ancêtres, qui implique le sacrifice d'un ou de plusieurs zébus et qui se pratique tous les cinq, sept ou neuf ans.

Famelona : arbre dont les graines sont utilisées pour la divination *(Gambeya madagascariensis).*

Famoalambo : plante utilisée en inhalation en cas de fébrilité *(Panicum maximum).*

Fandravasarotra : plante de jachère dégradée utilisée contre les esprits.

Fandrotarana : plante de savane indicatrice de la fertilité des sols *(Cynodon dactylon).*

Fangalalany : plante utilisée en inhalation contre les piqûres de scorpion.

Fanihy gavo : chauve-souris.

Fanjakana : désigne la puissance étatique quel que soit le régime politique en vigueur.

Fankahatra : proverbes.

Fanompoana : corvée.

Faritany : circonscription administrative la plus grande, en vigueur de 1975 à 1994 ; correspond aujourd'hui à la province.

Fasambe : tombeau mère.

Fasana : tombe, tombeau.

Fatana : foyer composé d'un trépied en fer, mais le plus souvent de trois gros cailloux.

Fatidra : Pacte symbolisé par un échange de sang et liant deux individus, leur interdisant de s'entre-nuire et leur imposant l'entraide. Ce lien institue une parenté de sang, laquelle est plus sacrée encore que la parenté naturelle.

Fihavanana : le *fihavanana* est avant tout le lien qui lie entre eux les gens qui ont le même sang. Il est donc l'expression même des liens de parenté et de tout ce que cela peut signifier en termes de droits et d'obligations sur le plan relationnel. Mais le *fihavanana* exprime également une relation d'alliance entre des individus ou entre des communautés. Il est alors la concrétisation des relations de solidarité par rapport à des « communs », lieu de résidence, terroir, utilisation de ressources communes (ANDRIATAHIANA *et al.*, 1996). Le *fihavanana* est la cristallisation des liens de solidarité qui lient entre eux des gens issus d'une origine commune. Il correspond à un système de droits et d'obligations mutuelles (RAZAFINDRABE, 1997).

Firaisampokontany : ensemble de *fokontany* s'inscrivant dans le *firaisana*.

Firaisana : troisième circonscription administrative, entre le *fivondronana* et le *fokontany,* en vigueur de 1975 à 1994 ; correspond aujourd'hui à la commune.

Fitapia : poisson.

Fitsetsidra : plante hémostatique.

Fivondronana : seconde circonscription administrative, entre le *faritany* et le *firaisana,* en vigueur de 1975 à 1994 ; correspond aujourd'hui au département.

Fody : oiseau.

Foko : terme qui exprime un regroupement d'individus et, par extension et en fonction du contexte, ethnie, tribu, clan, descendance, assemblée territoriale ou groupe lignager.

Fokonolona : ensemble des membres adultes d'une agglomération.

Fokontany : quatrième et dernière circonscription administrative (la plus petite), en vigueur de 1975 à 1994 et constituée par un ou plusieurs villages et hameaux.

Folakala : défrichement de la forêt naturelle, voir *teviala*.

Fomba : rites.

Fontsy (ravinala) : bois utilisé pour construire des murs et toitures *(Ravenala madagascariensis).*

Fotsiavadika : plante utilisée en inhalation contre les esprits qui réveillent les enfants la nuit *(Helichrysium cordifolium).*

Garanadrelina : brède de la forêt secondaire à fruit comestible *(Passiflora edulis).*

Gavo : plante de savane utilisée comme antidiarrhéique *(Psidium guayava).*

Gavotsinahy : plante de savane à fruit comestible *(Psidium cattu).*

Hafobahy : plante de la forêt utilisée pour fabriquer des cordes *(Dombeya lucida).*

Harongana : arbuste de la forêt secondaire utilisé contre les maux d'estomac *(Harungana madagascariensis).*

Hasina : plante de la forêt conférant une teinte sacrée aux tisanes (*Dracaena* sp.).

Hazo : arbres, arbustes, bois.

Hazo domoina : arbre dont le bois est utilisé pour la construction.

Hazoambo : bois utilisé pour fabriquer des manches de bêche *(Homalium axilare)*.

Herana : plante de la forêt et des lieux humides utilisée pour fabriquer des nattes *(Cyperus latifolius)*.

Hetra : casier rizicole, du nom des impôts qui lui étaient rattachés. Sa superficie variait autour de 0,80 hectares et devenait, sous condition de mise en valeur, propriété familiale. Pour bénéficier de la jouissance foncière, les cultivateurs devaient payer un impôt annuel sous forme de paddy. La redevance, calculée en *vata*, représentait environ 30 kilos de paddy par exploitant (LE BOURDIEC, 1974).

Hofika : plante de jachère dégradée utilisée comme appât pour crevettes *(Dioscorea bulbifera)*.

Horon'ombalahy : plante de savane indicatrice de la fertilité des sols (*Pennisetum* sp.).

Hova : roturier, l'un des ordres traditionnels de la société merina (à côté des nobles, des esclaves...).

Jiny : esprit chtonien.

Jiro : littéralement, lampe, ce qui sert à l'éclairage. Pour certains, c'est également un lieu sacré au cœur du village où se dressent des pieux symbolisant des bœufs chez les Betsimisaraka de Manakana. Chez les Bezanozano, ce lieu peut se présenter comme un espace clôturé ou l'on vient faire des offrandes.

Kabary : c'est un discours dans lequel la forme est aussi importante que le fond, où les dictons, adages, maximes et proverbes employés à profusion servent de moyen d'argumentation et d'ornementation.

Kalanoro : petits êtres mythologiques vivant généralement seuls dans certains lieux non habités (généralement des grottes), et qui peuvent, par malice, devenir assez hostiles aux hommes, à moins qu'ils ne décident de les aider à résoudre certains problèmes (maladies...).

Kapakapa : défrichement.

Kapòaka : mesure très usitée pour les grains ou le liquide, consistant en une boîte de conserve de la taille des boîtes de lait Nestlé.

Karana : désigne les Indiens et les Pakistanais, qui en grand nombre viennent investir à Madagascar, surtout dans le commerce. Bien qu'ils soient installés depuis parfois plusieurs générations, ils s'intègrent difficilement à la population.

Karima : petit couteau que l'on utilise pour divers usages et qui se compose d'une lame aussi grande que la main.

Kazaha valaka : manioc.

Kazaha siramamy : manioc.

Ketsa : jeunes pousses de riz que l'on repiquera sur une autre parcelle lorsqu'elles seront suffisamment grandes.

Kijana : zone forestière délimitée ou non par des éléments naturels (rivières, crêtes) et servant pour le parcours pastoral et les usages coutumiers telles la récolte de miel sauvage ou la pêche. Cette zone est revendiquée par un lignage ou un segment de lignage déterminé qui en fixe les règles d'accès et de prélèvements.

Kijy : bois utilisé pour les charpentes *(Symphonia chrisioides)*.

Kirisana : riz de riziculture irriguée sur pente (LOCATELLI, 2000).

Kitay : petit bois.

Konga : chauve-souris.

Kontrina : lémurien.

Kotofihy : arbre dont l'écorce est utilisée pour fabriquer des médicaments contre les maladies de la prostate (*Pygeum africanum,* devenu *Puruna africana*).

Ladia : plante de la forêt utilisée pour fabriquer des pièges.

Lalona : bois utilisé pour les charpentes (*Weinmannia* sp.).

Langaka : riz de montagne.

Lango : épis de riz encore vert, bouilli, pilé et mélangé à du miel.

Lapialelo : poisson.

Lavakavy : poisson.

Lendemy : plante de la forêt utilisée contre la foudre (*Anthocleista* sp.).

Lengona : plante de la forêt utilisée en application sur les plaies.

Lolo : nom générique des papillons, mais désigne aussi les revenants ou les esprits malins.

Longoza : plante des lieux humides utilisée pour le bain des bébés *(Aframomum angustifolium)*.

Malady : riz.

Malalioka : riz.

Manakana : littéralement, qui entrave, empêche, stoppe. Nom de l'un des villages d'étude.

Mando : humide.

Manendy : soldats colons de la royauté merina envoyés pour peupler les contrées nouvellement conquises.

Mankaranama (Mongy) : plante de la forêt utilisée pour fabriquer des *kobosy* (petites guitares) (*Macaramba* sp.).

Maromainty : clan formé de serviteurs royaux de toutes origines et qui donnera naissance à un clan bezanozano.

Maromita : nom donné aux transporteurs qui reliaient la côte est à Antananarivo sous la royauté merina.

Masa : chefs de guerre dans l'ancienne structure sociale bezanozano.

Mavo kely : banane.

Mazambody : plante utilisée contre les maux de ventre (fruits) et pour réguler la tension (racines) *(Clidemia hineta)*.

Mazamby : plante de la forêt secondaire *(Clidemia hirta)*.

Mazava : clair, éclairé.

Merimitatra : Bezanozano d'origine merina.

Merimonina : littéralement, les Merina qui sont restés. Ce sont des migrants merina qui ont décidé de s'installer dans leur lieu d'immigration. Ils y ont construit leur tombeau et n'envisagent plus de retourner en Imerina.

Mitambelona : plante de la forêt utilisée pour fabriquer des philtres d'amour.

Mpanandro : personnage initié aux influences astrologiques, atmosphériques et aux flux énergétiques terrestres, et qui est donc en mesure de divulguer des conseils concernant l'orientation des maisons, des tombeaux ou de tout autre construction humaine s'inscrivant dans le paysage.

Mpifehy : chefs fédérateurs bezanozano qui rassemblaient les populations au sein de villages fortifiés avant la colonisation.

Mpikabary : orateur ; en pays bezanozano, c'est généralement l'aîné mâle de la famille qui prend la parole en public.

Mpisikidy : celui qui fait la divination grâce à une méthode élaborée qui prend 16 graines d'essences forestières comme support, et souvent aussi celui qui connaît les multiples usages des plantes.

Nato : bois utilisé pour les charpentes (*Sideroxylon* sp.).

Ody : remède, médicament traditionnel pouvant traiter toutes sortes de maux.

Ofa : plante de la forêt, dont on glisse les feuilles entre les branchages qui constituent le squelette des maisons de *tavy*. Murs de ces maisons provisoires.

Ohabolana : proverbes.

Ombiasy ou Mpimasy : terme usité en pays bezanozano synonyme du *mpisikidy* betsimisaraka.

Orana : camaron.

Ovy fotsy : sorte d'igname sauvage utilisée comme complément alimentaire (*Dioscorea* sp.).

Ovy tanga : tubercule sauvage utilisé comme complément alimentaire (*Dioscorea* sp.).

Parafody : oiseau.

Rafia : plante des lieux humides utilisée contre les maux d'estomac. Ses fibres sont employées pour le tissage *(Raphia ruffa)*.

Raiamandreny : littéralement, pères et mères. Désigne généralement tout détenteur d'un quelconque pouvoir au sein d'une communauté.

Ramanjavona : plante de la forêt secondaire utilisée pour atténuer une trop grande consommation de sucre *(Vernonia lyallii)*.

Ramanjerika : oiseau.

Ramarasana : formation végétale secondaire arbustive composée en majeure partie de graminées, de fougères et de *dingadingana* atrophiés.

Rambiazina : plante de la forêt secondaire utilisée comme diurétique *(Helichrysum gymnocephalum)*.

Ramibetroko (ou Petsaikely) : brède.

Ramiroro : plante de la forêt utilisée pour humecter les semences de riz *(Medinilla)*.

Ramy : plante dont la sève est utilisée contre la sinusite et, en inhalation, lors des séances de *tromba (Canarium madagascariensis)*.

Radriaka : plante de la forêt secondaire *(Lantana camara)*.

Ranjalia : banane.

Ravintoto : feuilles de manioc que l'on pile, utilisées en accompagnement du riz.

Razana : ancêtres.

Razanambony et Razanambany : les ancêtres d'en haut et ceux d'en bas. Nous n'avons pu déterminer avec exactitude les déterminants de la distinction. Mais ceux qui sont « en haut » paraissent plus importants que ceux « d'en bas ».

Rijejilahy : plante de savane utilisée contre les maladies sexuellement transmissibles *(Vernonia polyalafoua)*.

Rinda : plante de la forêt utilisée pour fabriquer des nattes

Risoriso : marché noir développé pour faire face à l'organisation de la production préconisée par Rastsiraka dans les années 70.

Rotra : bois de construction (*Eugenia* sp.).

Rozafotsy : riz.

Sahanala : un des groupements formant les Bezanozano.

Sakalava : une des ethnies majeures de Madagascar, localisée dans la partie occidentale de l'île.

Sakelibohitra : hameau ou ensemble de hameaux composant un *fokontany*.

Sakivy : insecte, larve de hanneton (ver blanc).

Sampy : idole.

Sandrana : interdit ancestral. Un ancêtre l'a édicté, toute la descendance y est assujettie sans qu'aucune transgression ne soit admise (plus rigoureux que le *fady*).

Saonjo : tubercule comestible (taro).

Savoka : forêt secondaire apparaissant quelques années après la mise en culture temporaire. Les *savoka* peuvent être composées d'essences pures

(*Ravenala*, bambou-liane, voire bananiers sauvages), ou de plusieurs essences parmi lesquelles on relève pourtant une dominante *(dingadingana, sevabe, harongana, sevalahy, mokarama...)*. Recrû de végétation forestière naturelle à la suite d'un défrichement de forêt naturelle pour la pratique du *tavy*. Les paysans betsimisaraka distinguent divers faciès forestiers ou graminéens des formations végétales qui se succèdent à la suite des *tavy* et qui, selon leur nature, traduisent une évolution de l'écosystème vers le retour à la forêt ou vers la savanisation des collines.

Savoka antitra : *savoka* âgée.

Semansa : riz.

Sevabe : arbrisseau *(Solanum mauritianum)*.

Sevafotsy : plante de la forêt secondaire utilisée comme insecticide pour les rizières *(Bulddleya diversifolia)*.

Sevatrandraka : plante de la forêt secondaire utilisée contre la variole.

Sikajy : menue monnaie dans le langage parlé.

Simba : détruire, dégrader.

Simbon-trano : littéralement, le pagne de la maison qui abrite les morts, et par extension, la robe des ancêtres. Désigne en Betsimisaraka l'espace forestier où s'établissent les sépultures.

Simpona : lémurien

Sitrotroka : plante des lieux humides utilisée contre les courbatures *(Kichaetoutera)*.

Sobika : panier

Sohity : oiseau.

Solo : remplaçant.

Somogena : plante de la forêt utilisée pour fabriquer des pièges.

Sompitra : grande corbeille en vannerie qui sert à entreposer le paddy.

Tambintsy : arbre dont l'écorce bouillie est utilisée contre la gale *(Prosospermum androsaemifolium)*.

Tanabolo : l'un des groupements qui forment l'entité bezanozano.

Tanety : colline.

Tangalamena : littéralement, bâton rouge. Nom donné à certains représentants de l'autorité traditionnelle en pays betsimisaraka et bezanozano, mais dont les fonctions varient d'une ethnie à l'autre. Ils sont généralement choisis en fonction de leur attachement ancestral au terroir, de leur charisme et de leurs prédispositions. Leur autorité provient de la connaissance approfondie qu'ils ont des généalogies de tous les membres du village. Ce nom leur vient de ce que, lors des cérémonies qui donnent lieu au sacrifice d'un bœuf, ils se servent d'un bâton sacré pour toucher l'animal avant de procéder à l'immolation (DEZ, 1950).

Tanimboly : littéralement, terre à culture. Ce sont généralement les terrains sur lesquels s'établissent des cultures pérennes.

Tanindrazana : terre des ancêtres et, par extension, patrie.

Tapaka : couper, abattre un arbre, mais aussi décider de quelque chose ou s'absenter

Tarika : descendants d'un ancêtre éponyme qui donne son nom au groupe.

Tavolo : bois utilisé pour les charpentes et le bois de chauffe (*Ravensara* sp.).

Tavy : culture sur brûlis.

Tazo : paludisme.

Telomolotra : poisson.

Tenina : plante utilisée pour les toitures *(Imperata cylindrica)*.

Teviala : défrichement de la forêt naturelle.

Tevy : *tavy* en bezanozano.

Tiakondrokondro : plante de la forêt utilisée en application sur les plaies *(Pigraecum superbum)*.

Tilapia : poisson.

Toaka : rhum de canne à sucre de fabrication artisanale, *toaka gasy*.

Tody : c'est un effet particulier du *tody* qui exprime l'idée générale que l'acte malfaisant fait par une personne ou une collectivité reviendra sur son auteur.

Toko : un lot, une part. Dans les cérémonies où l'on sacrifie un bœuf, chaque invité repart avec un ou plusieurs *toko* de viande. Le nombre qu'il emporte est calculé en fonction de l'argent qu'il a donné en guise de bénédiction à l'initiateur de la cérémonie. C'est aussi une subdivision administrative de l'ancien royaume merina fondée à partir d'une certaine homogénéité de la population répartie en clans : l'Imerina était à l'origine constituée de six *toko,* et lors de l'extension de l'autorité des souverains d'autres *toko* ont été ajoutés. C'est ainsi que les Bezanozano ont été directement rattachés à l'Imerina alors que les Betsimisaraka, par exemple, se sont constitués en province.

Tompontany : littéralement, maître des lieux. Se dit en pays bezanozano des personnes appartenant à la famille de ceux qui sont réputés s'être installés en premier sur un espace.

Trandraka : sorte de hérisson.

Tromba : culte de possession.

Trondro gasy : poisson.

Tsangambato : pierres levées qui, en pays bezanozano et betsimisaraka, sont élevées à la mémoire des morts ou parfois, en pays bezanozano, à la faveur d'un événement.

Tsifantabahiny : plante de la forêt utilisée pour fabriquer des pièges.

Tsifo : littéralement, sans cœur. Désigne à Manakana la plante utilisée pour marquer un terrain, et donc le mettre en réserve dans l'intention de le cultiver.

Tsiga : piquet de croix.

Tsihanihamposa : arbre dont l'écorce bouillie est utilisée contre les maux de dents *(Zanthoxylum tsihanimposa)*.

Tsikafara : vœu dans lequel la demande porte sur une chose ou un événement que l'on désire voir réalisé.

Tsikapoaka : plante de jachère dégradée utilisée pour traiter les troubles urinaires infantiles.

Tsindahory : plante diurétique *(Sidarthombifolia)*.

Tsiny : littéralement, action de reforger et de retremper les outils émoussés, mais c'est aussi cette notion qui traduit la sanction que les ancêtres promettent à ceux qui perturbent l'harmonie sociale.

Tsiontsiona : plante pour éviter de rencontrer un ennemi *(Emilia citrina)*.

Tsipolitra : brède, soigne les yeux *(Bidens pilosa)*.

Tsiramiramy : plante de la forêt utilisée en sorcellerie *(Micronychia madagascariensis)*.

Tsotsorinangatra : plante de jachère dégradée utilisée en application sur les plaies *(Cassia occidentalis)*.

Vady karama : littéralement, le mariage comme salaire. C'est une pratique rencontrée en pays bezanozano qui consiste pour les femmes à trouver dans le mariage une source d'enrichissement personnel.

Vahibe : plante de la forêt utilisée pour le bain des enfants prématurés.

Vahiny : l'étranger, le voyageur, l'hôte. Le *kahie mbahiny* est donc le cahier sur lequel on les recense.

Vakoany : plante de la forêt utilisée pour fabriquer des nattes (*Pandanus* sp.).

Valo : plante de la forêt utilisée pour fabriquer des pièges *(Dombeya megaphylla)*.

Vanginamboa : plante de la forêt utilisée contre l'empoisonnement.

Varika : lémurien.

Varongy : arbre dont le bois est utilisé en ébénisterie ; plante indicatrice de la fertilité des sols (*Ocotea* sp.).

Vary aloha : riz de contre saison.

Vary lava : littéralement, riz long, grand. Désigne le riz de *tavy*.

Vary toana : riz.

Vary vato : riz.

Vary verina : technique culturale employée en pays bezanozano qui consiste à diviser une parcelle défrichée de forêt naturelle en deux, la partie supérieure étant réservée au riz et la partie inférieure au maïs et au haricot.

Vary vonjy : riz.

Vata : panier, unité de mesure.

Vatolongy : brède.

Vazaha : désigne les étrangers blancs à Madagascar.

Vazimba : désigne les premiers occupants du sol sur les hautes terres, probablement ensuite vaincus et chassés vers l'ouest. Pourtant leurs mânes sont redoutés par ces nouveaux venus qui vénèrent leurs supposés tombeaux.

Vezo : une des ethnies malgaches localisée dans le Sud-Ouest.

Viha : plante des lieux humides dont les graines sont comestibles. Ses fibres sont mangées par les femmes après un accouchement difficile *(Typhonodorum lindleyanum)*.

Vintanina : plante de la forêt dont la sève sert de colle pour le bois *(Calophyllum parviflorum)*.

Voamboana : bois utilisé en ébénisterie (*Dalbergia* sp.).

Voanatsindrana : plante de jachère dégradée utilisée comme antidiarrhéique pour les enfants *(Physalis peruviana)*.

Voanjo : colons envoyés par les souverains dans tout le royaume afin de peupler, d'instruire et de maîtriser la population.

Voanjobory : pois de terre.

Vokoana : plante de la forêt utilisée pour fabriquer des nattes.

Vôlan-tô : dicton.

Volomborona : plante de la forêt indicatrice de la fertilité des sols *(Albizia gummifera)*.

Voninahitra : système des honneurs attribués aux personnalités du régime et dispensés lors de la monarchie merina.

Vonoaomby : littéralement, sacrifice de bœuf. Mais ce terme désigne plus précisément une cérémonie coutumière en pays bezanozano destinée à remercier les ancêtres d'avoir exaucé un vœu.

Vonodina : pénalité pécuniaire payée par celui qui enfreint le *dina*.

Voretra : plante utilisée en sorcellerie *(Rhus tarantan)*.

Zanahary : dieu créateur.

Zandry : cadet.

Zazalava : mode de succession qui consiste pour les parents à léguer leur héritage à parts égales entre leurs enfants.

Zazavavindrano : êtres féminins mythologiques qui investissent parfois les points d'eau. On peut les comparer à des nymphes des eaux ou des ondines.

Zo : âme droite.

Zoky : aîné.

Références bibliographiques

ALLAIN G., 1997. Les voies d'amélioration du *tavy :* conditions et moyens d'une gestion viable des agroécosystèmes dominés par l'agriculture sur brûlis dans la région d'Andapa (nord-est de Madagascar). Paris, France, Ina-pg.

ALTHABE G., 1982. Oppression et libération dans l'imaginaire, les communautés villageoises de la côte orientale de Madagascar. Paris, France, François Maspero.

ANDRIAMBOLANORO D., 1996. Les effets de l'enclavement dans la région de Beparasy-Moramanga. Antananarivo, Madagascar, Cirad, Fofifa.

ANDRIATAHIANA V., RAKOTOMANDIMBY B, DE MONGOLFIER J., RAZAFINDRABE M., 1996. Les médiateurs environnementaux de Madagascar. *In :* Dossier préparatoire au colloque international sur la gestion locale sécurisée des ressources renouvelables. Antananarivo, Madagascar, One, Direction des politiques environnementales.

ANGAP, ONE, MINISTÈRE DE L'ENVIRONNEMENT, 1997. Convention sur la diversité biologique, premier rapport national. Antananarivo, Madagascar, Angap.

AUBERT G., 1963. La classification des sols. Paris, France, Orstom, 114 p.

AUBERT S., 1999. Gestion patrimoniale et viabilité des politiques forestières à Madagascar : vers le droit à l'environnement ? Thèse de doctorat, université Paris I, France.

AUBERT S., RAFIDINARIVO H., RAZAFIARISON S., 1996. La dynamique du *tavy* face à la gestion viable des ressources renouvelables : études de terrain dans la région de l'Ankay. Antananarivo, Madagascar, Cirad, Fofifa.

BENOIT DE COIGNAC M., BAILLY C., MALVOS C., HUEBER F., RAMANADRAY F., 1973. Essai d'aménagement des terres dans la zone forestière de l'est de Madagascar : expérience des villages de Marolafa et Andranomody. Bois et forêts des tropiques, n. 152.

BERTRAND A., 1992. Les filières d'approvisionnement en bois-énergie d'Antananarivo et Mahajanga : évolutions et perspectives, propositions pour la planification des actions. Antananarivo, Madagascar, Projet Energie II.

BERTRAND A., 1994. Revue documentaire préalable à l'élaboration d'une politique et d'une stratégie de gestion des feux de végétation à Madagascar. Antananarivo, Madagascar, One, Fofifa.

BERTRAND A., LEMALADE J.L., RASAMBOMANANA F., 1996. La riziculture de *tavy :* au-delà d'une impossible interdiction séculaire, vers une fixation des surfaces par l'amélioration des variétés et des techniques. Antananarivo, Madagascar, Fofifa, Karoka, revue de la recherche agricole.

BERTRAND A., LE ROY E., 1991. Appui méthodologique au volet foncier et économie forestière de l'opération de recherche La production forestière dans l'économie rurale sur les hautes terres malgaches : foncier, ménages et collectivités rurales dans les régions de Manjakandriana et Vinaninony. Paris, France, Cirad, université Paris I.

BERTRAND A., RAZAFINDRABE M., 1997. La problématique foncière à Madagascar en 1997. Antananarivo, Madagascar, Cerg2r, Cirad.

BERTRAND A., RAZAFINDRABE M., RAMANANTENASOA B.J., RAKOTONDRAHINIBE P., RAMANANARIVO S., 1997. Ce qu'il faut savoir de la Gelose, gestion locale sécurisée des ressources renouvelables. Antananarivo, Madagascar, Cerg2r, Cirad, One.

BLANC-PAMARD C., RUF F., 1992. La transition caféière, côte est de Madagascar. Paris, France, Cirad, Cnrs, Cea.

BROWN M., 1978. Madagascar rediscovered: a history from early time to independance. Londres, Royaume-Uni, p. 165.

CATAT L., 1890. Voyage à Madagascar, 1889-1890. Paris, France, Durand, 438 p.

CECCATO P., 1994. Utilisation des données du satellite Noaa-Avhrr et d'un système d'information géographique pour la surveillance et la gestion des feux à Madagascar. Florence, Italie, Eaeme.

CHABROLIN R., 1965. La riziculture de *tavy* à Madagascar. L'Agronomie tropicale, n. 20.

CHARMES J., 1972. Processus de stratification sociale et action de vulgarisation sur les hauts plateaux malgaches. Terre malgache, n. 13 : 69-95.

COEFOR-KEPEM, 1998. Evaluation du programme Coefor-Kepem : contribution à l'étude des forêts classées. Antananarivo, Madagascar, Coefor-Kepem.

COTTE V., 1947. Regardons vivre une tribu malgache : les Betsimisaraka. Paris, France, La Nouvelle édition.

COUDREAU J., 1937. La forêt malgache : son rôle dans l'économie générale du pays, sa conservation, son amélioration. Bulletin économique de Madagascar.

DANDOY G., 1973. Economies villageoises de la région de Vavatenina (côte orientale malgache). *In :* Atlas des structures agraires à Madagascar. Paris, France, Orstom.

DEZ J., 1950. Chez les Betsimisaraka de la région de Nosy Varika : les *tangalamena*. Journal de la société des africanistes.

DEZ J., 1963. Traditions coutumes et techniques. Bulletin de Madagascar, n. 209.

DEZ J., 1965. Un des problèmes du développement rural : l'évolution des comportements. Bulletin de Madagascar, n. 230.

DEZ J., 1968. Un des problèmes du développement rural : la limitation des feux de végétation. Terre malgache, n. 8.

DIARRA ZOUMANA P., RAKOTOARISOA E.D., 1998. Système agraire et dynamique de défrichement à Saviavy-Fito. Paris, France, Ina-pg, Antananarivo, Madagascar, Essa, Fofifa, Cirad.

ESOAVELOMANDROSO M., 1979. Religion et politique : l'évangélisation du pays Betsimisaraka à la fin du XIXe siècle. Omaly sy anio, n. 1-2 : 34.

ESOAVELOMANDROSO M., 1988. La destruction de la forêt par l'homme malgache, un problème mal posé. Recherche pour le développement, série science, homme et société, n. 6 : 183-189.

FAIRHEAD J., LEACH M., 1998. Réexamen de l'étendue de la déforestation en Afrique de l'Ouest au XXe siècle. Unasylva, 49.

FARAMALALA M., VINCELETTE M., RAZAFINDRAMBOA G., 1996. Formations végétales et domaine forestier national de Madagacar. Antananarivo, Madagascar, Direction des eaux et forêts.

FILLIOT J.M., 1970. La traite des esclaves vers les Mascareignes au XVIIIe siècle. Antananarivo, Madagascar, Orstom.

FNUAP, 1997. Etat de la population mondiale. New York, Etats-Unis, Fnuap.

FOUCART G., 1889. La vallée du Mangoro. Lille, France, Imprimerie Danel, p. 264.

FOUCART G., 1890. De Tamatave à Tananarive. Lille, France, Imprimerie Danel, p. 38.

GREEN G.M., SUSSMAN R.W., 1990. Deforestation history of eastern rain forests of Madagascar from satellite images. Science, 248.

GUIZOL P., RAZAFINDRAIBE R., RAMANANTENASOA B.J., KARSENTY A., 1996. Etude en sciences humaines. *In :* Etude pour l'aménagement des bassins versants et la gestion des risques de dégradation des infrastructures routières. Antananarivo, Madagascar, One.

HENRY C.P., 1992. Etude d'un paysage en évolution : la colonisation de l'est de l'Amoronkay. Montpellier, France, université Montpellier III.

JEGAT M.A., 1997. Système agraire et diversité ethnique : le cas de la vallée Beparasy-Andapa en pays Bezanozano. Antananarivo, Madagascar, Cirad, Fofifa, Istom.

KAIMOWITZ D., ANGELSEN A., 1998. Economic models of tropical deforestation : a review. Bogor, Indonésie, Cifor.

KARSENTY A., LE ROY E., RAZAFINDRABE M., 1996. Revue des fermages des terres et du métayage, de leur implication légale et de leur enregistrement. Antananarivo, Madagascar, Osipd, Cirad.

LACAILLE L., 1898. Renseignements divers sur la contrée parcourue. *In :* Notes, reconnaissances, explorations, p. 457.

LAVAUDEN L., 1934. Histoire de la législation et de l'administration forestière à Madagascar. Revue des eaux et forêts.

LE BOURDIEC F., 1974. Hommes et paysages du riz à Madagascar : étude de géographie humaine. Antananarivo, Madagascar, université d'Antananarivo.

LEMALADE J.L., 1999. Gestion communautaire de l'érosion et de la fertilité des sols sous les forêts humides de la façade orientale de Madagascar. Montpellier, France, Ensam.

LEMALADE J.L., DEWAELE A., 1996. Dynamiques et stratégies des acteurs pour l'utilisation du terroir et de ses ressources : le fonctionnement des systèmes agraires du *firaisampokontany* de Didy, *fivondronana* d'Ambatondrazaka. Antananarivo, Madagascar, Essa, Montpellier, France, Engref.

LOCATELLI B., 2000. Pression démographique et construction du paysage rural des tropiques humides : l'exemple de Mananara (Madagascar). Thèse de doctorat, Engref, Paris, France, 455 p.

MACK J., 1986. Madagascar, island of the ancestors. Londres, Royaume-Uni, British Museum Publications, p. 43.

MAILLARD, 1898. Travaux de route exécutés dans le premier territoire militaire pendant l'année 1898, cercle de Moramanga. *In :* Notes, reconnaissances, explorations, p. 1079.

MALZAC R.P., 1930. Histoire du royaume Hova depuis ses origines jusqu'à sa fin. Antananarivo, Madagascar, Imprimerie catholique, p. 163.

MANITRA RAZAFINDRAZAKA F., 1998. Les déterminants agro-socio-économiques du choix d'un site de *tavy* et des successions culturales à y pratiquer. Antananarivo, Madagascar, Cirad, Fofifa, Essa.

MAYEUR N., 1785. Collection des voyages de Mayeur dans l'intérieur de Madagascar : quatrième voyage, voyage du pays d'Ancôve par le pays baizangounzangous. Collection Coacm, p. 10.

MEILLASSOUX C., 1975. Femmes, greniers et capitaux. Paris, France, L'Harmattan.

METRO A., 1975. Dictionnaire forestier multilingue. Paris, France, Afef, Cilf.

MINISTÈRE DE LA PRODUCTION ANIMALE ET DES EAUX ET FORÊTS, 1987. Guide du responsable forestier. Antananarivo, Madagascar.

NDEMAHASOA J.L., 1973. Fomba antakay. Fianarantsoa, Madagascar, Ambozontany, 189 p.

NDEMAHASOA J.L., POIRIER J., 1983-1984. Les relations anciennes entre les populations de l'Ankay et du Moyen-Ouest : Bezanozano, Vazimba et Sakalava. Omaly sy anio, n. 17-18-19-20 : 97-110.

ONE, 1995. Vers la gestion locale communautaire des ressources renouvelables : propositions d'une politique de décentralisation de la gestion des ressources renouvelables. Antananarivo, Madagascar, One, 90 p.

ONE, INS, PNUD, BANQUE MONDIALE, 1995. Rapport sur l'état de l'environnement à Madagascar. Antananarivo, Madagascar, One, 50 p.

OTTINO P., 1998. Les champs de l'ancestralité à Madagascar : parenté, alliance et patrimoine. Paris, France, Karthala.

OXBY C., 1985. Forest farmers: the transformation of land use and society in Eastern Madagascar. Unasylva, n. 148.

PIERRE J.M., 1993. Rôle de l'évolution des droits fonciers dans la dynamique d'extension de l'eucalyptus sur les hautes terres de Madagascar. Mémoire de Dess, université Paris XII, Paris, France.

PNUE, 1997. Monographie nationale sur la biodiversité. Antananarivo, Madagascar, Pnue, 344 p.

POIRIER J., 1960. Les Bezanozano : contribution à l'étude des structures sociales d'une population malgache. Paris, France, Berger-Levrault.

POIRIER J., 1968. Ethnologie générale. Paris, France, Gallimard, Encyclopédie de la pléiade.

PROJET TERRE-TANY, 1997. Un système agroécologique dominé par le *tavy* : la région de Beforona, falaise est de Madagascar. Cahiers Terre-Tany, n. 6.

RAINANDRIAMAMPANDRY, 1874. Tantarany Madagascar, nangonina sy nalaha-drainandriamampandry 16 voninahitra ODP. Raha nampianatra tao Ambohidratrimo aho tamy ny 21 aprily 5 asombola 1874 (manuscrit, fonds privé).

RAISON J.P., 1984. Les hautes terres de Madagascar. Paris, France, Karthala, Orstom.

RAJAONSON B., RANDRIAMAROLAZA L.P., RANDRIANAIVO D., RATSIMBAZAFY E., REJO TIRESY V., BERTRAND A., 1994. Proposition d'une politique de décentralisation de la gestion des ressources renouvelables et des feux de végétation. Antananarivo, Madagascar, Osipd.

RAKOTOARISOA J., 1993. *Tavy* : question de survie, adaptation au milieu naturel ou destructeur de ce milieu ? Antananarivo, Madagascar, Angap.

RAKOTOARIVONY M.F., 1998. L'essaimage des *tavy* hors du terroir, cas du terroir de Tsaramiafara. Antananarivo, Madagascar, Cirad, Fofifa, Essa.

RAKOTOERISON A., 1989. La mission protestante française et l'Ankay entre 1898 et 1950. Mémoire de Capen, Antananarivo, Madagascar, Ens III, p. 8-9.

RAKOTONDRASOLO J.M., 1989. Transporteurs et monde rural, l'exemple du *firaisana* d'Anjepy. Antananarivo, Madagascar, Ens III.

RAKOTO RAMIARANTSOA H., 1994. L'Imerina. *In* : Paysanneries malgaches dans la crise, Raison J.P. (coord.). Paris, France, Karthala.

RAKOTOVAO N.A., 1995a. Enquête auprès des populations de la zone de forêt naturelle de Manjakandriana déforestée depuis 1903, sur les conditions, les dates locales, les acteurs et les causes de la déforestation des *tanety*. Antananarivo, Madagascar, Cirad, Fofifa.

RAKOTOVAO N.A., 1995b. Enquête sur les activités et produits de cueillette-extractivisme dans la zone de Manjakandriana et particulièrement dans les zones boisées en *Eucalyptus robusta*. Antananarivo, Madagascar, Fofifa, Cirad.

RAMAMONJISOA S.A., 1985-1986. Symbolique des rapports entre les hommes et les femmes dans les cultes de possession de type *tromba* à Madagascar. Bulletin de l'Académie malgache, 663 : 99-110.

RANDRIAMIHAJATINAMANTSOA, 1998. Relations entre les systèmes agraires et les pressions relatives à la forêt de Betaoalana (cuvette d'Andapa). Paris, France, Ina-pg.

RATSIVALAKA G., 1979. La traite européenne des esclaves en Imerina au début du XIXe siècle. Tantara, revue de la société d'histoire de Madagascar, n. 7-8 : 125.

RAUNET M., 1998. Cartes et photos de paysages de Madagascar : milieu physique et érosion à Antananarivo. Antananarivo, Madagascar, Anae, Cirad, Fofifa, One.

RAVELOSON G., CHALVIN A., 1998. Migration et dynamique de gestion et d'utilisation des parcours pastoraux dans un milieu humide : exemple de l'ouest du terroir de Didy (Ambatondrazaka). Antananarivo, Madagascar, Cirad, Fofifa, Ens III.

RAVELOJAONA, RAJONAH F.G., 1946. Firaketana ny fiteny sy ny zavatra malagasy. *In* : Dictionnaire encyclopédique malgache. Antananarivo, Madagascar, Imprimerie industrielle, p. 202.

RAVAOARINIVO N., 1998. L'impact des feux de végétation sur la forêt naturelle de Beparasy. Mémoire de DEA, université d'Antananarivo, Madagascar.

RAZAFINDRABE M., 1997. L'aménagement et la gestion des terroirs : la structuration du monde rural vers une option d'aménagement et gestion des espaces ruraux. Antananarivo, Madagascar, Université verte, Essa.

RAZAFINDRABE M., 1989. Logiques lignagère, capitaliste et socialiste chez les paysans malgache. Paris, France, Paris VII, p. 290.

RAZAFINDRAIBE R., 1996. Beparasy-Moramanga : un nom pour démentir le potentiel économique. Karoka, revue de la recherche agricole.

RAZANABAHINY V., 1995. Le *dina* : son opportunité ou non dans la conservation de la nature, cas de la réserve intégrale d'Andohahela-Tolagnaro. Mémoire de Capen, Antananarivo, Madagascar, Ens.

ROSSI G., 1998. Introduction à la troisième table ronde : dynamiques sociales et environnement. Bordeaux, France, Umr Regards, Cnrs-Orstom-Gret.

SCHEIRLINCK H., 1995. Le *tavy*, une nécessité ou une tradition ? Cas spécifique : la zone est de la RNI Andringitra (rapport de mission). Wwf, 8 p.

SECMO, 1980. Restauration et mise en valeur des savoka : étude socio-économique. Antananarivo, Madagascar, Société des études et de la construction des maisons et des ouvrages.

SYLLA Y., MANGALAZA E., 1988. L'image représentative de la forêt en pays betsimisaraka. Sciences de l'homme et de la société, n. 6 : 193-206.

THEVENIN, 1898. Trois itinéraires dans l'Est. *In :* Notes, reconnaissances, explorations.

THIRY, 1902-1904. La forêt de Manjakandriana. Bulletin économique.

UHART E., 1962. Les reboisements et le développement à Madagascar. Bois et forêts des tropiques, n. 83.

VALADE I., 1995. Les filières d'exploitation et de commercialisation des ressources végétales sauvages destinées à l'exportation. Paris, France, Ministère de la coopération, Equaterre.

VALETTE J., 1968. Le journal d'Hastie du 14 novembre 1824 au 7 mai 1825. Bulletin de l'Académie malgache, nouvelle série, 46.

WEBER J., REVERET J.P., 1993. La gestion des relations sociétés-natures : modes d'appropriation et processus de décision. *In :* Une terre en renaissance. Paris, France, Orstom, collection Savoirs n. 2.

Annexes

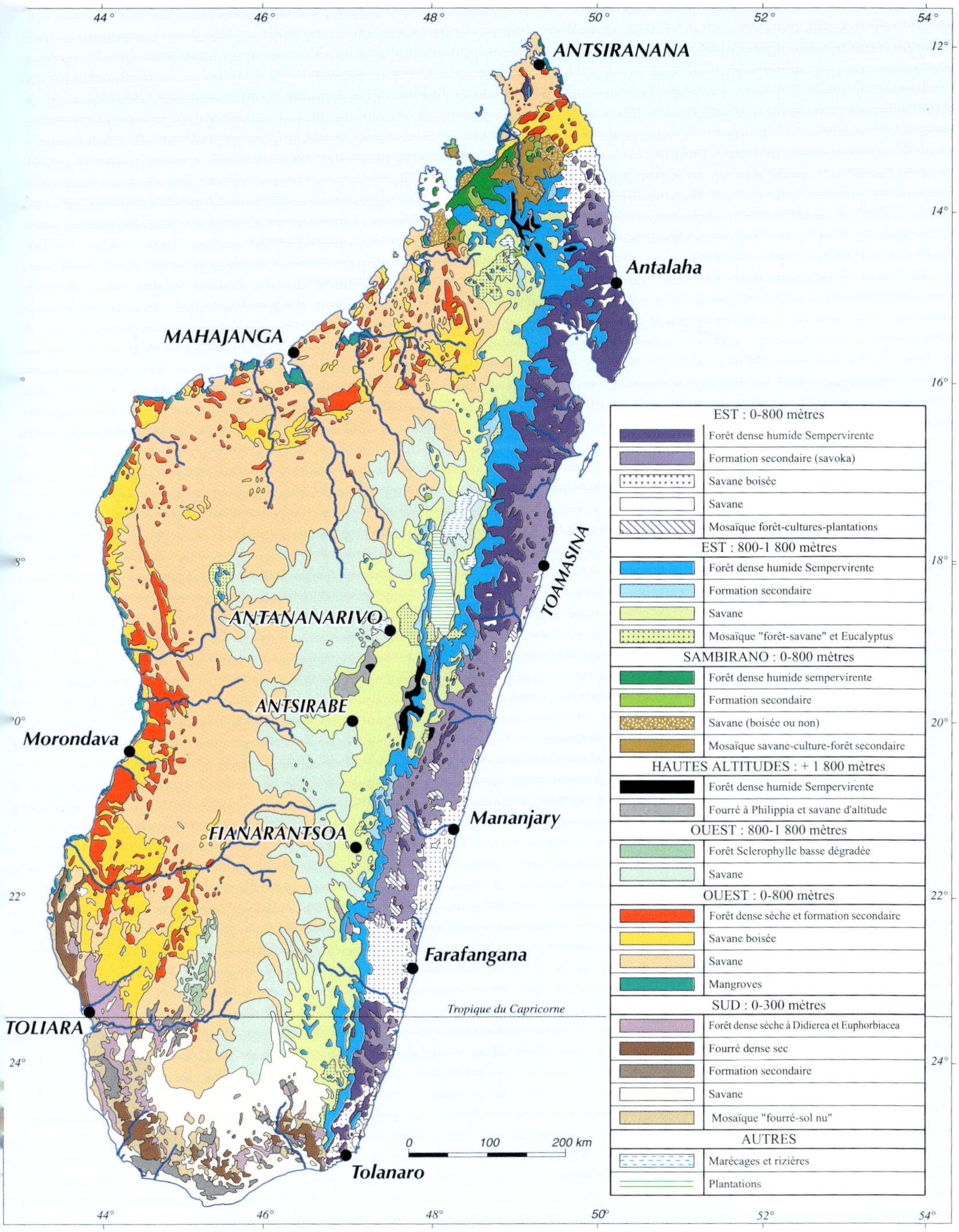

Carte 1. Les formations végétales de Madagascar, d'après Faramalala et al. (1996).

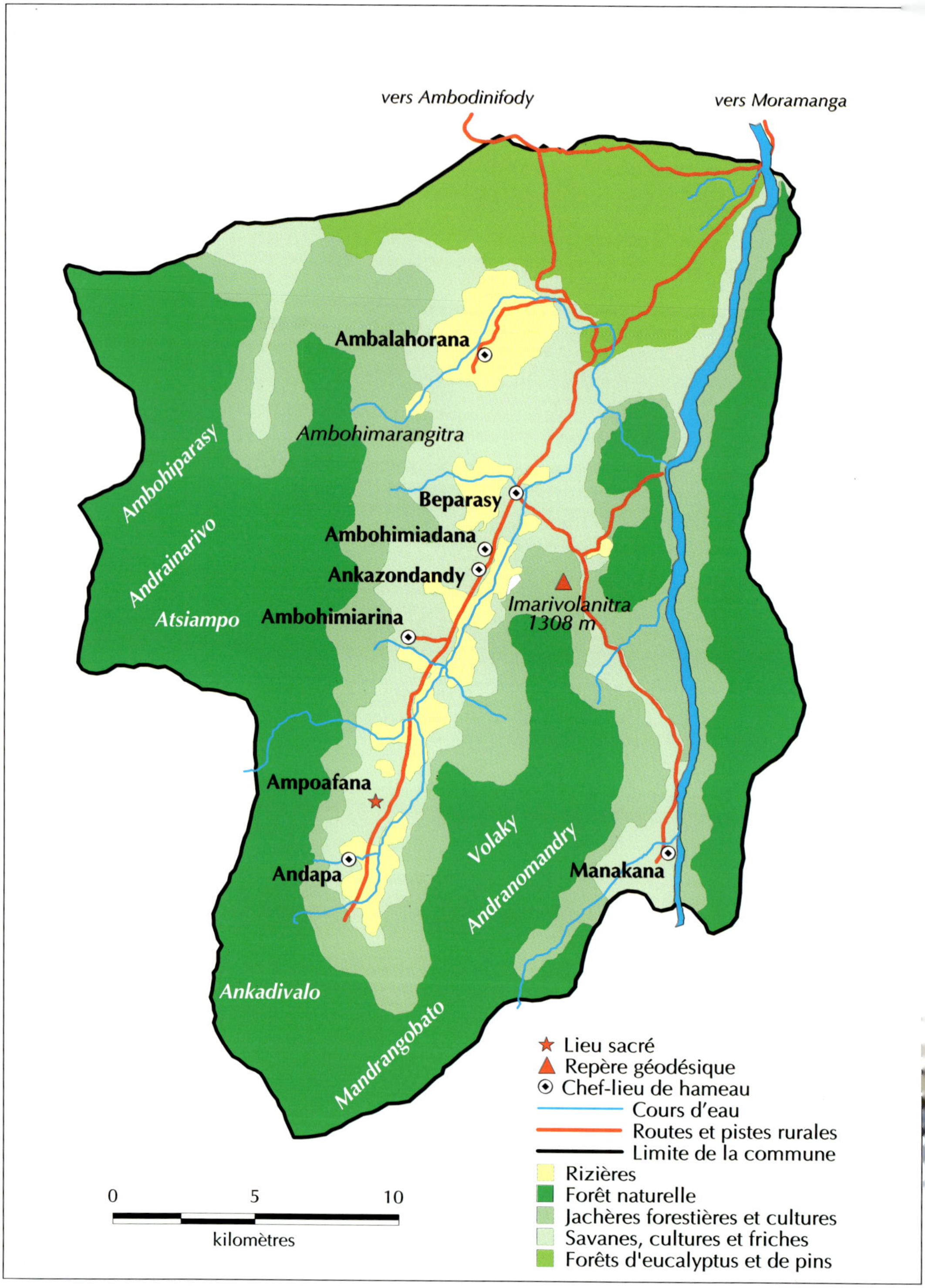

Carte 2. Couverture végétale de Beparasy, en 1996. (© Cirad/Fofifa)

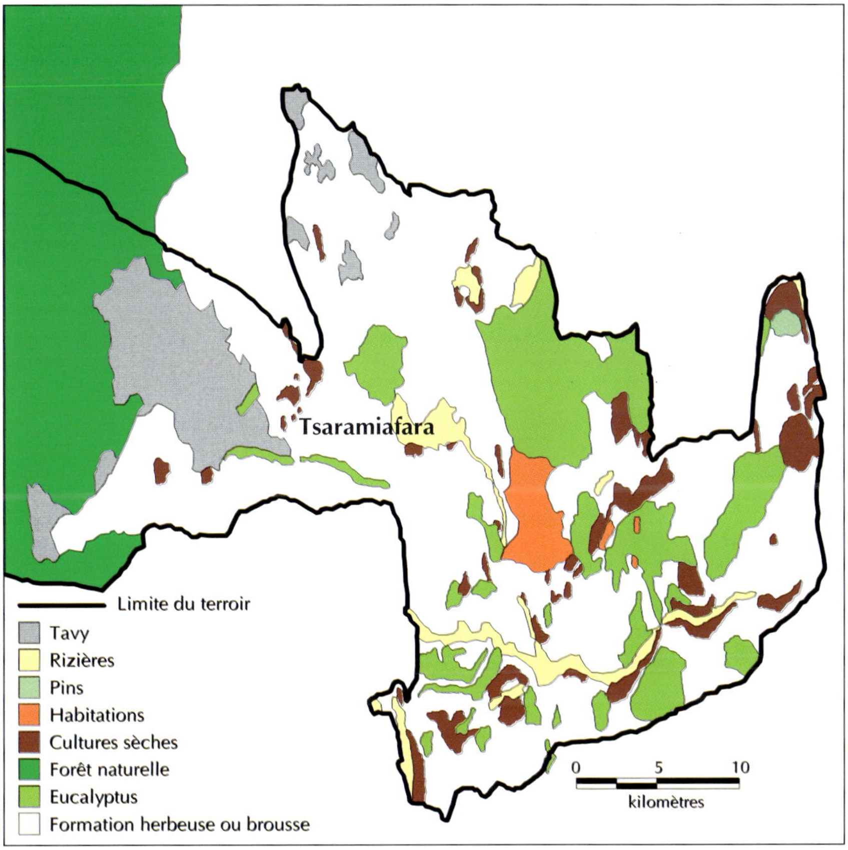

Carte 3. Couverture végétale du terroir de Tsaramiafara, en 1996. (© Cirad/Fofifa)

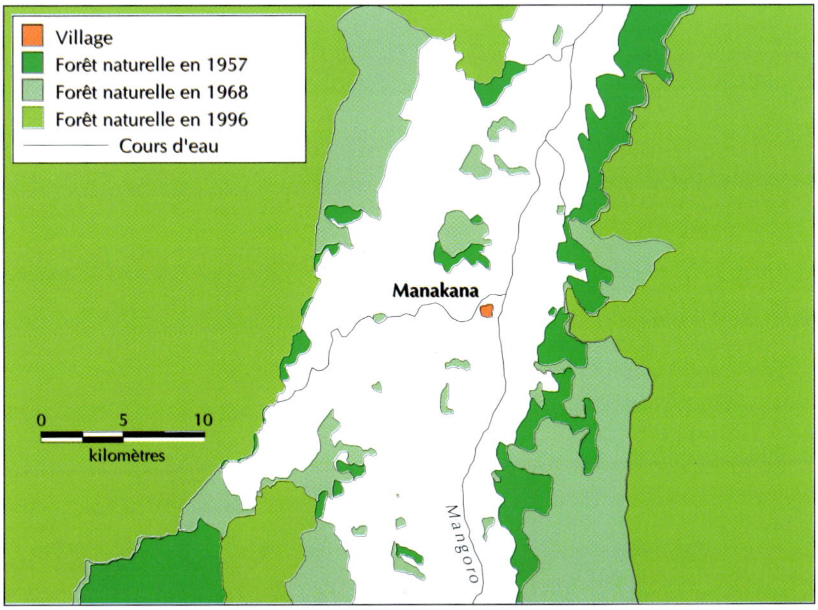

Carte 4. Régression de la forêt naturelle dans le terroir de Manakana. (© Cirad/Fofifa)

Un vallon défriché par les tavy *près de Vodiriana entre Ambodinifody et Beparasy. Les bas-fonds étroits sont progressivement aménagés pour la culture permanente de rizières. Les* tavy *occupent les pentes et constituent la première étape d'un défrichement permanent, avec des plantations de bananiers au bas de la pente (cette zone est proche de la RN2 et les bananes sont destinées à la vente à Antananarivo).*
(© Bertrand/Cirad, 1996)

Défrichement d'un bas-fond forestier pour la création d'une rizière aménagée près de Vodiriana, entre Ambodinifody et Beparasy. Les diguettes sont déjà créées et le dessin du parcellaire de la rizière, dont le sol n'est pas encore « mur » pour une production de riz, est visible. Les restes des souches de l'ancienne forêt de bas-fond défrichée émergent de la parcelle inondée au premier plan. La forêt descend encore jusqu'au bas-fond à gauche alors que les pentes à droite ont déjà été défrichées par des tavy *et sont mises en culture de façon permanente.*
(© Bertrand/Cirad, 1996)

Une réunion de villageois sur le terrain pour discuter de la mise en place d'un futur contrat de gestion des ressources renouvelables (Gelose), à Tsintsoarivo, à l'est d'Ambatolampy, à la lisère ouest de la forêt d'altitude. Les versants des collines, qui restent encore boisées, sont défrichés et mis en culture permanente.
(© Aubert/Cirad, 1998)

Rizières permanentes dans la plaine aménagée de la cuvette d'Andapa. Le cirque de hautes montagnes qui entoure toute la cuvette est le domaine des tavy (excepté le parc national de Marojejy et l'aire protégée d'Anjanaharibe). L'utilisation du feu est générale : dans la plaine, il est utilisé pour restituer la fertilité des pailles aux parcelles rizicoles ; sur les pentes, il sert au défrichement. (© Bertrand/Cirad, 1998)

Une piste d'exploitation forestière du bois d'œuvre en forêt d'Ambohilero, près de Didy. Cette piste a été ouverte sans engins mécanisés par simple défrichement manuel de la forêt. (© Bertrand/Cirad, 1997)

Le défrichement progressif des collines par les tavy *après l'installation de rizières permanentes dans les bas-fonds aux environs de Vodiriana. Les cultures sur collines sont temporaires. Après abandon, les parcelles sont envahies par les fougères et sont parcourues par les feux pastoraux presque tous les ans.*
(© Bertrand/Cirad, 1995)

Abattis préparatoire d'un tavy *sur un lambeau de forêt naturelle entre Vodriana et Beparasy. Le versant déboisé au premier plan, couvert d'une lande à fougères et à éricacées, est envahi par des semis naturels de pins. Le versant défriché n'est couvert qu'aux deux tiers inférieurs par la forêt naturelle, le tiers supérieur est couvert par des plantations de pins de la Fanalamanga déjà très dégradées (sur la partie droite de la crête) par les passages répétés des feux. Ce sont les dernières parcelles les plus au sud, quasi oubliées, où la Fanalamanga n'intervient plus. L'abattis va sécher plusieurs semaines avant sa mise à feu.*
(© Bertrand/Cirad, 1996)

Feux de tavy dans la frange ouest de la forêt d'Ambohilero. La forêt d'Ambohilero couvre près de 130 000 hectares. Elle n'est affectée par des défrichements de tavy que de façon limitée : d'une part dans sa frange ouest, proche du marais de Didy, d'autre part au cœur du massif, dans de petits hameaux peu peuplés installés à plusieurs jours de marche de la lisière ouest.
(© Bertrand/Cirad, 1996)

Les tavy à l'assaut des crêtes le long du Mangoro à proximité de Beparasy, en amont de Manakana. (© Bertrand/Cirad, 1996)

Edition
Service des éditions du Cirad

Mise en pages
Service des éditions du Cirad et Cite

Dépôt légal n° 416 – Juin 2003
2e trimestre 2003